# Der Einstellungstest / Eignungstest zur Ausbildung zum

## Mechatroniker, Industriemechaniker, Zerspanungsmechaniker, Fachkraft für Metalltechnik, Maschinen- und Anlagenführer, Metallbauer

Kurt Guth    Marcus Mery

# Der Einstellungstest / Eignungstest zur Ausbildung zum:

Mechatroniker, Industriemechaniker, Zerspanungsmechaniker, Fachkraft für Metalltechnik, Maschinen- und Anlagenführer, Metallbauer

**Geeignet für Mechatroniker und alle Mechaniker**

Kurt Guth / Marcus Mery
Der Einstellungstest / Eignungstest zur Ausbildung
zum Mechatroniker, Industriemechaniker, Zer-
spanungsmechaniker, Fachkraft für Metalltechnik,
Maschinen- und Anlagenführer, Metallbauer
Geeignet für Mechatroniker und alle Mechaniker

Ausgabe 2018

2. Auflage

Herausgeber: Ausbildungspark Verlag,
Gültekin & Mery GbR, Offenbach, 2018.

Das Autorenteam dankt Andreas Mohr
für die Unterstützung.

Umschlaggestaltung: s.b. design, bitpublishing

Bildnachweis: Archiv des Verlages
Illustrationen: bitpublishing
Grafiken: bitpublishing, s.b. design
Lektorat: Virginia Kretzer

*Bibliografische Information der Deutschen National-
bibliothek –*
Die Deutsche Nationalbibliothek verzeichnet diese
Publikation in der Deutschen Nationalbibliografie;
detaillierte bibliografische Daten sind im Internet
über http://dnb.dnb.de abrufbar.

Gedruckt auf chlorfrei gebleichtem Papier

© 2018 Ausbildungspark Verlag
Bettinastraße 69, 63067 Offenbach
Printed in Germany

Satz: bitpublishing, Schwalbach
Druck: Druckerei Sulzmann, Obertshausen

ISBN 978-3-941356-68-9 (PM)
ISBN 978-3-941356-41-2 (CD)

1213 – AP ME 1 – 7J27

# Inhaltsverzeichnis

**Vorwort: Eine Frage der Technik**................................................................**10**

Ausbildung und Anforderungen ................................................................ 10
Gut vorbereitet mit diesem Prüfungspaket.............................................. 10

**E.  Einführung** ...............................................................................................**13**

**Der Einstellungstest: Aufbau und Inhalte**..............................................**14**

Die Aufgabentypen im Überblick............................................................... 14
Der Testablauf ............................................................................................ 16
Ihr Fahrplan für die schriftliche Prüfung.................................................. 17
Die Testsimulation ..................................................................................... 18

**1.  Prüfung · Industriemechaniker/in**.......................................................**21**

**Allgemeinwissen**........................................................................................**22**

Verschiedene Themen ............................................................................... 22

**Fachbezogenes Wissen** .............................................................................**27**

Branche und Beruf ..................................................................................... 27
Technisches Verständnis ........................................................................... 32

**Sprachbeherrschung**.................................................................................**38**

Richtige Schreibweise ............................................................................... 38

**Fremdsprachenkenntnisse** .......................................................................**40**

Englisch: Bedeutung von Wörtern ............................................................ 40

**Mathematik** ...............................................................................................**42**

Grundrechenarten ohne Taschenrechner................................................. 42
Bruchrechnen.............................................................................................. 44
Prozentrechnen .......................................................................................... 46
Dreisatz ...................................................................................................... 49
Gemischte Textaufgaben ........................................................................... 51
Maße und Einheiten umrechnen................................................................ 53
Textaufgaben mit Tabelle .......................................................................... 55
Mengenkalkulation mit Schaubild ............................................................ 58
Textaufgaben mit Diagramm ..................................................................... 61

**Logisches Denkvermögen** .........................................................................**64**

Zahlenreihen fortsetzen ............................................................................ 64
Zahlenmatrizen und Zahlenpyramiden..................................................... 68
Logische Schlussfolgerung ....................................................................... 72

**Visuelles Denkvermögen** ..........................................................................**75**

Faltvorlagen................................................................................................ 75

## 2. Prüfung · Fachkraft für Metalltechnik, Konstruktionsmechaniker/in, Werkzeugmechaniker/in und Feinwerkmechaniker/in ...... 79

### Allgemeinwissen ...... 80
Verschiedene Themen ...... 80

### Fachbezogenes Wissen ...... 85
Branche und Beruf ...... 85
Technisches Verständnis ...... 90

### Sprachbeherrschung ...... 95
Richtige Schreibweise ...... 95
Bedeutung von Sprichwörtern ...... 97

### Mathematik ...... 99
Grundrechenarten ohne Taschenrechner ...... 99
Prozentrechnen ...... 101
Dreisatz ...... 103
Gemischte Textaufgaben ...... 105
Maße und Einheiten umrechnen ...... 107
Geometrie ...... 109
Mengenkalkulation mit Stückliste ...... 111

### Logisches Denkvermögen ...... 114
Zahlenreihen fortsetzen ...... 114
Wörter erkennen ...... 118
Sprachlogik: Analogien ...... 121
Flussdiagramme ...... 124

### Visuelles Denkvermögen ...... 128
Räumliches Grundverständnis ...... 128
Visuelle Analogien ...... 132

## 3. Prüfung · Mechatroniker/in ...... 135

### Allgemeinwissen ...... 136
Verschiedene Themen ...... 136

### Fachbezogenes Wissen ...... 141
Branche und Beruf ...... 141
Technisches Verständnis ...... 146

### Sprachbeherrschung ...... 152
Rechtschreibung Lückentext ...... 152
Fremdwörter zuordnen ...... 154

### Mathematik ...... 156
Prozentrechnen ...... 156
Dreisatz ...... 158
Gemischte Textaufgaben ...... 160

Maße und Einheiten umrechnen ................................................................. 162
Gemischte Aufgaben .................................................................................. 164
Gewinn- und Verlustkonto ......................................................................... 166
Kostenkalkulation ...................................................................................... 169
Textaufgaben mit Tabelle ........................................................................... 172

**Logisches Denkvermögen** ......................................................................... **175**
Buchstabenreihen fortsetzen ..................................................................... 175
Zahlenmatrizen und Zahlenpyramiden ....................................................... 179
Logische Schlussfolgerung ......................................................................... 183

**Visuelles Denkvermögen** ........................................................................... **186**
Faltvorlagen .............................................................................................. 186
Spielwürfel drehen und kippen .................................................................. 191

**4. Prüfung · Maschinen- und Anlagenführer/in** ......................................... **195**

**Allgemeinwissen** ....................................................................................... **196**
Verschiedene Themen ................................................................................ 196

**Fachbezogenes Wissen** .............................................................................. **201**
Branche und Beruf ..................................................................................... 201
Technisches Verständnis ............................................................................ 206

**Sprachbeherrschung** .................................................................................. **210**
Rechtschreibung: kurze Sätze ................................................................... 210
Gleiche Wortbedeutung ............................................................................. 212

**Mathematik** ............................................................................................... **214**
Kettenaufgaben ohne Punkt vor Strich ...................................................... 214
Prozentrechnen ......................................................................................... 217
Gemischte Aufgaben .................................................................................. 219
Gemischte Textaufgaben ........................................................................... 221
Maße und Einheiten umrechnen ................................................................. 223
Geometrie .................................................................................................. 225
Mengenkalkulation mit Schaubild .............................................................. 228

**Logisches Denkvermögen** ......................................................................... **231**
Zahlenreihen fortsetzen ............................................................................ 231
Wörter erkennen ....................................................................................... 235
Sprachlogik: Analogien .............................................................................. 238
Zahlenmatrizen und Zahlenpyramiden ....................................................... 241

**Visuelles Denkvermögen** ........................................................................... **245**
Räumliches Grundverständnis .................................................................... 245
Visuelle Analogien ..................................................................................... 249

## 5. Prüfung · Zerspanungsmechaniker/in und Metallbauer/in ......................... 253

**Allgemeinwissen**................................................................................**254**
Verschiedene Themen ....................................................................254

**Fachbezogenes Wissen**.......................................................................**259**
Branche und Beruf ........................................................................259
Technisches Verständnis ...............................................................264

**Sprachbeherrschung**..........................................................................**269**
Richtige Schreibweise ...................................................................269
Rechtschreibung Lückentext.........................................................271

**Mathematik**......................................................................................**273**
Kettenaufgaben ohne Punkt vor Strich ........................................273
Prozentrechnen ............................................................................276
Dreisatz .......................................................................................278
Gemischte Textaufgaben ..............................................................280
Maße und Einheiten umrechnen....................................................283
Geometrie ....................................................................................285
Mengenkalkulation mit Tabelle .....................................................289

**Logisches Denkvermögen**...................................................................**292**
Zahlenreihen fortsetzen ................................................................292
Wörter erkennen ..........................................................................296
Sprachlogik: Oberbegriffe .............................................................299
Flussdiagramme ...........................................................................301

**Visuelles Denkvermögen**....................................................................**305**
Faltvorlagen..................................................................................305
Figurenreihen fortsetzen ...............................................................310

## A. Anhang .............................................................................. 315

**Lösungen**.........................................................................................**316**
Prüfung 1 · Industriemechaniker/in................................................316
Prüfung 2 · Fachkraft für Metalltechnik, Konstruktionsmechaniker/in,
Werkzeugmechaniker/in und Feinwerkmechaniker/in .....................317
Prüfung 3 · Mechatroniker/in.........................................................318
Prüfung 4 · Maschinen- und Anlagenführer/in ...............................319
Prüfung 5 · Zerspanungsmechaniker/in und Metallbauer/in............320

**Die Rechtschreibung** ........................................................................**321**

**Tabelle: Maße und Einheiten**.............................................................**352**

# Vorwort: Eine Frage der Technik

Was tun, wenn's klemmt? Stellt sich diese Frage in Werkstätten und Fabrikationshallen, wird es in der Regel teuer. Denn eine stillstehende Maschine bringt schnell die ganze Fertigung ins Stocken, und das bedeutet: Produktionsausfall. In modernen industriellen Maschinenparks sorgt deswegen ein ganzes Heer von Fachleuten dafür, dass ein Rädchen ins andere greift und alles wie geschmiert funktioniert. Einstiegschancen für technikinteressierte Ausbildungsbewerber bietet freilich nicht nur die Großindustrie: Auch im Handwerk und bei kleinen Zulieferern braucht man versierte Metallbauer, Mechatroniker und Mechaniker.

So vielfältig die technischen Berufsbilder sind, so unterschiedlich sind die typischen Aufgabenprofile. Von der Herstellung faustgroßer Präzisionsteile bis zur Montage, Steuerung und Wartung tonnenschwerer Produktionsanlagen gibt es für Technikbegabte eine Menge zu tun. Berufsübergreifend kommt es auf handwerkliches Geschick und Liebe zur Genauigkeit an – ob beim Stanzen, Schweißen, Bohren oder Fräsen. Da viele Arbeiten mittlerweile von computergesteuerten Geräten übernommen werden, darf zudem ein gewisses digitaltechnisches Know-how nicht fehlen.

## Ausbildung und Anforderungen

Weil die Innovationszyklen von Anlagen und Maschinen immer kürzer werden, hat man in einem Technikberuf nie ausgelernt. Was heute noch als letzter High-Tech-Entwicklungsschritt gefeiert wird, gehört übermorgen womöglich schon zum alten Eisen – doch als Techniker muss man auf dem Laufenden bleiben. Die Betriebe suchen sich ihren Fachkräfte-Nachwuchs daher sehr sorgfältig aus. Um die geeignetsten Kandidaten herauszufiltern, veranstalten sie Einstellungstests.

Das für alle Technikberufe elementare handwerklich-praktische Verständnis wird in der Auswahlprüfung besonders intensiv getestet: Hier macht sich ein Faible fürs Basteln und Tüfteln bezahlt. Weitere Schwerpunkte sind Mathematik und die Naturwissenschaften, vor allem Physik. Abgerundet wird der Anforderungskatalog durch die Kompetenz-Kategorien Allgemeinwissen, Sprachbeherrschung, logisches Verständnis und visuelles Denkvermögen.

## Gut vorbereitet mit diesem Prüfungspaket

Das Durcharbeiten der Prüfungen der letzten Jahre ist ein absolutes Muss für jeden, der sich auf einen Einstellungstest zur Ausbildung als Mechatroniker, Metallbauer, Maschinen- und Anlagenführer oder Mechaniker vorbereitet. So erkennen Sie, ob Ihr Kenntnisstand den Anforderungen entspricht. Außerdem lassen sich böse Überraschungen vermeiden, da fast alle aktuellen Prüfungsfragen so oder in ähnlicher Form schon einmal gestellt wurden.

Das vorliegende Prüfungspaket bietet Ihnen nicht nur zahlreiche originale Testfragen aus den Auswahlverfahren namhafter Unternehmen – es liefert auch kommentierte Lösungen und ausführliche Bearbeitungshinweise. Nehmen Sie sich ausreichend Zeit, das Buch und die Musterprüfungen konzentriert durchzuarbeiten. Beschränken Sie sich dabei nicht nur auf die speziell für Ihren Beruf konzipierte Prüfung, sondern verbreitern Sie Ihr Wissen, indem Sie möglichst alle Einzelprüfungen in die Vorbereitung einbeziehen. Damit haben Sie alles zur Hand, was Sie brauchen, um Ihren Einstellungstest souverän zu meistern.

**Dieses Prüfungspaket ...**

¬ ist geeignet für Mechatroniker, Metallbauer, Maschinen- und Anlagenführer und alle Mechaniker: insbesondere Industriemechaniker, Zerspanungsmechaniker, Werkzeugmechaniker, Konstruktionsmechaniker und Feinwerkmechaniker.

¬ bereitet Sie zielgerichtet auf Ihren Eignungstest vor.

¬ enthält fünf Musterprüfungen zur optimalen Testsimulation.

¬ bekämpft die Prüfungsangst – denn das beste Mittel gegen Prüfungsstress und Unsicherheit ist eine gezielte Vorbereitung.

¬ vermittelt das notwendige Wissen.

¬ bringt Ihre Allgemeinbildung auf den neuesten Stand und frischt Ihr prüfungsrelevantes Schulwissen auf.

¬ steht für eine Prüfung ohne böse Überraschungen!

Viele zusätzliche Prüfungsfragen und Informationen finden Sie auf unserer Homepage www.ausbildungspark.com. Im Büchershop stehen außerdem weitere Publikationen zu Bewerbungs- und Auswahlverfahren in verschiedensten Branchen bereit.

Eine gute Vorbereitung und viel Erfolg in der Prüfung wünscht

*Ihr Ausbildungspark-Team*

## Kontakt

Ausbildungspark Verlag
Kundenbetreuung
Bettinastraße 69
63067 Offenbach

Telefon +49 (69) 40 56 49 73
Telefax +49 (69) 43 05 86 02
E-Mail: kontakt@ausbildungspark.com
Internet: www.ausbildungspark.com

# Einführung

**Der Einstellungstest: Aufbau und Inhalte...................... 14**

Die Aufgabentypen im Überblick ........................................14
Der Testablauf ................................................................16
Ihr Fahrplan für die schriftliche Prüfung ...........................17
Die Testsimulation .........................................................18

## Der Einstellungstest: Aufbau und Inhalte

In Großkonzernen sind Einstellungstests seit langem gang und gäbe. Mittlerweile setzen aber zunehmend auch kleine und mittelständische Betriebe auf Einstellungstests, um die Qualifikationen ihrer Bewerber einheitlich, fair und vergleichbar zu überprüfen. Die gängigen Verfahren schöpfen aus einem großen Reservoir an Aufgaben verschiedenster Kategorien: Wissen, Sprache, Mathematik, logisches und visuelles Denkvermögen. Je nach Stellenzuschnitt werden aus diesem Fundus unterschiedliche Aufgaben ausgesucht. Viele Fragen sind nach dem Multiple-Choice-Prinzip durch Ankreuzen der richtigen Lösung zu beantworten, bei anderen – vor allem im sprachlichen Bereich – müssen Sie unter Umständen mehr oder weniger umfangreiche Antworten selbst formulieren.

### Die Aufgabentypen im Überblick

#### Der Themenbereich „Wissen"

Hinter der Bezeichnung „Allgemeinwissen" verbirgt sich ein kaum überschaubares Themenfeld. „Ernste" Gebiete wie Politik und Wirtschaft fallen ebenso darunter wie Kunst, Literatur, Geografie, Sport, Technik und Naturwissenschaften. Dieses Buch liefert viele gängige Fragen aus den verschiedensten Bereichen. Studieren Sie die Lösungskommentare, um sich in einen Bereich intensiver einzuarbeiten. Ihr Gegenwartswissen halten Sie durch Zeitungslektüre, Nachrichtensendungen, Internetquellen auf dem Laufenden – bleiben Sie am Ball.

Der fachbezogene Wissensteil in Technikberufen fragt zum einen Grundkenntnisse zu Werkstoffen und Arbeitsverfahren ab, zum anderen stellt er Ihren Sinn fürs Praktische auf die Probe: mit einer Zusammenstellung von physikalischen Skizzen und (elektro-) technischen Anordnungen. Abgesehen davon spielen firmenspezifische Inhalte eine große Rolle. Machen Sie sich daher schlau über das Unternehmensprofil und Ihre künftigen Zuständigkeiten: Was zeichnet den einstellenden Betrieb aus, wie ist er organisiert, wo werden Sie eingesetzt?

> *Der Wissensteil testet ...*
>
> ¬ Allgemeinwissen: Politik und Gesellschaft, Naturwissenschaften, Wirtschaft und Finanzen ...
>
> ¬ Fachbezogenes Wissen: Branche und Beruf
>
> ¬ Technisches Verständnis: physikalisches Wissen, handwerklich-praktische Intelligenz

#### Die „Sprachbeherrschung"

Mündlich und schriftlich kommunizieren zu können, ist ein grundlegendes Kriterium der allgemeinen Ausbildungsreife. In den Einstellungstests für technische Berufe werden zumindest die orthografischen Basiskenntnisse abgefragt: häufig durch Auswahl- oder Einsetzübungen, bei denen zum Beispiel die richtigen Satzzeichen oder Schreibweisen zu bestimmen sind. In punkto Rechtschreibung und Grammatik sollten Sie daher sattelfest sein, eventuell auch in einer Fremdsprache (Englisch).

> *Der Sprachteil prüft ...*
>
> ¬ Rechtschreibung und Grammatik
>
> ¬ Sprachverständnis
>
> ¬ Fremdsprachenkenntnisse (Englisch)

Abgesehen von der einwandfreien Beherrschung von Rechtschreibung, Satzbau und Grammatik ist oft ein hohes Maß an inhaltlichem Sprachverständnis erwünscht. Im entsprechenden Prüfungsteil kann es unter anderem darum gehen, den Sinn von Sprichwörtern zu entschlüsseln, Wortbedeutungen zu identifizieren oder Fremdwörter richtig zu übersetzen.

### Die „Mathematik"

Die nötige rechnerische Versiertheit muss man im Einstellungstest häufig dadurch belegen, dass man auch ohne Hilfsmittel zum richtigen Ergebnis findet. Konkret kann es etwa darum gehen, Zahlenwerte umzurechnen, kleinere Rechnungen im Kopf durchzuführen oder das Resultat größerer Operationen per Überschlag zu schätzen. Natürlich ist bei komplizierteren Prozentaufgaben in der Regel ein Taschenrechner erlaubt.

**Der mathematische Teil beinhaltet ...**

¬ Einfache bis komplexe Gleichungen

¬ Maße und Einheiten umrechnen

¬ Prozentrechnung

¬ Textaufgaben (mit Dreisatz)

¬ Diagrammanalyse

¬ Geometrie

Über die bloßen Rechenkünste hinaus haben es Diagrammanalysen und Textaufgaben besonders auf Ihr Verständnis von Zahlenverhältnissen abgesehen: zum Beispiel, wenn Bedarfsmengen zu kalkulieren oder unbekannte Werte mithilfe des Dreisatz-Verfahrens zu ermitteln sind. Bringen Sie zur Vorbereitung Ihr Schulwissen noch einmal gründlich auf Vordermann. Doch auch wer sich mit Mathe etwas schwerer tut, muss die Flinte nicht gleich ins Korn werfen. Die Testaufgaben sind im Allgemeinen ziemlich ähnlich, sodass sich die typischen Vorgehensweisen und Lösungswege sehr gut trainieren lassen.

### Das „logische Denkvermögen"

Logik ist die Lehre des vernünftigen Folgerns. So bündig diese Definition klingt, so vielschichtig zeigt sich das logische Denkvermögen in der Praxis – und so unverzichtbar ist es, logisch denken und urteilen zu können. Die Fähigkeit, komplexe Sachlagen zu überblicken und verschiedene Handlungsalternativen systematisch zu durchdenken, wird nahezu überall gebraucht. Um diese Kompetenz zu testen, gibt es unterschiedliche Aufgabentypen, in denen Buchstaben, Wörter, Sätze, Zahlen und/oder grafische Muster vorkommen.

**Der Logikteil besteht aus ...**

¬ Sprachlogik: Wortanalogien, Oberbegriffe

¬ Ergänzungsaufgaben: Buchstaben- und Zahlenreihen fortsetzen

¬ Interpretationsaufgaben: Texte und Schaubilder verstehen

Häufig gilt es, zwischen den verschiedenen Elementen abstrakte Zusammenhänge und Strukturen zu erkennen. Sprachlogische Fragen etwa fordern dazu auf, bestimmte Analogien herzustellen: Ast verhält sich zu Baum wie Rad zu was? Eine mögliche Antwort wäre hier Auto, da das Rad ebenso ein Teil des Autos ist, wie der Ast zum Baum gehört. Bei anderen Aufgaben finden Sie zu vorgegebenen Bezeichnungen den jeweils passenden Oberbegriff, setzen Buchstaben- oder Zahlenreihen richtig fort, analysieren Diagramme oder ziehen aus vorgegebenen Informationen plausible Schlussfolgerungen.

### Das „visuelle Denkvermögen"

In Aufgaben zum visuellen Denkvermögen werden Sie häufig mit Faltvorlagen konfrontiert, die Sie (im Geiste) zu dreidimensionalen Körpern zusammenbasteln können – nur zu welchen? Noch etwas strapaziöser für die Aufmerksamkeit sind Würfelaufgaben, bei denen nach allerlei (imaginären) Dreh- und Kippvorgängen diejenigen Oberflächen des Würfels skizziert werden sollen, die am Ende sichtbar sind.

> **Das visuelle Denkvermögen umfasst ...**
> ¬ Räumliche Vorstellungskraft: Flächen und Körper
> ¬ Abstraktionsfähigkeit: Muster und Figuren

Im Grenzbereich zum logischen Denkvermögen finden sich Aufgaben zu grafischen Formen und Matrizen. Nutzen Sie Ihr Abstraktionsvermögen, um herauszufinden, nach welchen „Bauanleitungen" verschiedene Reihen und Muster konstruiert sind – im Notfall helfen Ihnen die Lösungskommentare dieses Buchs. Wer einmal einen Blick für Körper und Flächen entwickelt hat, profitiert noch lange im Nachhinein davon: Der Trainingseffekt im Bereich der räumlichen Auffassungsgabe setzt schnell ein und ist sehr nachhaltig.

## Der Testablauf

Mit der Einladung zum Einstellungstest sind Sie Ihrem Wunschberuf einen großen Schritt näher gekommen. Nun beginnt die Vorbereitungsphase. Inzwischen wissen Sie natürlich schon ein wenig darüber, was Sie im Auswahltest erwartet: die Kontrolle der vorausgesetzten Kenntnisse und Kompetenzen ebenso wie die Überprüfung berufsrelevanter persönlicher Fähigkeiten. Wie aber läuft das Procedere konkret ab?

### Die Prüfungssituation

Der Tag der Wahrheit ist endlich gekommen; Sie und Ihre Mitbewerber sammeln sich vor dem Prüfungsraum. Aufgeregt wird der eine oder andere von fiesen Trickfragen und unlösbaren Kniffeleien berichten – das meiste davon sind Gerüchte, die auf nichts als Hörensagen beruhen. Zwar werden Sie mit Sicherheit auf unbekannte Fragen stoßen und wahrscheinlich in der vorgegebenen Zeit nicht alle korrekten Lösungen finden: Das müssen Sie aber auch nicht, da nur ein bestimmter Prozentsatz der Maximalpunktzahl nötig ist, um den Test zu bestehen. Außerdem sind auch die unbekannten Aufgaben nach bestimmten Schemas aufgebaut, die Ihnen dank der Bearbeitung des vorliegenden Prüfungspakets nicht unbekannt vorkommen dürften.

Nachdem alle Bewerber zum Test erschienen sind, wird Sie der Prüfer begrüßen, sich kurz vorstellen und dann die Einzelheiten des Testablaufs klären: welche Hilfsmittel zugelassen sind – z. B. Taschenrechner und Lineal –, welche Zeitvorgaben es gibt usw. Fragen Sie schon vorher nach, welche Hilfsmittel Sie von zu Hause mitbringen dürfen oder sollen; Stift und Papier werden meist gestellt.

Bei der Zeiteinteilung gibt es unterschiedliche Vorgehensweisen: Wenn der Prüfer Ihnen nur eine feste Bearbeitungsdauer für den gesamten Test nennt, dürfen Sie normalerweise hin- und herspringen, besonders unangenehmen Aufgaben ausweichen und zum nächsten Aufgabenteil übergehen, wenn Sie wollen. Es kommt aber auch vor, dass der Prüfer Sie Schritt für Schritt durch den Test begleitet und Ihnen genau sagt, wann und wie lange Sie einen bestimmten Bereich bearbeiten sollen. Blättern Sie in diesem Fall nicht einfach zu anderen Abschnitten um – im Extremfall könnte das zu Ihrer Disqualifikation führen.

## Ihr Fahrplan für die schriftliche Prüfung

▶ Fragen Sie frühzeitig nach: Welche Hilfsmittel (z. B. Taschenrechner) dürfen Sie benutzen? Welche Materialien (Stift, Papier, Lineal …) müssen Sie mitbringen, welche werden Ihnen gestellt?

▶ Verschieben Sie Ihren Prüfungstermin bei schwereren Erkrankungen.

▶ Erscheinen Sie ausgeschlafen und pünktlich, planen Sie genügend Zeitreserve für Verzögerungen ein. Aber vergessen Sie das Frühstück nicht: Wer mit nüchternem Magen in die Prüfung geht, baut schneller ab und ist weniger leistungsfähig.

▶ Folgen Sie den Erklärungen der Prüfungsleiter aufmerksam. Nur so erfahren Sie, wie der Test abläuft und wie Sie dabei vorgehen müssen.

▶ Studieren Sie die allgemeinen Bearbeitungshinweise sorgfältig, klären Sie eventuelle Verständnisfragen nach Möglichkeit vor Testbeginn.

▶ Behalten Sie die Uhr im Auge und teilen Sie sich Ihre Zeit gut ein.

▶ Achten Sie jederzeit auf Hinweise Ihrer Prüfungsleiter.

▶ Wenn ein „Blackout" droht: durchatmen, einen Schluck Wasser trinken und erst einmal leichtere Aufgaben in Angriff nehmen.

▶ Lesen Sie jede Aufgabenstellung gründlich durch und halten Sie sich an vorgegebene Bearbeitungswege.

▶ In Multiple-Choice-Tests werden falsche Antworten in der Regel nicht bestraft. Setzen Sie auch dann ein Kreuz, wenn Sie nicht ganz sicher sind – einen Versuch ist es wert. (Achtung: Wenn mehrere richtige Lösungen anzugeben sind, gibt es für falsche Kreuze Abzüge!)

▶ Lassen Sie sich nicht aus der Ruhe bringen. Die Tests sind so konzipiert, dass kaum jemand im vorgegebenen Zeitrahmen alle Aufgaben korrekt lösen kann.

▶ Anstatt an einer Aufgabe zu verzweifeln, gehen Sie lieber zur nächsten über. Mit den übersprungenen Fragen können Sie sich – begonnen mit der leichtesten – noch am Schluss beschäftigen.

▶ Planen Sie etwas Zeit ein, um Ihre Lösungen auf Flüchtigkeitsfehler und andere kleine Patzer zu kontrollieren.

▶ Korrigieren Sie falsche Antworten stets eindeutig und nachvollziehbar.

Welche Fragen in Ihrem Auswahltest konkret gestellt werden, das könnten Ihnen nur die Prüfer selbst beantworten – und die werden es nicht tun. Trotzdem können Sie sich auf alle Prüfungsinhalte gut vorbereiten: zum einen, indem Sie Ihre Wissensbasis erweitern, verschiedene Aufgabentypen und Lösungswege kennen lernen; zum anderen, indem Sie sich an die Prüfungssituation und den Testablauf gewöhnen. Aber auch das Lernen selbst will gelernt sein. Mit den richtigen Methoden fällt die Vorbereitung leichter.

**Informationen sammeln:** Bringen Sie mehr über Ihren künftigen Arbeitgeber und den angestrebten Beruf in Erfahrung: Studieren Sie Prospekte und Broschüren, nutzen Sie Tage der offenen Tür, recherchieren Sie im Internet, kontaktieren Sie Ihren Ansprechpartner im Unternehmen. Eventuell erfahren Sie so auch noch einige zusätzliche Details über den Testablauf und die Prüfungsinhalte. Fragen kostet nichts!

**Bildung verbreitern:** Eine gute Allgemeinbildung bringt in jedem Einstellungstest Vorteile. Informieren Sie sich daher über das aktuelle Zeitgeschehen. Möglichkeiten dafür gibt es viele, ob via Internet, Radio, Fernsehen oder Zeitung. Wer sich kein Zeitungsabonnement leisten will, findet in öffentlichen Bibliotheken Exemplare aller großen Tageszeitungen zur Gratis-Lektüre.

**Pausen einplanen:** In der Vorbereitungsphase von früh bis spät zu büffeln und dann noch die Nacht zum Tag zu machen, ist nicht besonders effektiv. Gönnen Sie sich ausreichend Schlaf und regelmäßige Verschnaufpausen. Bewährt hat sich die Einteilung in Lernblöcke: nach 30 Arbeitsminuten 5 Minuten abschalten, alle 90 Minuten für eine Viertelstunde pausieren, nach jeweils vier Stunden 1–2 Stunden unterbrechen.

## Die Testsimulation

Das vorliegende Prüfungspaket ist so konzipiert, dass Sie den schriftlichen / computergestützten Einstellungstest realistisch simulieren und seinen Ablauf wirklichkeitsnah nachvollziehen können. Wir empfehlen Ihnen folgende Vorgehensweise zur effektiven Vorbereitung:

- Bearbeiten Sie den ersten Test, bevor Sie die Lösungshinweise und Antworten in diesem Buch lesen.
- Legen Sie sich einen Taschenrechner, einen Bleistift und Notizpapier bereit.
- Folgen Sie den Bearbeitungshinweisen.
- Überspringen Sie keine Kapitel.
- Halten Sie sich an die angegebenen Zeitvorgaben.
- Bearbeiten Sie immer erst eine vollständige Prüfung, bevor Sie die dazugehörigen Antworten im Lösungsbuch nachschlagen.
- Vergleichen Sie Ihre Testergebnisse in den verschiedenen Prüfungen. Machen Sie sich Ihre Fortschritte bewusst, aber finden Sie auch heraus, in welchem Bereich noch Schwachstellen liegen.
- Nutzen Sie das Lösungsbuch, um Ihr Verständnis der Testaufgaben zu vertiefen und einzelne Themen intensiver aufzuarbeiten.

Dieses Lösungsbuch liefert Ihnen zu jeder Frage sowohl die korrekte Antwort als auch umfangreiche Bearbeitungshinweise und einen ausführlich kommentierten Lösungsweg. Nehmen Sie sich die Zeit, das Prinzip der Aufgaben vollständig zu verstehen, bevor Sie weiterarbeiten. So gehen Sie gut gerüstet in Ihre Einstellungsprüfung!

*Wir wünschen Ihnen viel Erfolg!*

# Prüfung

**1**

## Industriemechaniker/in

**Allgemeinwissen**.................................................................. **22**
    Verschiedene Themen .................................................................22

**Fachbezogenes Wissen** ......................................................... **27**
    Branche und Beruf.......................................................................27
    Technisches Verständnis .............................................................32

**Sprachbeherrschung** ............................................................ **38**
    Richtige Schreibweise .................................................................38

**Fremdsprachenkenntnisse** ................................................. **40**
    Englisch: Bedeutung von Wörtern..............................................40

**Mathematik** .......................................................................... **42**
    Grundrechenarten ohne Taschenrechner ..................................42
    Bruchrechnen ..............................................................................44
    Prozentrechnen ...........................................................................46
    Dreisatz........................................................................................49
    Ungemischte Aufgaben...............................................................51
    Maße und Einheiten umrechnen ................................................53
    Textaufgaben mit Tabelle ...........................................................55
    Mengenkalkulation mit Schaubild .............................................58
    Textaufgaben mit Diagramm......................................................61

**Logisches Denkvermögen** ................................................... **64**
    Zahlenreihen fortsetzen..............................................................64
    Zahlenmatrizen und Zahlenpyramiden ......................................68
    Logische Schlussfolgerung..........................................................72

**Visuelles Denkvermögen** .................................................... **75**
    Faltvorlagen.................................................................................75

# Allgemeinwissen

**Verschiedene Themen**                                          *Bearbeitungszeit 10 Minuten*

**Die folgenden Aufgaben prüfen Ihr Allgemeinwissen.**

Zu jeder Aufgabe werden verschiedene Lösungsmöglichkeiten angegeben.

Beantworten Sie bitte die folgenden Aufgaben, indem Sie jeweils den richtigen Buchstaben markieren.

1. **Wer wählt in Deutschland den Bundeskanzler?**

   A. Das Volk
   B. Die Minister
   C. Der Bundestag
   D. Der Bundespräsident
   E. Keine Antwort ist richtig.

2. **Wer bestimmt die Richtlinien der deutschen Politik?**

   A. Innenminister
   B. Bundestagspräsident
   C. Bundeskanzler
   D. Bundespräsident
   E. Keine Antwort ist richtig.

3. **In welcher Stadt befindet sich das Europäische Parlament?**

   A. Straßburg
   B. Brüssel
   C. Kopenhagen
   D. Luxemburg
   E. Keine Antwort ist richtig.

4. **Welches Metall schmilzt als erstes?**

   A. Gold
   B. Blei
   C. Eisen
   D. Silber
   E. Keine Antwort ist richtig.

5.  **Was ist keine Lichtquelle im eigentlichen Sinne (Lichtquelle 1. Ordnung)?**

    A.  Fahrradlampe
    B.  Kerze
    C.  Spiegel
    D.  Sonne
    E.  Keine Antwort ist richtig.

6.  **In welcher Maßeinheit wird der Reifendruck gemessen?**

    A.  K
    B.  PS
    C.  Nm
    D.  bar
    E.  Keine Antwort ist richtig.

7.  **Wie teilt man zwei Brüche?**

    A.  Indem man Nenner durch Nenner und Zähler durch Zähler teilt
    B.  Indem man Nenner mit Nenner multipliziert und Zähler durch Zähler teilt
    C.  Indem man Nenner durch Nenner teilt und Zähler mit Zähler multipliziert
    D.  Indem man mit dem Kehrwert multipliziert
    E.  Keine Antwort ist richtig.

8.  **Mit einem VGA-Kabel verbindet man …?**

    A.  mehrere Computer miteinander.
    B.  Steckdose und Netzteil des Computers.
    C.  Monitor und Grafikkarte eines Computers.
    D.  Maus und Laptop.
    E.  Keine Antwort ist richtig.

9.  **Was ist ein LAN?**

    A.  Ein Rechnernetz
    B.  Ein Internetprotokoll
    C.  Ein Glasfaserkabel
    D.  Ein Kupferkabel mit Texasstecker
    E.  Keine Antwort ist richtig.

10. **Wofür steht die Abkürzung „WLAN"?**

    A. Für ein mit Glasfaserkabeln verbundenes Netzwerk

    B. Für das Internet

    C. Für das Mobiltelefon

    D. Für ein drahtloses lokales Netzwerk

    E. Keine Antwort ist richtig.

## Lösungen

**Zu 1.**

**C.** Der Bundestag

Der Bundeskanzler wird bei der Erstwahl vom Bundespräsidenten vorgeschlagen und vom Bundestag gewählt. Er wird vom Bundespräsidenten nach der Wahl im Bundestag zum Bundeskanzler ernannt.

**Zu 2.**

**C.** Bundeskanzler

Der Bundespräsident ist zwar das Staatsoberhaupt der Bundesrepublik Deutschland, doch ist der Bundeskanzler faktisch der mächtigste deutsche Politiker und bestimmt so die Richtlinien der Politik und sein Kabinett, das allerdings vom Bundespräsidenten ernannt werden muss.

**Zu 3.**

**A.** Straßburg

Das Europäische Parlament ist das Parlament der Europäischen Union mit Sitz in Straßburg. Seit 1979 wird es alle fünf Jahre in allgemeinen, freien und geheimen Wahlen gewählt. Als weltweit einzige direkt gewählte supranationale Institution repräsentiert das Parlament rund 500 Millionen EU-Staatsbürger und wird auch als „Bürgerkammer der EU" bezeichnet. Seit der Parlamentsgründung 1952 wurden seine Kompetenzen mehrmals stark ausgeweitet, insbesondere durch die Verträge von Maastricht (1992) und Nizza (2001). Im Vergleich mit den nationalen Parlamenten hat es allerdings noch immer relativ wenige Rechte.

**Zu 4.**

**B.** Blei

Im Vergleich der Schmelzpunkte der genannten Metalle liegt Blei an unterster Stelle: Es schmilzt bereits bei Temperaturen von 327 °C. Silber geht bei rund 961 °C in den flüssigen Zustand über, Gold bei 1.064 °C, und Eisen verflüssigt sich erst bei 1.536 °C.

**Zu 5.**

**C.** Spiegel

Als Lichtquelle im engeren Sinne (1. Ordnung) bezeichnet man selbstleuchtende Gegenstände wie z. B. eine Kerze, eine Fahrradlampe oder die Sonne. Als Lichtquelle 2. Ordnung gelten reflektierende Objekte wie ein Spiegel oder der Mond, die Licht von Lichtquellen 1. Ordnung abstrahlen.

**Zu 6.**

**D.** bar

Die international genormte SI-Standardeinheit für physikalischen Druck ist Pascal (Pa). Ein Pascal entspricht dabei der Kraft von einem Newton (N), ausgeübt auf eine Fläche von einem Quadratmeter:

$$1\,Pa = 1\frac{N}{m^2}$$

Aus praktischen Gründen – da die Darstellung in Pascal zu umständlich wäre – misst man den Reifendruck jedoch nicht in Pascal, sondern in bar: 1 bar entspricht 100.000 Pascal.

**Zu 7.**

**D.** Indem man mit dem Kehrwert multipliziert

Man dividiert durch einen Bruch, indem man mit dem Kehrwert des Bruches multipliziert. Die Division wird also auf einer Multiplikation begründet.

**Zu 8.**

C.  Monitor und Grafikkarte eines Computers.

VGA („Video Graphics Array") bezeichnet einen Standard für Grafikkarten IBM-kompatibler PCs. Über das 15-polige VGA-Kabel kann die Grafikkarte eines Computers mit Anzeigegeräten wie z. B. Monitoren verbunden werden.

**Zu 9.**

A.  Ein Rechnernetz

Das „Local Area Network" (LAN) ist ein lokales Rechnernetz, das größer als ein „Personal Area Network" (PAN) ist, aber nicht die Ausdehnung von „Metropolitan Area Networks" (MAN) erreicht. LANs erstrecken sich in der Regel über mehrere Räume, aber selten über ein Grundstück hinaus.

Zum Aufbau eines lokalen Netzwerkes können verschiedene Technologien genutzt werden.

Am verbreitetsten ist der Ethernet-Standard, durch den Kabeltypen, Stecker, Signalisierungen und Protokolle festgelegt sind.

**Zu 10.**

D.  Für ein drahtloses lokales Netzwerk

„WLAN" (auch „Wireless LAN" oder „W-LAN") steht für „Wireless Local Area Network", auf Deutsch „drahtloses lokales Netzwerk". Damit bezeichnet man ein Funknetz, das einen schnurlosen Internetzugang über Computer, Laptop, Handy und ähnliche Geräte ermöglicht, wofür im Allgemeinen eine WLAN-Karte und -Schaltstelle erforderlich sind. Um WLANs gegen unbefugte Nutzung abzusichern, verwendet man kryptografische Verschlüsselungen.

# Fachbezogenes Wissen

***Branche und Beruf***                                      ***Bearbeitungszeit 10 Minuten***

**Mit den folgenden Aufgaben wird Ihr fachbezogenes Wissen geprüft.**

Beantworten Sie bitte die folgenden Aufgaben, indem Sie jeweils den richtigen Buchstaben markieren.

11. **Wo in einem Raum sollte man einen Heizkörper idealerweise aufstellen?**
    A. In Bereichen geringer Temperaturunterschiede (i. d. R. neben der Eingangstür)
    B. In Bereichen großer Temperaturunterschiede (i. d. R. unter dem Fenster)
    C. In Bereichen mit möglichst konstanter Temperatur (z. B. Innenwände)
    D. Es macht keinen Unterschied, wo man den Heizkörper aufstellt.
    E. Keine Antwort ist richtig.

12. **Eine Flüssigkeit, die Strom leitet, nennt man …?**
    A. Elektron.
    B. Elektrode.
    C. Elektrolyt.
    D. Elektrolyse.
    E. Keine Antwort ist richtig.

13. **Was zählt zu den Betriebsstoffen?**
    A. Eisen und Holz
    B. Nägel und Nieten
    C. Putzmittel und Schmieröl
    D. Kapital und Investitionen
    E. Keine Antwort ist richtig.

14. **Ein wichtiger Bestandteil moderner Werkzeugmaschinen ist …?**
    A. die Gewindezange.
    B. die Kupplungsbacke.
    C. die Getriebenocke.
    D. die Motorspindel.
    E. Keine Antwort ist richtig.

15. **Welche Aufgabe hat die Zündkerze eines Benzinmotors?**
    A. Sie heizt den Motor auf Zündtemperatur auf.
    B. Sie entzündet das Kraftstoff-Luft-Gemisch.
    C. Sie erhöht die Betriebsspannung.
    D. Sie beschleunigt die Brennstoffzufuhr.
    E. Keine Antwort ist richtig.

16. **Welche Kategorie von Elektromotoren gibt es nicht?**
    A. Drehstrommotoren
    B. Gleichstrommotoren
    C. Universalmotoren
    D. Reihenstrommotoren
    E. Keine Antwort ist richtig.

17. **Worin unterscheiden sich Ketten nicht von Riemen?**
    A. Durch niedrigeren Schlupf
    B. Durch grundsätzlich geringeren Platzverbrauch
    C. Durch Unempfindlichkeit gegen äußere Einflüsse
    D. Durch bessere Kraftübertragung
    E. Keine Antwort ist richtig.

18. **Welche Aufgabe hat das Getriebe in einem Kraftfahrzeug?**
    A. Es überträgt Energie zwischen Motor und Kupplung.
    B. Es reguliert die Kraftübertragung an die Antriebswelle.
    C. Es regelt die Brennstoffzufuhr.
    D. Es reguliert die Motorleistung.
    E. Keine Antwort ist richtig.

19. **Auf einer Verpackung finden Sie die Gewindeangabe „M 4 × 1,5". Was bedeutet diese Angabe?**
    A. Die Gewindelänge beträgt 4 mm, der Durchmesser 1,5 mm.
    B. Der Durchmesser beträgt 4 mm, die Gewindesteigung 1,5 mm.
    C. Die Gewindesteigung beträgt 4 mm, der Durchmesser 1,5 mm.
    D. Die Gewindesteigung beträgt 4 mm, die Gewindelänge 1,5 mm.
    E. Keine Antwort ist richtig.

20. **Worin unterscheidet sich ein Normalgewinde von einem Feingewinde?**

   A. Die Steigung beim Normalgewinde ist kleiner.
   B. Die Steigung beim Feingewinde ist kleiner.
   C. Die Oberfläche ist beim Normalgewinde stabiler.
   D. Die Oberfläche ist beim Normalgewinde glatter.
   E. Keine Antwort ist richtig.

## Lösungen

**Zu 11.**

**B.** In Bereichen großer Temperaturunterschiede (i. d. R. unter dem Fenster)

Idealerweise installiert man einen Heizkörper dort, wo die Temperaturunterschiede am höchsten sind – also in der Regel unter dem Fenster. Der Grund liegt in der angestrebten Luftzirkulation: Ohne die vom Heizkörper aufsteigende Warmluft könnte die kühlere Luft des Fensterbereichs absinken und sich ungehindert bodennah über den gesamten Raum ausbreiten – das Zimmer würde „fußkalt".

**Zu 12.**

**C.** Elektrolyt.

Das Elektron ist ein (negativer) Ladungsträger, und bei Elektroden handelt es sich um elektrisch leitfähige Bauteile. Die Elektrolyse ist ein chemischer Prozess, bei dem es zu einer Redoxreaktion in einer leitenden Flüssigkeit kommt – diese wiederum bezeichnet man als Elektrolyt.

**Zu 13.**

**C.** Putzmittel und Schmieröl

Betriebsstoffe sind Stoffe, die zur Aufrechterhaltung des Betriebs dienen, indem sie die Energieversorgung und Funktionstüchtigkeit aller beteiligten Geräte sicherstellen: Von den angegebenen Materialien trifft das auf Putzmittel und Schmieröl zu. Eisen und Holz zählen zu den Roh-, Nägel und Nieten zu den Hilfsstoffen.

**Zu 14.**

**D.** die Motorspindel.

Antwort D stimmt: Eine wichtige Baugruppe moderner Werkzeugmaschinen ist die Motorspindel, auch „Hauptspindel" oder „Werkzeugspindel" genannt. Darunter versteht man eine Welle mit integrierter Werkzeugschnittstelle, die direkt an den Antrieb gekoppelt ist. Diese Bauweise erlaubt eine präzise Werkstück-Bearbeitung bei hoher Drehgeschwindigkeit. Man unterscheidet in werkzeugtragende (z. B. Bohr- und Schleifmaschinen) und werkstücktragende Motorspindeln (u. a. Drehmaschinen).

**Zu 15.**

**B.** Sie entzündet das Kraftstoff-Luft-Gemisch.

Die Zündkerze dient in Ottomotoren dazu, das im Motor verdichtete, explosive Kraftstoff-Luft-Gemisch zu zünden. Sie erzeugt dazu Zündfunken zwischen ihren Elektroden. Die Wärmewerte der Zündkerze müssen an den jeweiligen Motor angepasst sein – wird sie zu heiß, verbrennt sie zu schnell, bleibt sie zu kalt, können sich Verbrennungsrückstände anlagern, die unter Umständen zu einem Kurzschluss führen können. Wegen des Verschleißes an ihren Elektroden müssen Zündkerzen regelmäßig ausgetauscht werden.

**Zu 16.**

**D.** Reihenstrommotoren

Elektromotoren, die mit Dreiphasen-Wechselstrom betrieben werden, bezeichnet man als „Drehstrommotoren". Sie sind robust, in der Regel relativ kostengünstig und vielseitig verwendbar. Mit Gleichstrom betriebene Motoren werden ebenfalls verschieden eingesetzt, beispielsweise als Scheibenwischer- oder Gebläsemotoren in Kraftfahrzeugen, aber auch in der Industrie (z. B. in Förderanlagen und Werkzeugmaschinen). Universalmotoren schließlich können mit Gleich- oder Wechselstrom betrieben werden, ohne dass der Motor dafür verändert werden müsste. Eingesetzt werden Universalmotoren unter anderem im Haushalt (Küchengeräte) oder im Heimwerkerbereich. Die

Kategorie „Reihenstrommotoren" gibt es dagegen nicht.

### Zu 17.

**B.** Durch grundsätzlich geringeren Platzverbrauch

Da sich bei Riemenführungen der Treibriemen unter Belastung ausdehnt und zusammenzieht, kommt es zum Schlupf: Der Riemen rutscht leicht über die Riemenscheiben. Kettenführungen sind dank der festen Verbindung von Kette und Zahnrad kaum schlupfanfällig, verbessern die Kraftübertragung und sind unempfindlicher gegen äußere Einflüsse (z. B. hohe Temperaturen). Sie müssen jedoch nicht unbedingt platzsparender sein als Riemenführungen.

### Zu 18.

**B.** Es reguliert die Kraftübertragung an die Antriebswelle.

Das Getriebe überträgt die im Motor erzeugte, durch die Kurbelwelle in eine Drehbewegung umgesetzte Kraft an die Antriebswelle, die wiederum die Räder in Bewegung bringt. Um dabei die jeweils bestmögliche Übersetzung – also das optimale Verhältnis von Motorleistung zu Radbewegung – herzustellen, befinden sich im Getriebe eines Pkws mehrere Zahnkränze, mit denen der Fahrer zwischen verschiedenen Gängen wählen kann.

### Zu 19.

**B.** Der Durchmesser beträgt 4 mm, die Gewindesteigung 1,5 mm.

Das Kürzel „M" zeigt an, dass es sich um metrische Maße handelt. Die Folgeziffer gibt den Außendurchmesser des Gewindes in Millimetern an. Die letzte Zahl schließlich steht für die Gewindesteigung – d. h. für den Weg, den das Gewinde bei einer vollständigen Umdrehung vorwärts bzw. rückwärts bewegt wird. In diesem Fall handelt es sich also um ein Gewinde mit 4 Millimetern Außendurchmesser und 1,5 Millimetern Steigung.

### Zu 20.

**B.** Die Steigung beim Feingewinde ist kleiner.

Die Oberfläche ist bei Normalgewinden weder zwingend glatter noch stabiler. Die Gewinde unterscheiden sich in der Steigung: Feingewinde haben eine geringere Steigung als Normalgewinde. Diese wiederum weisen eine geringere Steigung auf als Steilgewinde, mit denen durch relativ wenige Umdrehungen weite Bewegungen ausgeführt werden können.

# Fachbezogenes Wissen

### *Technisches Verständnis*                    *Bearbeitungszeit 5 Minuten*

**Mit den folgenden Aufgaben wird Ihre praktische Intelligenz geprüft.**

Beantworten Sie bitte die folgenden Aufgaben, indem Sie jeweils den richtigen Buchstaben markieren.

21.   **Mit welchem Hebel lässt sich der Holzkasten am leichtesten anheben?**

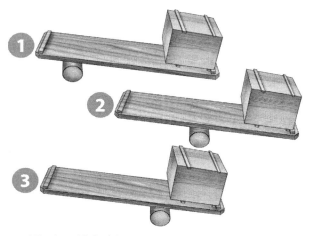

A.   Mit dem Hebel 1
B.   Mit dem Hebel 2
C.   Mit dem Hebel 3
D.   Es gibt keinen Unterschied.
E.   Keine Antwort ist richtig.

22. **Auf welches Zahnrad muss der Treibriemen gespannt werden, damit sich die untere Achse schneller dreht als die obere?**

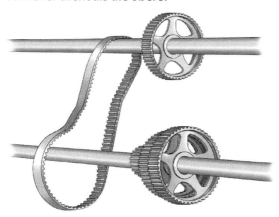

   A. Das linke Zahnrad
   B. Das mittlere Zahnrad
   C. Das rechte Zahnrad
   D. Die Geschwindigkeit lässt sich nicht durch die Wahl der Zahnräder ändern.
   E. Keine Antwort ist richtig.

23. **Welches Rad dreht sich am schnellsten?**

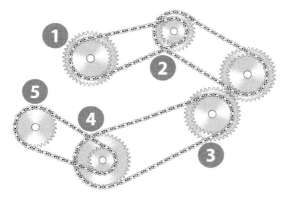

   A. Rad 1
   B. Rad 2
   C. Rad 5
   D. Rad 4
   E. Keine Antwort ist richtig.

24. **In welche Richtung dreht sich das obere Rad, wenn das Antriebsrad A in Pfeilrichtung gedreht wird?**

A. In Richtung 1
B. In Richtung 2
C. Hin und her
D. Gar nicht
E. Keine Antwort ist richtig.

25. **In welche Richtung bewegt sich das große Rad B, wenn sich das Antriebsrad A in Pfeilrichtung dreht?**

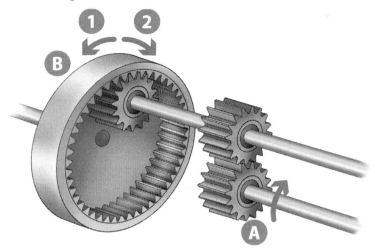

A. In Richtung 1
B. In Richtung 2
C. Hin und her
D. Gar nicht
E. Keine Antwort ist richtig.

## Lösungen

**Zu 21.**

**C.**  Mit dem Hebel 3

Je länger der Hebelarm eines Hebels ist, desto weniger Kraft wird benötigt, um eine Masse zu bewegen. Der Punkt, von dem aus die Last bewegt werden soll – in der Skizze links – muss also möglichst weit weg vom Angriffspunkt des Hebels liegen, der durch die Lage der Rolle bestimmt wird. Diese Rolle muss demnach möglichst weit rechts platziert werden. Antwort C ist korrekt.

**Zu 22.**

**A.**  Das linke Zahnrad

Ein Antriebsriemen bewegt sich mit der gleichen Eigengeschwindigkeit um jedes der mit ihm verbundenen Antriebsräder. Verbindet er zwei gleich große Räder, laufen beide gleich schnell. Verbindet er jedoch Räder unterschiedlicher Größe, läuft das kleinere stets schneller um die eigene Achse als das größere: Wenn sich beispielsweise ein Rad mit einem Umfang von einem Meter einmal um sich dreht, wird auch der Riemen um einen Meter weiterbewegt. Überträgt er nun diese Bewegung auf ein Rad mit einem Umfang von nur einem halben Meter, muss dieses Rad folgerichtig zweimal vollständig rotieren. Damit sich die untere Achse schneller dreht, muss demnach das kleine Zahnrad links gewählt werden.

**Zu 23.**

**B.**  Rad 2

Eine Antriebskette bewegt sich mit der gleichen Eigengeschwindigkeit um jedes der mit ihr verbundenen Zahnräder. Verbindet sie zwei gleich große Räder, laufen beide gleich schnell. Verbindet sie jedoch Räder unterschiedlicher Größe, läuft das kleinere stets schneller um die

eigene Achse als das größere: Wenn sich beispielsweise ein Rad mit einem Umfang von einem Meter einmal um sich dreht, wird auch die Kette um einen Meter weiterbewegt. Überträgt sie nun diese Bewegung auf ein Rad mit einem Umfang von nur einem halben Meter, muss dieses Rad folgerichtig zweimal vollständig rotieren. Zusätzlich gilt: Ist ein Zahnrad starr an einem weiteren Zahnrad befestigt (wie z. B. Rad 2), bewegen sich beide in gleichen Zeiten um die eigene Achse, ihre Umdrehungsfrequenz ist also gleich.

Einen Größenunterschied findet man in der Skizze zunächst zwischen Rad 1 und Rad 2, das sich demnach schneller dreht. Da Rad 2 an einem größeren Rad befestigt ist, besitzen beide die gleiche Umdrehungsfrequenz. Darin entsprechen sie dem äußerst rechten Zahnrad, dem Rad, an dem Rad 3 befestigt ist und schließlich auch Rad 3 selbst. Von Rad 3 nach 4 nimmt die Geschwindigkeit durch den Größenunterschied allerdings ab, und ebenfalls von 4 nach 5. Somit dreht sich von den angegebenen Möglichkeiten Rad 2 am schnellsten.

**Zu 24.**

**B.**  In Richtung 2

Es gilt: Werden zwei Räder durch Riemen verbunden, drehen sie sich in derselben Richtung. Anders jedoch, wenn ein Riemen gekreuzt wird – dann kommt es zu einem Wechsel des Drehsinns.

Rotiert demnach das Antriebsrad in Pfeilrichtung, bewegt sich auch der Zahnkranz im Uhrzeigersinn. Dadurch drehen sich der Kolben und das mit ihm verbundene Rad linksherum, durch die Kreuzung des Riemens laufen wiederum im Folgenden alle weiteren Räder rechtsherum.

**Zu 25.**

**A.** In Richtung 1

Wird das Antriebsrad in Pfeilrichtung gedreht, rotiert das Zahnrad darüber ebenso wie das zweite Zahnrad auf derselben Achse entgegen dem Uhrzeigersinn. Diese Drehrichtung wird auch auf das große Rad übertragen, es dreht sich schließlich in Richtung 1.

# Sprachbeherrschung

## *Richtige Schreibweise*

*Bearbeitungszeit 5 Minuten*

**In diesem Abschnitt werden Ihre Rechtschreibkenntnisse geprüft.**

Wählen Sie bei jeder Aufgabe die richtige Schreibweise aus und markieren Sie den zugehörigen Buchstaben.

**26.**
- A. Hydraulick
- B. Hüdraulick
- C. Hüdraulik
- D. Hydraulik
- E. Keine Antwort ist richtig.

**27.**
- A. Ventilatohr
- B. Wentilator
- C. Ventilator
- D. Wentilatohr
- E. Keine Antwort ist richtig.

**28.**
- A. Amateurfotograf
- B. Amatörfotograf
- C. Amateurfotograff
- D. Amateurfotograph
- E. Keine Antwort ist richtig.

**29.**
- A. Reinland-Falz
- B. Rheinland-Falz
- C. Rheinland-Pfalz
- D. Reinland-Pfalz
- E. Keine Antwort ist richtig.

**30.**
- A. Haluzination
- B. Halluszination
- C. Hallutzination
- D. Halluzination
- E. Keine Antwort ist richtig.

## Lösungen

**Zu 26.**
D. Hydraulik

**Zu 27.**
C. Ventilator

**Zu 28.**
A. Amateurfotograf

**Zu 29.**
C. Rheinland-Pfalz

**Zu 30.**
D. Halluzination

# Fremdsprachenkenntnisse

*Englisch: Bedeutung von Wörtern*                 *Bearbeitungszeit 5 Minuten*

**In diesem Abschnitt werden Ihre Englischkenntnisse geprüft.**
Geben Sie die korrekte Bedeutung des englischen Wortes wieder, indem Sie den richtigen Buchstaben markieren.

31. **to brake**

    A. stören
    B. beugen
    C. biegen
    D. bremsen
    E. brechen

32. **responsible**

    A. aufnahmefähig
    B. verantwortlich
    C. fleißig
    D. entschlossen
    E. umstritten

33. **law**

    A. Gesetz
    B. Erniedrigung
    C. Lüge
    D. Liege
    E. Rasen

34. **eventually**

    A. möglicherweise
    B. schließlich
    C. festlich
    D. gelegentlich
    E. unabhängig

35. **ridiculous**

    A. ritterlich
    B. extrem
    C. lächerlich
    D. herausragend
    E. unsicher

## Lösungen

**Zu 31.**
D. bremsen

**Zu 32.**
B. verantwortlich

**Zu 33.**
A. Gesetz

**Zu 34.**
B. schließlich

**Zu 35.**
C. lächerlich

# Mathematik

## *Grundrechenarten ohne Taschenrechner*                    *Bearbeitungszeit 5 Minuten*

**Bei dieser Aufgabe geht es darum, einfache Rechnungen im Kopf zu lösen.**

Bitte benutzen Sie **keinen Taschenrechner**!

Beantworten Sie bitte die folgenden Aufgaben, indem Sie jeweils den richtigen Buchstaben markieren.

36. **Wie lautet das Ergebnis für folgende Aufgabe?**
    $194.256 - 86.257 = ?$

    A.  106.999

    B.  107.999

    C.  108.989

    D.  109.979

    E.  Keine Antwort ist richtig.

37. **Wie lautet das Ergebnis für folgende Aufgabe?**
    $(12 - (6 \div 2)) \times 4 = ?$

    A.  18

    B.  36

    C.  −9

    D.  −18

    E.  Keine Antwort ist richtig.

38. **Wie lautet das Ergebnis für folgende Aufgabe?**
    $(-8) \times 3 + (-5) \times 7 = ?$

    A.  59

    B.  11

    C.  −11

    D.  −59

    E.  Keine Antwort ist richtig.

39. **Wie lautet das Ergebnis für folgende Aufgabe?**
    $392.865 + 878.515 = ?$

    A.  1.261.380

    B.  1.271.480

    C.  1.271.380

    D.  1.371.380

    E.  Keine Antwort ist richtig.

40. **Wie lautet das Ergebnis für folgende Aufgabe?**
    $94.584 \div 563 = ?$

    A.  142

    B.  168

    C.  172

    D.  186

    E.  Keine Antwort ist richtig.

## Lösungen

**Zu 36.**

**B.** 107.999

Das Ergebnis lautet 107.999.

```
          194.256
  –        86.257
  –        1 1  1 1
  =       107.999
```

**Zu 37.**

**B.** 36

Das Ergebnis lautet 36. Beachten Sie, dass erst die Klammern berechnet werden müssen, angefangen bei der kleinen Klammer bis zur großen Klammer.

$(12 - (6 \div 2)) \times 4 = (12 - 3) \times 4 = 9 \times 4 = 36$

**Zu 38.**

**D.** −59

Das Ergebnis lautet −59. Beachten Sie Punktrechnung vor Strichrechnung.

$-8 \times 3 = -24$

$(-5) \times 7 = -35$

$-24 + (-35) = -59$

**Zu 39.**

**C.** 1.271.380

Das Ergebnis lautet 1.271.380.

```
          392.865
  +       878.515
  +       1 1 1 1   1
  =     1.271.380
```

**Zu 40.**

**B.** 168

Das Ergebnis lautet 168.

$94584 \div 563 = 168$

```
563
 1
3828
3378
 1
 4504
 4504
    0
```

# Mathematik

***Bruchrechnen***                                          *Bearbeitungszeit 5 Minuten*

**In diesem Abschnitt werden die wesentlichen Zusammenhänge der Bruchrechnung überprüft, wobei der Bruchstrich nichts anderes als ein Geteiltzeichen darstellt.**

Beantworten Sie bitte die folgenden Aufgaben, indem Sie jeweils den richtigen Buchstaben markieren.

41. $\dfrac{10}{4} - \dfrac{4}{2} = ?$

   A. $\dfrac{6}{4}$

   B. $\dfrac{1}{4}$

   C. $\dfrac{6}{2}$

   D. 0,5

   E. Keine Antwort ist richtig.

42. $\dfrac{6}{12} + \dfrac{1}{4} = ?$

   A. 1

   B. 0,75

   C. 2,5

   D. 3

   E. Keine Antwort ist richtig.

43. $\dfrac{9}{4} \times \dfrac{3}{7} = ?$

   A. $\dfrac{27}{11}$

   B. $\dfrac{27}{28}$

   C. $\dfrac{63}{12}$

   D. $\dfrac{12}{28}$

   E. Keine Antwort ist richtig.

44. $\dfrac{3}{6} \div \dfrac{7}{4} = ?$

   A. $\dfrac{10}{21}$

   B. $\dfrac{7}{24}$

   C. $\dfrac{21}{1,5}$

   D. $\dfrac{2}{7}$

   E. Keine Antwort ist richtig.

45. $3\dfrac{7}{21} + \dfrac{2}{3} = ?$

   A. $\dfrac{13}{3}$

   B. 4

   C. $\dfrac{11}{6}$

   D. $\dfrac{3}{6}$

   E. Keine Antwort ist richtig.

## Lösungen

**Zu 41.**

**D.** 0,5

Brüche werden subtrahiert, indem man den kleinsten gemeinsamen Nenner findet, die Zähler subtrahiert und den Nenner beibehält. Anschließend wird das Ergebnis hier in eine Dezimalzahl umgewandelt.

$$\frac{10}{4} - \frac{4}{2} = \frac{10}{4} - \frac{8}{4} = \frac{2}{4} = \frac{1}{2} = 0,5$$

**Zu 42.**

**B.** 0,75

Brüche werden addiert, indem man den gemeinsamen Nenner findet, die Zähler addiert und den Nenner beibehält. Anschließend muss das Ergebnis so weit wie möglich gekürzt werden.

$$\frac{6}{12} + \frac{1}{4} = \frac{2}{4} + \frac{1}{4} = \frac{3}{4} = 0,75$$

**Zu 43.**

**B.** $\frac{27}{28}$

Brüche werden multipliziert, indem man jeweils ihre Zähler und Nenner miteinander malnimmt:

$$\frac{9}{4} \times \frac{3}{7} = \frac{27}{28}$$

**Zu 44.**

**D.** $\frac{2}{7}$

Brüche werden dividiert, indem man den ersten Wert (Dividend) mit dem Kehrwert des zweiten Werts (des Divisors, durch den geteilt werden soll) multipliziert. Anschließend ist das Ergebnis so weit wie möglich zu kürzen:

$$\frac{3}{6} \div \frac{7}{4} = \frac{3}{6} \times \frac{4}{7} = \frac{12}{42} = \frac{2}{7}$$

**Zu 45.**

**B.** 4

Gemischte Zahlen sollten zunächst in reine Brüche umgewandelt werden. Brüche werden addiert, indem man sie auf einen gemeinsamen Nenner bringt, ihre Zähler subtrahiert und den Nenner beibehält. Anschließend ist das Ergebnis so weit wie möglich zu kürzen:

$$3\frac{7}{21} + \frac{2}{3} = \frac{70}{21} + \frac{14}{21} = \frac{84}{21} = 4$$

# Mathematik

## *Prozentrechnen*                                    *Bearbeitungszeit 5 Minuten*

Bei der Prozentrechnung gibt es drei Größen, die zu beachten sind, den Prozentsatz, den Prozentwert und den Grundwert. Zwei dieser Größen müssen gegeben sein, um die dritte Größe berechnen zu können.

Beantworten Sie bitte die folgenden Aufgaben, indem Sie jeweils den richtigen Buchstaben markieren.

46.  Herr Mayer hat für die Betriebsratsversammlung einen Raum inklusive Bewirtung angemietet. Da Herr Mayer ein Stammkunde ist, erhält er das Angebot abzüglich 10 Prozent Rabatt für 3.600 €. Wie viel Euro hätte Herr Mayer regulär zahlen müssen?

A.  3.500 €

B.  4.000 €

C.  4.500 €

D.  5.500 €

E.  Keine Antwort ist richtig.

47.  Wie viel Prozent müsste eine Gehaltserhöhung betragen, wenn Herr Schneider anstatt 3.000 € jetzt 3.600 € verdienen wollte?

A.  10 %

B.  15 %

C.  20 %

D.  25 %

E.  Keine Antwort ist richtig.

48.  Herr Mayer gewährt einem Kunden einen Sonderrabatt von zehn Prozent pro Waschmaschine. Bei 20 Maschinen spart der Kunde einen Betrag von 520 €. Wie hoch wäre der Gesamtbetrag ohne Rabatt gewesen?

A.  5.000 €

B.  5.200 €

C.  5.400 €

D.  5.600 €

E.  Keine Antwort ist richtig.

49.  Bei der Betriebsratswahl der Max Mayer Einzelhandelsgesellschaft sind von 100 Beschäftigten 85 Prozent wahlberechtigt. Wie viele Beschäftigte dürfen wählen?

A.  60 Beschäftigte

B.  70 Beschäftigte

C.  75 Beschäftigte

D.  85 Beschäftigte

E.  Keine Antwort ist richtig.

50. **Herr Mayer bietet sein altes Fahrzeug für 12.000 € an. Als er bemerkt, dass der Preis zu niedrig ist, erhöht er diesen um zehn Prozent. Anschließend erhöht er den Preis noch mal um zehn Prozent, da die Nachfrage nach diesem Modell sehr groß ist. Wie viel Euro kann Herr Mayer für sein altes Fahrzeug erzielen?**

    A.  14.000 €

    B.  14.500 €

    C.  14.520 €

    D.  14.620 €

    E.  Keine Antwort ist richtig.

## Lösungen

**Zu 46.**

**B.** 4.000 €

Herr Mayer hätte regulär 4.000 € zahlen müssen.

$$\text{Grundwert} = \frac{\text{Prozentwert} \times 100}{\text{Prozentsatz}}$$

$$\text{Grundwert} = \frac{3.600\,€ \times 100}{90\,\%} = 4.000\,€$$

**Zu 47.**

**C.** 20 %

Die Gehaltserhöhung müsste 20 % betragen.

$$\text{Prozentsatz} = \frac{\text{Prozentwert} \times 100}{\text{Grundwert}}$$

$$\text{Prozentsatz} = \frac{600\,€ \times 100}{3.000\,€} = 20\,\%$$

**Zu 48.**

**B.** 5.200 €

Der Kunde hätte ohne Rabatt einen Betrag von 5.200 € zu zahlen.

$$\text{Grundwert} = \frac{\text{Prozentwert} \times 100}{\text{Prozentsatz}}$$

$$\text{Grundwert} = \frac{520\,€ \times 100}{10\,\%} = 5.200\,€$$

**Zu 49.**

**D.** 85 Beschäftigte

Die Max Mayer Einzelhandelsgesellschaft hat 85 wahlberechtigte Beschäftigte.

$$\text{Prozentwert} = \frac{\text{Grundwert} \times \text{Prozentsatz}}{100}$$

$$\text{Prozentwert} = \frac{100 \times 85\,\%}{100} = 85\,\text{Beschäftigte}$$

**Zu 50.**

**C.** 14.520 €

Herr Mayer könnte 14.520 € für sein altes Fahrzeug erzielen.

$$\text{Prozentwert} = \frac{\text{Grundwert} \times \text{Prozentsatz}}{100}$$

$$\text{Prozentwert} = \frac{12.000\,€ \times 110\,\%}{100} = 13.200\,€$$

$$\text{Prozentwert} = \frac{13.200\,€ \times 110\,\%}{100} = 14.520\,€$$

# Mathematik

## *Dreisatz*

Beantworten Sie bitte die folgenden Aufgaben, indem Sie jeweils den richtigen Buchstaben markieren.

51. Die alte Produktionshalle soll einen neuen Industrieboden bekommen. Die Halle ist 8 m breit und 12 m lang. Der ausgewählte Spezialboden kostet insgesamt 11.520 €. Was kostet der Quadratmeter?

   A. 80 €
   B. 90 €
   C. 110 €
   D. 120 €
   E. Keine Antwort ist richtig.

52. Herr Mayer benötigt für die Produktion von Ersatzteilen ein bestimmtes Blech. 100 Ersatzteile erfordern 1,5 Tonnen dieses Bleches. Wie viel Blech benötigt er für einen Kundenauftrag von 140 Ersatzteilen?

   A. 1.600 kg
   B. 1.700 kg
   C. 2.100 kg
   D. 2.600 kg
   E. Keine Antwort ist richtig.

53. Für das Abladen eines Sattelzuges setzt Herr Mayer gewöhnlich zehn Arbeiter gleichzeitig ein und benötigt sechs Stunden. Wegen eines Engpasses kann Herr Mayer dieses Mal nur sechs Arbeiter für das Abladen einsetzen. Wie viel Stunden benötigen sechs Arbeiter für die gleiche Arbeit?

   A. 8
   B. 10
   C. 12
   D. 14
   E. Keine Antwort ist richtig.

54. Für die Fertigstellung eines Auftrages werden gewöhnlich neun Mitarbeiter jeweils acht Stunden eingesetzt. Wie viele Überstunden muss jeder Mitarbeiter leisten, wenn krankheitsbedingt nur acht Mitarbeiter zu Verfügung stehen?

   A. 1
   B. 2
   C. 3
   D. 4
   E. Keine Antwort ist richtig.

55. Für das Bearbeiten von 500 Paletten werden 10 Mitarbeiter eingesetzt. Jeder Mitarbeiter schafft pro Stunde 5 Paletten. Nach fünf Stunden wird die Hälfte der Mitarbeiter für einen anderen Auftrag benötigt. Wie lange dauert die Bearbeitung der 500 Paletten insgesamt?

   A. 10 h
   B. 15 h
   C. 20 h
   D. 5 h
   E. Keine Antwort ist richtig.

## Lösungen

**Zu 51.**

**D.** 120 €

Der Quadratmeterpreis des Spezialbodens beträgt 120 €.

$8\,m \times 12\,m = 96\,m^2$

$11.520\,€ \div 96\,m^2 = 120\,€$

**Zu 52.**

**C.** 2.100 kg

Herr Mayer benötigt für diesen Auftrag 2.100 kg Blech.

$1.500\,kg \div 100\,Teile = 15\,kg$ pro Ersatzteil

$15\,kg \times 140\,Ersatzteile = 2.100\,kg$

**Zu 53.**

**B.** 10

Sechs Arbeiter benötigen 10 Stunden für die gleiche Arbeit.

$10\,Arbeiter \times 6\,h = 60\,h$

$60\,h \div 6\,A = 10\,h$

**Zu 54.**

**A.** 1

Jeder Mitarbeiter müsste eine Überstunde machen.

$9\,Mitarbeiter \times 8\,h = 72\,h$

$72\,h \div 8\,Mitarbeiter = 9\,h$

$9\,h - 8\,h = 1$ Überstunde pro Mitarbeiter

**Zu 55.**

**B.** 15 h

Die Bearbeitung dauert insgesamt 15 Stunden.

$10 \times 5 = 50$ Paletten pro Stunde

$5\,h \times 50 = 250$ Paletten nach 5 h mit 10 Mitarbeitern

$5 \times 5 = 25$ Paletten pro Stunde mit 5 Mitarbeitern

$250 \div 25 = 10\,h$ benötigen 5 Mitarbeiter für 250 Paletten

$5\,h + 10\,h = 15\,h$

# Mathematik

## Gemischte Textaufgaben

*Bearbeitungszeit 5 Minuten*

Beantworten Sie bitte die folgenden Aufgaben, indem Sie jeweils den richtigen Buchstaben markieren.

56. **Herr Mayer hat für das Volltanken mit 80 Litern genau 112 € bezahlt. Wie viel hat der Liter Benzin gekostet?**

    A. 1,40 €

    B. 1,30 €

    C. 1,20 €

    D. 1,10 €

    E. Keine Antwort ist richtig.

57. **Herr Mayer fährt täglich eine Strecke von 40 km zur Arbeit. Seine Durchschnittsgeschwindigkeit mit dem PKW beträgt 80 km/h. Wie lange dauert die Fahrt zur Arbeit?**

    A. 20 min

    B. 25 min

    C. 30 min

    D. 35 min

    E. Keine Antwort ist richtig.

58. **Herr Mayer beliefert täglich fünf Kunden. Er legt dabei eine Strecke von 60 km zurück. Seine Durchschnittsgeschwindigkeit mit dem Lieferwagen beträgt 40 km/h. Wie lange würde Herr Mayer benötigen, wenn er sein Tempo verdoppeln würde?**

    A. Eine Viertelstunde

    B. Eine halbe Stunde

    C. Eine Dreiviertelstunde

    D. Eine Stunde

    E. Keine Antwort ist richtig.

59. **Auszubildender Müller hat bei seiner Anreise zum Seminar genau 30 Liter Kraftstoff im Tank. Die Entfernung zum Seminar beträgt 350 km. Der durchschnittliche Verbrauch seines PKWs beträgt 10 Liter auf 100 km. Wie weit kommt Auszubildender Müller mit seiner Tankfüllung?**

    A. 250 km

    B. 280 km

    C. 300 km

    D. 320 km

    E. Keine Antwort ist richtig.

60. **Zwei Freunde fahren zeitgleich mit dem Fahrrad von zu Hause los und treffen sich nach 30 Minuten. Der eine Freund erreicht 30 km/h, der andere nur 20 km/h Durchschnittsgeschwindigkeit. Wie weit voneinander entfernt wohnen die beiden Freunde?**

    A. 20 km

    B. 25 km

    C. 15 km

    D. 10 km

    E. Keine Antwort ist richtig.

## Lösungen

**Zu 56.**

**A.**  1,40 €

Der Liter Benzin hat 1,40 € gekostet.

112 € ÷ 80 l = 1,40 €

**Zu 57.**

**C.**  30 min

Herr Mayer benötigt 30 min zur Arbeit.

40 km ÷ 80 km/h = 0,5 h

0,5 h × 60 = 30 min

**Zu 58.**

**C.**  Eine Dreiviertelstunde

Herr Mayer würde eine Dreiviertelstunde benötigen.

60 km ÷ 80 km/h = 0,75 h = eine Dreiviertelstunde

**Zu 59.**

**C.**  300 km

Auszubildender Müller könnte mit seiner Tankfüllung 300 km weit fahren.

100 km ÷ 10 l × 30 l = 300 km

**Zu 60.**

**B.**  25 km

Die Strecke beträgt 25 km.

Freund 1 schafft in 30 Minuten 15 km und Freund 2 schafft in 30 Minuten 10 km.

Freund 1 = 30 km × 30 min ÷ 60 min = 15 km

Freund 2 = 20 km × 30 min ÷ 60 min = 10 km

Strecke = 15 km + 10 km = 25 km

# Mathematik

## *Maße und Einheiten umrechnen*

*Bearbeitungszeit 5 Minuten*

Beantworten Sie bitte die folgenden Aufgaben, indem Sie jeweils den richtigen Buchstaben markieren.

**61.** **Wie viele Millimeter sind 38,4 Zentimeter?**

    **A.** 3,84

    **B.** 384

    **C.** 76,8

    **D.** 3.840

    **E.** Keine Antwort ist richtig.

**62.** **Wie viele Milligramm sind 0,078 Gramm?**

    **A.** 78

    **B.** 7,8

    **C.** 780

    **D.** 0,78

    **E.** Keine Antwort ist richtig.

**63.** **Wie viele Kilometer sind 345 Millimeter?**

    **A.** 3,45

    **B.** 0,045

    **C.** 0,00345

    **D.** 0,000345

    **E.** Keine Antwort ist richtig.

**64.** **Wie viele Deziliter sind 0,25 Liter?**

    **A.** 250

    **B.** 25

    **C.** 2,5

    **D.** 5

    **E.** Keine Antwort ist richtig.

**65.** **Wie viele Quadratdezimeter sind 0,9 Hektar?**

    **A.** 900.000

    **B.** 9 Mio.

    **C.** 90.000

    **D.** 9.000

    **E.** Keine Antwort ist richtig.

## Lösungen

**Zu 61.**

B. 384

Ein Zentimeter entspricht zehn Millimetern, also ergeben 38,4 Zentimeter 384 Millimeter:

$38,4 \times 10 \text{ mm} = 384 \text{ mm}$

**Zu 62.**

A. 78

Ein Gramm entspricht 1.000 Milligramm, also ergeben 0,078 Gramm 78 Milligramm:

$0,078 \times 1.000 \text{ mg} = 78 \text{ mg}$

**Zu 63.**

D. 0,000345

Ein Millimeter entspricht 0,001 Metern bzw. 0,000001 Kilometern, also ergeben 345 Millimeter 0,000345 Kilometer:

$345 \times 0,000001 \text{ km} = 0,000345 \text{ km}$

**Zu 64.**

C. 2,5

Ein Liter entspricht 10 Dezilitern, also ergeben 0,25 Liter 2,5 Deziliter:

$0,25 \times 10 \text{ dl} = 2,5 \text{ dl}$

**Zu 65.**

A. 900.000

Ein Hektar entspricht 10.000 Quadratmetern bzw. 1.000.000 Quadratdezimetern, also ergeben 0,9 Hektar 900.000 Quadratdezimeter:

$0,9 \times 1.000.000 \text{ dm}^2 = 900.000 \text{ dm}^2$

# Mathematik

## Textaufgaben mit Tabelle

*Bearbeitungszeit 5 Minuten*

Beantworten Sie bitte die folgenden Aufgaben, indem Sie jeweils den richtigen Buchstaben markieren.

Die klassische ABC-Analyse ist ein Verfahren, um festzustellen, welchen relativen Anteil ein Artikel beispielsweise am Gesamtumsatz oder Gesamtverbrauch hat. Dabei ist der Anteil am Gesamtumsatz bei A-Artikeln sehr hoch und bei C-Artikeln sehr niedrig.

| Artikelnr. | Artikelname | Mengen | Stückpreis | Umsatz[1] | prozentual | A,B,C-Artikel |
|---|---|---|---|---|---|---|
| 110 | Sechskantschrauben | 4.500 | 0,06 € | 270 € | 0,7 | C |
| 111 | Vielzahnschrauben | 1.200 | 3,40 € | 4.080 € | 10,2 | B |
| 112 | Sicherheitsschrauben | 1.500 | 8,60 € | 12.900 € | 32,4 | A |
| 113 | Kreuzschlitzschrauben | 8.500 | 0,55 € | 4.675 € | 12,0 | B |
| 114 | Schlitzschrauben | 9.000 | 0,45 € | 4.050 € | 10,1 | B |
| 115 | Blechschrauben | 5.500 | 0,09 € | 495 € | 1,2 | C |
| 116 | Holzschrauben | 9.500 | 0,25 € | 2.375 € | 6,0 | C |
| 117 | Zollschrauben | 5.000 | 0,20 € | 1.000 € | 2,5 | C |
| 118 | Muttern | 6.000 | 1,50 € | 9.000 € | 22,6 | A |
| 119 | Scheiben | 10.000 | 0,10 € | 1.000 € | 2,5 | C |
| | | | | **39.845 €** | | |

*(1) Durchschnittlicher Monatsumsatz.*

**66. Wie hoch ist der korrekte Gesamtumsatz an Schrauben?**

A. 28.845 €
B. 29.845 €
C. 36.845 €
D. 39.845 €
E. Keine Antwort ist richtig.

**67. Wie viel Euro wird der Jahresumsatz voraussichtlich betragen, wenn die Monatsumsätze im Durchschnitt gleich hoch bleiben?**

A. 29.845 €
B. 298.450 €
C. 408.145 €
D. 478.140 €
E. Keine Antwort ist richtig.

**68. Wie hoch ist der Umsatzanteil an A-Artikeln?**

A. Etwas weniger als die Hälfte
B. Etwas mehr als die Hälfte
C. Ca. 20 %
D. Ca. 30 %
E. Keine Antwort ist richtig.

**69. Wie hoch ist der Mengenanteil an A-Artikeln?**

A. Etwas weniger als 12 Prozent
B. Etwas mehr als 12 Prozent
C. Etwas weniger als 55 Prozent
D. Etwas mehr als 55 Prozent
E. Keine Antwort ist richtig.

70. **Wie hoch ist der Umsatzanteil an B- und C-Artikeln zusammen?**

    A. Weniger als die Hälfte

    B. Etwas mehr als die Hälfte

    C. Ca. 80 %

    D. Ca. 90 %

    E. Keine Antwort ist richtig.

## Lösungen

**Zu 66.**

**B.** 29.845 €

Der korrekte Gesamtumsatz für den Schraubenanteil beträgt 29.845 €.

270 € + 4.080 € + 12.900 € + 4.675 € + 4.050 € + 495 € + 2.375 € + 1.000 € = 29.845 €

**Zu 67.**

**D.** 478.140 €

Der Jahresumsatz wird voraussichtlich 478.140 Euro betragen.

270 € + 4.080 € + 12.900 € + 4.675 € + 4.050 € + 495 € + 2.375 € + 1.000 € + 9.000 € + 1.000 € = 39.845 €

12 × 39.845 € = 478.140 €

**Zu 68.**

**B.** Etwas mehr als die Hälfte

Der Umsatzanteil an A-Artikeln beträgt 54,87 Prozent.

Sicherheitsschrauben: 12.900 €

Muttern: 9.000 €

Umsatzanteil an A-Artikeln: 12.900 € + 9.000 € = 21.900 €

Gesamtumsatz: 270 € + 4.080 € + 12.900 € + 4.675 € + 4.050 € + 495 € + 2.375 € + 1.000 € + 9.000 € + 1.000 € = 39.845 €

$$\text{Prozentsatz} = \frac{\text{Prozentwert} \times 100}{\text{Grundwert}}$$

$$\text{Prozentsatz} = \frac{21.900\ € \times 100}{39.845\ €} = 54,96\ \%$$

**Zu 69.**

**B.** Etwas mehr als 12 Prozent

Der Mengenanteil an A-Artikeln beträgt 12,36 Prozent.

Sicherheitsschrauben: 1.500 Stk.

Muttern: 6.000 Stk.

Mengenanteil an A-Artikeln: 1.500 Stk. + 6.000 Stk. = 7.500 Stk.

Gesamtmenge: 4.500 + 1.200 + 1.500 + 8.500 + 9.000 + 5.500 + 9.500 + 5.000 + 6.000 + 10.000 = 60.700 Stk.

$$\text{Prozentsatz} = \frac{\text{Prozentwert} \times 100}{\text{Grundwert}}$$

$$\text{Prozentsatz} = \frac{7.500\ \text{Stk.} \times 100}{60.700\ \text{Stk.}} = 12,36\ \%$$

**Zu 70.**

**A.** Weniger als die Hälfte

Der Umsatzanteil an B- und C-Artikeln zusammen beträgt ca. 45 Prozent.

Umsatzanteil an A-Artikeln beträgt 54,96 %.

100 % – 54,96 % = 45,04 %

*Oder:*

Umsatzanteil C-Artikel: 270 € + 495 € + 2.375 € + 1.000 € + 1.000 € = 5.140 €

Umsatzanteil B-Artikel: 4.080 € + 4.675 € + 4.050 € = 12.805 €

Umsatz B- und C-Artikel: 5.140 € + 12.805 € = 17.945 €

Gesamtumsatz: 270 € + 4.080 € + 12.900 € + 4.675 € + 4.050 € + 495 € + 2.375 € + 1.000 € + 9.000 € + 1.000 € = 39.845 €

$$\text{Prozentsatz} = \frac{\text{Prozentwert} \times 100}{\text{Grundwert}}$$

$$\text{Prozentsatz} = \frac{17.945\ € \times 100}{39.845\ €} = 45,04\ \%$$

# Mathematik

***Mengenkalkulation mit Schaubild***                    *Bearbeitungszeit 5 Minuten*

Beantworten Sie bitte die folgenden Aufgaben, indem Sie jeweils den richtigen Buchstaben markieren.

Zur Herstellung des Fertigerzeugnisses C braucht man verschiedene Elemente E und Bauteile B. Das folgende Schaubild gibt Aufschluss über alle benötigten Materialien.

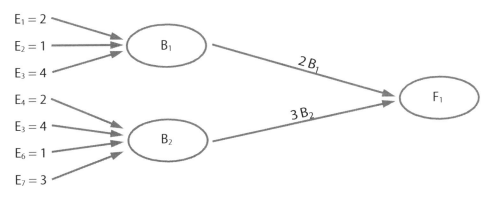

**Hinweis:** E = Elemente in Stk. | B = Bauteile in Stk. | F = Fertigerzeugnis in Stk.

**71.** **Wie viele Elemente E werden zur Herstellung des Bauteils $B_1$ insgesamt benötigt?**

A.  4
B.  5
C.  6
D.  7
E.  Keine Antwort ist richtig.

**72.** **Wie viele Elemente E werden zur Herstellung der Bauteile $B_1$ und $B_2$ insgesamt benötigt?**

A.  7
B.  10
C.  15
D.  17
E.  Keine Antwort ist richtig.

**73.** **Wie viele Elemente $E_3$ werden zur Herstellung eines Fertigerzeugnisses $F_1$ benötigt?**

A.  4
B.  8
C.  12
D.  20
E.  Keine Antwort ist richtig.

**74.** **Für einen Kundenauftrag werden fünf Fertigerzeugnisse $F_1$ benötigt. Wie viele Elemente $E_5$ werden zur Herstellung von fünf Fertigerzeugnissen $F_1$ benötigt?**

A.  1
B.  3
C.  4
D.  6
E.  Keine Antwort ist richtig.

75. **Wie viele Elemente $E_1$ würde man für ein neues Fertigerzeugnis $F_2$ benötigen, wenn zur Fertigstellung zwei Fertigerzeugnisse $F_1$ benötigt werden?**

   A. 4

   B. 8

   C. 12

   D. 60

   E. Keine Antwort ist richtig.

## Lösungen

**Zu 71.**

D.  7

Es werden 7 Elemente E zur Herstellung von $B_1$ benötigt.

$2 + 1 + 4 = 7$

**Zu 72.**

D.  17

Es werden 17 Elemente E zur Herstellung von $B_1$ und $B_2$ benötigt.

$2 + 1 + 4 + 2 + 4 + 1 + 3 = 17$

**Zu 73.**

D.  20

Es werden 20 Elemente $E_3$ zur Herstellung eines Fertigerzeugnisses $F_1$ benötigt.

$B_1$: $4 \times 2 = 8$

$B_2$: $4 \times 3 = 12$

$8 + 12 = 20$

**Zu 74.**

E.  Keine Antwort ist richtig.

Zur Herstellung von Fertigerzeugnis $F_1$ werden keine Elemente $E_5$ benötigt.

**Zu 75.**

B.  8

Es werden 8 Elemente $E_1$ zur Herstellung von 2 Fertigerzeugnissen $F_1$ benötigt.

$2 \times 2 \times 2 = 8$

# Mathematik

## Textaufgaben mit Diagramm

*Bearbeitungszeit 5 Minuten*

Bitte betrachten Sie das Schaubild und beantworten Sie die folgenden Aufgaben, indem Sie jeweils den richtigen Buchstaben markieren.

### Eisenbahn-Güterverkehr in Deutschland

Hauptverkehrsverbindungen 2015 und 2016, Angaben in Kilotonnen/kt (1.000 Tonnen)

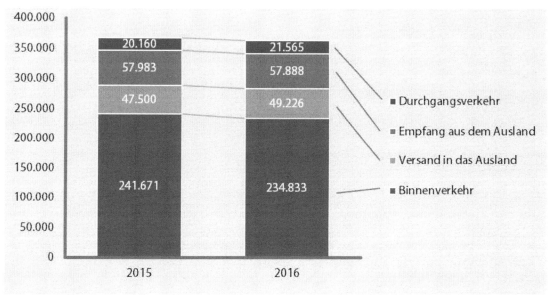

Quelle: Statistisches Bundesamt

76. Wie viel Kilotonnen Güter wurden 2016 auf dem deutschen Schienennetz insgesamt befördert?

   A. 363.260
   B. 361.332
   C. 363.512
   D. 352.300
   E. Keine Antwort ist richtig.

77. Wie viel Kilotonnen Güter wurden 2015 auf dem deutschen Schienennetz durchschnittlich pro Monat befördert?

   A. Rund 70.500 Kilotonnen
   B. Rund 30.610 Kilotonnen
   C. Rund 15.040 Kilotonnen
   D. Rund 29.820 Kilotonnen
   E. Keine Antwort ist richtig.

**78.** Um wie viel Prozent hat sich das Güteraufkommen 2016 gegenüber dem Vorjahr verändert?

A. Um +2,1 Prozent

B. Um −1,0 Prozent

C. Um −2,3 Prozent

D. Um +4,6 Prozent

E. Keine Antwort ist richtig.

**79.** Wo wurde 2016 das größte prozentuale Wachstum gegenüber dem Vorjahr erzielt?

A. Durchgangsverkehr

B. Versand in das Ausland

C. Empfang aus dem Ausland

D. Binnenverkehr

E. Keine Antwort ist richtig.

**80.** Im Binnenverkehr wurde 2015 eine Steigerung um 1,25 Prozent zum Vorjahr verzeichnet. Wie viel Kilotonnen Güter wurden 2014 befördert?

A. 238.452

B. 238.687

C. 239.366

D. 240.008

E. Keine Antwort ist richtig.

## Lösungen

**Zu 76.**

**C.** 363.512

Auf dem deutschen Schienennetz wurden 2016 insgesamt 363.512 Kilotonnen Güter befördert.

234.833 kt + 49.226 kt + 57.888 kt + 21.565 kt = 363.512 kt

**Zu 77.**

**B.** Rund 30.610 Kilotonnen

Auf dem deutschen Schienennetz wurden 2015 durchschnittlich rund 30.610 Kilotonnen Güter pro Monat befördert.

Jahresmenge 2015: 241.671 kt + 47.500 kt + 57.983 kt + 20.160 kt = 367.314 kt

Durchschnittliche Monatsmenge: 367.314 kt ÷ 12 = 30.609,5 kt ≈ 30.610 kt

**Zu 78.**

**B.** Um −1,0 Prozent

Das Güteraufkommen ist von 2015 bis 2016 um ein Prozent gesunken.

Differenz: 367.314 − 363.512 = 3.802

$$\text{Prozentsatz} = \frac{\text{Prozentwert} \times 100}{\text{Grundwert}}$$

$$\text{Prozentsatz} = \frac{3.802 \times 100}{367.314} = 1,04\,\%$$

**Zu 79.**

**A.** Durchgangsverkehr

Das größte Wachstum wurde mit rund 7 % beim Durchgangsverkehr erzielt. Der Prozent-anteil der Gütermenge von 2016, bezogen auf die Vorjahresmenge, berechnet sich wie folgt:

$$\text{Prozentsatz} = \frac{\text{Prozentwert} \times 100}{\text{Grundwert}}$$

Für die einzelnen Verkehrswege ergibt sich:

Durchgangsverkehr: $\dfrac{21.565 \times 100}{20.160} = 106,97\,\%$

Versand ins Ausland: $\dfrac{49.226 \times 100}{47.500} = 103,63\,\%$

Empfang aus dem Ausland:

$$\frac{57.888 \times 100}{57.983} = 99,84\,\%$$

Binnenverkehr: $\dfrac{234.833 \times 100}{241.671} = 97,17\,\%$

**Zu 80.**

**B.** 238.687

Im Jahr 2014 wurden 238.687 Kilotonnen Güter befördert.

Durch die Steigerung um 1,25 % entspricht die 2015 im Binnenverkehr beförderte Gütermenge 101,25 % der Vorjahresmenge. Diese berechnet sich wie folgt:

$$\text{Grundwert} = \frac{\text{Prozentwert} \times 100}{\text{Prozentsatz}}$$

$$\text{Grundwert} = \frac{241.671 \times 100}{101,25\,\%} = 238.687,4$$

# Logisches Denkvermögen

### Zahlenreihen fortsetzen

**In diesem Abschnitt haben Sie Zahlenfolgen, die nach festen Regeln aufgestellt sind.**
Bitte markieren Sie den zugehörigen Buchstaben der Zahl, von der Sie denken, dass sie die Reihe am sinnvollsten ergänzt.

### Hierzu ein Beispiel

### Aufgabe

1.

A. 6
B. 7
C. 8
D. 9
E. Keine Antwort ist richtig.

### Antwort

 A. 6

Bei dieser Zahlenreihe wird jede folgende Zahl um eins erhöht. Die gesuchte Zahl lautet somit 5 + 1 = 6 und die richtige Antwort lautet A.

## Zahlenreihen fortsetzen

*Bearbeitungszeit 5 Minuten*

Beantworten Sie bitte die folgenden Aufgaben, indem Sie jeweils den richtigen Buchstaben markieren.

81.

| 8 | 4 | 12 | 8 | 24 | 20 | ? | B |

A. 16
B. 60
C. 10
D. 18
E. Keine Antwort ist richtig.

82.

| 2 | 4 | 8 | 16 | ? | O |

A. 26
B. 25
C. 48
D. 32
E. Keine Antwort ist richtig.

83.

| 4 | 8 | 24 | 96 | ? | D |

A. 28
B. 240
C. 30
D. 480
E. Keine Antwort ist richtig.

**84.**

| 10 | 5 | 3 | 6 | 3 | 1 | ? |
|----|---|---|---|---|---|---|

A. 2

B. −2

C. 4

D. −1

E. Keine Antwort ist richtig.


**85.**

| 47 | 40 | 240 | 235 | 940 | ? |
|----|----|-----|-----|-----|---|

A. 937

B. 823

C. 62

D. 1.500

E. Keine Antwort ist richtig.

## Lösungen

**Zu 81.**

B. 60

$-4 \mid \times 3 \mid -4 \mid \times 3 \mid -4 \mid \times 3$

**Zu 82.**

D. 32

$+2 \mid +4 \mid +8 \mid +16$

**Zu 83.**

D. 480

$\times 2 \mid \times 3 \mid \times 4 \mid \times 5$

**Zu 84.**

A. 2

$\div 2 \mid -2 \mid \times 2 \mid \div 2 \mid -2 \mid \times 2$

**Zu 85.**

A. 937

$-7 \mid \times 6 \mid -5 \mid \times 4 \mid -3$

# Logisches Denkvermögen

## *Zahlenmatrizen und Zahlenpyramiden*

**Die Zahlen in den folgenden Matrizen und Pyramiden sind nach festen Regeln zusammengestellt.** Ihre Aufgabe besteht darin, eine Zahl zu finden, die im sinnvollen Verhältnis zu den übrigen Zahlen steht.

### Hierzu ein Beispiel

*Aufgabe*

1.  Durch welche Zahl muss das Fragezeichen ersetzt werden, damit die Zahlen in der Tabelle in einem sinnvollen Verhältnis zueinander stehen?

| 1 | 2 | 2 |
|---|---|---|
| 3 | 2 | ? |
| 3 | 4 | 12 |

A.  4
B.  2
C.  8
D.  6
E.  Keine Antwort ist richtig.

*Antwort*

(D.) 6

Die beiden linken Zahlen jeder Reihe ergeben multipliziert die jeweils rechte Zahl. Die beiden oberen Zahlen jeder Spalte ergeben multipliziert die jeweils untere Zahl.

## Zahlenmatrizen und Zahlenpyramiden

*Bearbeitungszeit 5 Minuten*

Beantworten Sie bitte die folgenden Aufgaben, indem Sie jeweils den richtigen Buchstaben markieren.

86. Durch welche Zahl muss das Fragezeichen ersetzt werden, damit die Zahlen in der Tabelle in einem sinnvollen Verhältnis zueinander stehen?

| 143 | 145 | 147 | 149 |
|-----|-----|-----|-----|
| 23  | 21  | 19  | 17  |
| 64  | 32  | 16  | 8   |
| 6   | 12  | ?   | 48  |

A. 16
B. 18
C. 24
D. 32
E. Keine Antwort ist richtig.

88. Durch welche Zahl muss das Fragezeichen ersetzt werden, damit die Zahlen in der Tabelle in einem sinnvollen Verhältnis zueinander stehen?

| 15 | 4  | 3  | 11 |
|----|----|----|----|
| 3  | 11 | 12 | 7  |
| 10 | ?  | 5  | 13 |
| 5  | 13 | 13 | 2  |

A. 12
B. 8
C. 5
D. 4
E. Keine Antwort ist richtig.

87. Durch welche Zahl muss das Fragezeichen ersetzt werden, damit die Zahlen in der Tabelle in einem sinnvollen Verhältnis zueinander stehen?

| 36 | 6  | 3 |
|----|----|---|
| 64 | 8  | 4 |
| ?  | 10 | 5 |

A. 7
B. 12
C. 15
D. 100
E. Keine Antwort ist richtig.

89. Durch welche Zahl muss das Fragezeichen ersetzt werden, damit die Zahlen in der Tabelle in einem sinnvollen Verhältnis zueinander stehen?

| 12  | 14  | 16  | 18  |
|-----|-----|-----|-----|
| 112 | 109 | 106 | 103 |
| 13  | 17  | 21  | 25  |
| ?   | 42  | 37  | 32  |

A. 143
B. 37
C. 24
D. 47
E. Keine Antwort ist richtig.

90. **Durch welche Zahl muss das Fragezeichen ersetzt werden, damit die Zahlen in der Tabelle in einem sinnvollen Verhältnis zueinander stehen?**

| 30 | 50 | 1 | 5 |
|---|---|---|---|
| 0,5 | 15 | ? | 2 |
| 5 | 100 | 0,5 | 30 |
| 100 | 0,1 | 30 | 25 |

A. 5

B. 15

C. 100

D. 500

E. Keine Antwort ist richtig.

## Lösungen

**Zu 86.**

**C.** 24

Das Fragezeichen wird durch die Zahl 24 sinnvoll ersetzt.

Die Reihen werden waagerecht nach folgendem Prinzip gebildet: In der obersten Reihe wird von links nach rechts immer 2 addiert, in der zweiten Reihe 2 subtrahiert, in der dritten Reihe durch 2 geteilt und in der vierten Reihe mit 2 multipliziert.

**Zu 87.**

**D.** 100

Das Fragezeichen wird durch die Zahl 100 sinnvoll ersetzt. Die Reihen werden waagrecht nach folgendem Prinzip gebildet:

Verdoppeln Sie bei der Rechnung von rechts nach links die rechte Zahl der jeweiligen Reihe und quadrieren Sie den erhaltenen Wert anschließend. Oder von links nach rechts: Ziehen Sie die Wurzel aus der jeweils links stehenden Zahl und teilen sie den erhaltenen Wert anschließend durch 2.

**Zu 88.**

**C.** 5

Das Fragezeichen wird durch die Zahl 5 sinnvoll ersetzt.

Sie erhalten bei der Addition der Zahlen einer Spalte, einer Zeile oder einer Diagonalen immer die Zahl 33.

**Zu 89.**

**D.** 47

Das Fragezeichen wird durch die Zahl 47 sinnvoll ersetzt. Die Reihen werden waagerecht nach folgendem Prinzip gebildet:

Von links nach rechts wird in den Reihen addiert bzw. subtrahiert, wobei der zu addierende bzw. subtrahierende Wert von Reihe zu Reihe um 1 größer wird. Also: In der ersten Reihe wird immer 2 addiert, in der zweiten Reihe 3 subtrahiert, in der dritten Reihe 4 addiert und in der letzten Reihe schließlich stets 5 subtrahiert.

**Zu 90.**

**D.** 500

Das Fragezeichen wird durch die Zahl 500 sinnvoll ersetzt. Sie erhalten bei Multiplikation der Zahlen einer Reihe oder Spalte immer das Ergebnis 7.500.

# Logisches Denkvermögen

*Logische Schlussfolgerung*                    *Bearbeitungszeit 5 Minuten*

**In diesem Abschnitt wird Ihre Fähigkeit im Schlussfolgern geprüft.**

Zu jeder Fragestellung erhalten Sie mehrere Aussagen. Ihre Aufgabe besteht darin zu überprüfen, welche der Antworten eine gültige Schlussfolgerung daraus ist. Es geht nicht darum, ob die Behauptungen einen sinnvollen Bezug zur Realität haben, sondern nur darum, welche Folgerung aufgrund der getroffenen Aussagen logisch zwingend korrekt ist.

Beantworten Sie bitte die folgenden Aufgaben, indem Sie jeweils den richtigen Buchstaben markieren.

91. **Welches Auto ist das langsamste?**

    ¬ Auto D ist langsamer als Auto C, aber schneller als Auto B.

    ¬ Auto A ist mindestens so schnell wie Auto C.

    A. Auto A
    B. Auto B
    C. Auto C
    D. Auto D
    E. Keine Antwort ist richtig.

92. **Welche Schlussfolgerung ist logisch richtig, wenn die folgende Behauptung zugrunde gelegt wird? „Manche schlechten Schüler bekommen Strafarbeiten oder schlechte Noten. Klaus ist ein guter Schüler."**

    A. Klaus bekommt keine Strafarbeit.
    B. Klaus bekommt keine schlechten Noten.
    C. Manche Schüler bekommen Strafarbeiten oder schlechte Noten.
    D. Manche Schüler bekommen Strafarbeiten und schlechte Noten.
    E. Keine Antwort ist richtig.

93. **Welche Schlussfolgerung ist logisch richtig, wenn die folgende Behauptung zugrunde gelegt wird? „Peter möchte heute entweder fernsehen oder Alex besuchen. Peter besucht Alex. Also …"**

    A. sieht Peter fern.
    B. sieht Peter mit Alex fern.
    C. sieht Peter nicht fern.
    D. sieht Alex fern.
    E. Keine Antwort ist richtig.

94. **Welcher Holzbalken ist am längsten?**

    ¬ Holzbalken A ist kürzer als Holzbalken C.

    ¬ Holzbalken B ist länger als Holzbalken A.

    ¬ Holzbalken D ist etwas länger als Holzbalken B, aber kürzer als Holzbalken C.

    A. Holzbalken A
    B. Holzbalken B
    C. Holzbalken C
    D. Holzbalken D
    E. Keine Antwort ist richtig.

95. **Welche Schlussfolgerung ist logisch richtig, wenn die folgende Behauptung zugrunde gelegt wird? „Wenn Kurt mit der Schule fertig ist, dann macht er eine Ausbildung. Wenn Kurt eine Ausbildung macht, dann hat er ein Auto. Kurt hat kein Auto. Also …"**

   A. ist Kurt nicht mit der Schule fertig und macht eine Ausbildung.

   B. macht Kurt eine Ausbildung.

   C. ist Kurt nicht mit der Schule fertig.

   D. ist Kurt mit der Schule fertig.

   E. Keine Antwort ist richtig.

## Lösungen

**Zu 91.**

**B.** Auto B

Auto B ist am langsamsten, da Auto D und C schneller sind und Auto A mindestens genauso schnell wie Auto C ist.

**Zu 92.**

**C.** Manche Schüler bekommen Strafarbeiten oder schlechte Noten.

Die Antworten A und B sind falsch. Klaus ist zwar ein guter Schüler und bekommt daher eher keine Strafarbeit oder schlechte Noten, doch lässt sich das nicht ausschließen, da der Sachverhalt nicht explizit auf schlechte Schüler begrenzt ist. Antwort D ist falsch, da schlechte Schüler entweder Strafarbeiten oder schlechte Noten bekommen, aber nicht beides (Strafarbeiten und schlechte Noten). Antwort C ist korrekt – da auch schlechte Schüler Schüler sind, bekommen manche Schüler Strafarbeiten oder schlechte Noten.

**Zu 93.**

**C.** sieht Peter nicht fern.

Antwort C ist korrekt, da Peter, wenn er Alex besucht, nicht fernsehen kann. Antwort A scheidet aus, da er nicht fernsieht, wenn er Alex besucht. Ebenso fällt Antwort B weg, da nur der eine oder andere Sachverhalt zutrifft und nicht beide („entweder … oder"). Antwort D ist nicht korrekt, da über Alex' Verhalten nichts in den Prämissen steht.

**Zu 94.**

**C.** Holzbalken C

Holzbalken A scheidet im Längenwettbewerb aus, da er kürzer als Holzbalken C ist. Da Holzbalken D und B ebenfalls kürzer sind, macht Holzbalken C das Rennen. Absteigend nach Größe sortiert: Holzbalken C, Holzbalken D, Holzbalken B, Holzbalken A.

**Zu 95.**

**C.** ist Kurt nicht mit der Schule fertig.

Die Aussagen sind wie folgt miteinander verknüpft: Wenn X gilt („Kurt ist mit der Schule fertig"), dann gilt Y („Kurt macht eine Ausbildung"). Und wenn Y gilt („Kurt macht eine Ausbildung"), dann gilt auch Z („Kurt hat ein Auto"). Wenn im Umkehrschluss Z nicht erfüllt ist, können demnach auch Y und X nicht erfüllt sein. Da Kurt laut Prämissen kein Auto hat, macht er demzufolge keine Ausbildung und hat die Schule noch nicht beendet: Antwort C stimmt.

# Visuelles Denkvermögen

*Faltvorlagen* *Aufgabenerklärung*

**In diesem Abschnitt wird Ihr visuelles Denkvermögen getestet.**

Sie sehen eine Faltvorlage. Finden Sie heraus, welche der fünf Figuren A bis E daraus hergestellt werden kann.

## Hierzu ein Beispiel

*Aufgabe*

1. Diese Faltvorlage ist die Außenseite eines Körpers.

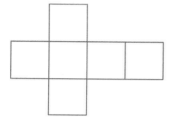

   **Welcher der Körper A bis E kann aus der Faltvorlage gebildet werden?**

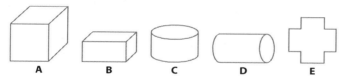

*Antwort*

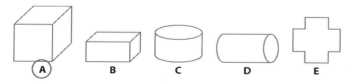

*Faltvorlagen*                                           *Bearbeitungszeit 5 Minuten*

Beantworten Sie bitte die folgenden Aufgaben, indem Sie jeweils den richtigen Buchstaben markieren.

96. **Diese Faltvorlage ist die Außenseite eines Körpers.**

**Welcher der Körper A bis E kann aus der Faltvorlage gebildet werden?**

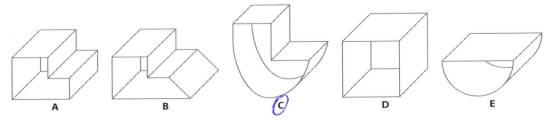

97. **Diese Faltvorlage ist die Außenseite eines Körpers.**

**Welcher der Körper A bis E kann aus der Faltvorlage gebildet werden?**

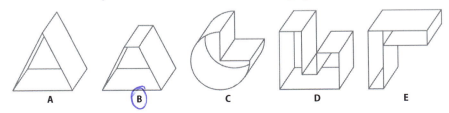

98. **Diese Faltvorlage ist die Außenseite eines Körpers.**

**Welcher der Körper A bis E kann aus der Faltvorlage gebildet werden?**

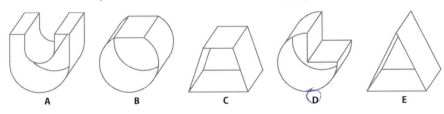

99. Diese Faltvorlage ist die Außenseite eines Körpers.

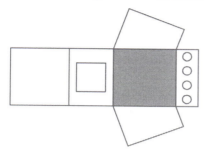

Welcher der Körper A bis E kann aus der Faltvorlage gebildet werden?

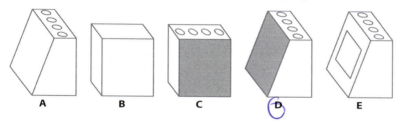

100. Diese Faltvorlage ist die Außenseite eines Körpers.

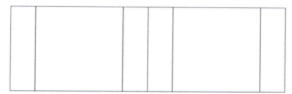

Welcher der Körper A bis E kann aus der Faltvorlage gebildet werden?

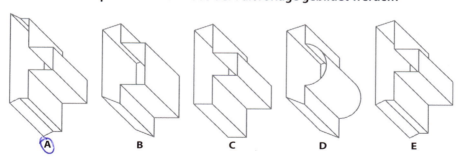

## Lösungen

Zu 96.

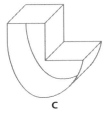

C

Zu 97.

B

Zu 98.

D

Zu 99.

D

Zu 100.

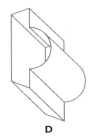

D

*Lösungshinweis:*

Falls Sie nicht durch das Zusammenfalten des Körpers im Geiste auf die richtige Lösung kommen, hilft folgende Strategie: Gleichen Sie die Anzahl der Flächen der Faltvorlage mit der Anzahl der Flächen der Lösungsmöglichkeiten ab. Zusätzlich können Sie die Flächenanordnung der Faltvorlage mit der Anordnung der Außenflächen der vorgeschlagenen Körper abgleichen, z. B.: Auf eine große quadratische Fläche folgt eine schmale rechteckige Fläche, an die sich eine dreieckige Fläche anschließt usw.

# Prüfung

**2**

## Fachkraft für Metalltechnik, Konstruktionsmechaniker/in, Werkzeugmechaniker/in und Feinwerkmechaniker/in

**Allgemeinwissen**................................................................ **80**
  Verschiedene Themen ................................................................80

**Fachbezogenes Wissen** ..................................................... **85**
  Branche und Beruf.........................................................................85
  Technisches Verständnis ..............................................................90

**Sprachbeherrschung** ......................................................... **95**
  Richtige Schreibweise..................................................................95
  Bedeutung von Sprichwörtern ..................................................97

**Mathematik** ......................................................................... **99**
  Grundrechenarten ohne Taschenrechner ...............................99
  Prozentrechnen ..........................................................................101
  Dreisatz.........................................................................................103
  Gemischte Textaufgaben ..........................................................105
  Maße und Einheiten umrechnen .............................................107
  Geometrie.....................................................................................109
  Mengenkalkulation mit Stückliste ..........................................111

**Logisches Denkvermögen** ............................................. **114**
  Zahlenreihen fortsetzen ...........................................................114
  Wörter erkennen.........................................................................118
  Sprachlogik: Analogien..............................................................121
  Flussdiagramme ..........................................................................124

**Visuelles Denkvermögen** ............................................... **128**
  Räumliches Grundverständnis..................................................128
  Visuelle Analogien......................................................................132

# Allgemeinwissen

**Verschiedene Themen**                                   *Bearbeitungszeit 10 Minuten*

**Die folgenden Aufgaben prüfen Ihr Allgemeinwissen.**

Zu jeder Aufgabe werden verschiedene Lösungsmöglichkeiten angegeben.

Beantworten Sie bitte die folgenden Aufgaben, indem Sie jeweils den richtigen Buchstaben markieren.


101. **Wo hat der Bundeskanzler seinen Amtssitz?**

A. Bonn

B. Berlin

C. München

D. Rheinland-Pfalz

E. Keine Antwort ist richtig.


102. **Zur Veränderung eines länderbezogenen Bundesgesetzes bedarf es nicht nur der Zustimmung des Bundestages, sondern auch der des …?**

A. Innenministers.

B. Bundestagspräsidenten.

C. Bundesrates.

D. Justizministers.

E. Keine Antwort ist richtig.


103. **Woraus wird Benzin gewonnen?**

A. Ethanol

B. Gas

C. Mineralien

D. Erdöl

E. Keine Antwort ist richtig.


104. **Welches Metall ist bei Zimmertemperatur flüssig?**

A. Kupfer

B. Blei

C. Quecksilber

D. Zink

E. Keine Antwort ist richtig.

105. **Welche elektrische Größe wird in Volt angegeben?**

   A. Elektrischer Widerstand
   B. Elektrische Spannung
   C. Elektrische Stromstärke
   D. Grundeinheit des elektrischen Stroms
   E. Keine Antwort ist richtig.


106. **Wie lautet das römische Zahlzeichen für die Zahl 4?**

   A. VI
   B. V
   C. IV
   D. X
   E. Keine Antwort ist richtig.


107. **Wie schreibt man „ein Viertel" als Prozentzahl?**

   A. 15 %
   B. 20 %
   C. 25 %
   D. 30 %
   E. Keine Antwort ist richtig.


108. **Eine natürliche Zahl ist durch 3 teilbar, …?**

   A. wenn sie mit einer geraden Ziffer endet.
   B. wenn sie mit der Ziffer 3 endet.
   C. wenn sie mit einer ungeraden Zahl endet.
   D. wenn ihre Quersumme durch 3 teilbar ist.
   E. Keine Antwort ist richtig.


109. **Was wird in der EDV-Sprache unter dem Begriff „Browser" verstanden?**

   A. Ein Programm zur Netzwerkeinrichtung
   B. Eine Software, um Viren abzuwehren
   C. Eine Suchmaschine im Internet
   D. Ein Programm, das das Surfen im Internet ermöglicht
   E. Keine Antwort ist richtig.

**110. Was bedeutet dieses Piktogramm?**

A. Reizender Stoff

B. Erste Hilfe

C. Entzündlicher Stoff

D. Nicht öffnen

E. Keine Antwort ist richtig.

## Lösungen

**Zu 101.**

**B.** Berlin

Der Bundeskanzler hatte von 1949 bis 1999 seinen Amtssitz in Bonn. Seit 1999 residiert er in Berlin, wo er 2001 das neu gebaute Bundeskanzleramtsgebäude bezog.

**Zu 102.**

**C.** Bundesrates.

Der Bundesrat entscheidet als Gremium der Bundesländer an allen Bundesgesetzgebungen mit, von denen die Bundesländer betroffen sind.

**Zu 103.**

**D.** Erdöl

Benzin ist ein komplexes Gemisch aus über 100 unterschiedlichen, hauptsächlich leichten Kohlenwasserstoffen. Es wird überwiegend aus veredelten Komponenten in der Erdölraffination hergestellt und vornehmlich als Kraftstoff eingesetzt. Benzin kann auch aus Kohle durch Kohleverflüssigung gewonnen werden, was aber selten vorkommt, da dies ein kostenintensiver Prozess ist.

**Zu 104.**

**C.** Quecksilber

Quecksilber ist ein Metall und trägt im Periodensystem der Elemente das Symbol „Hg". Wie jedes andere Metall ist es elektrisch leitfähig. Es ist das einzige Metall und neben Brom das einzige Element, das unter Normalbedingungen flüssig ist. Wegen seiner hohen Oberflächenspannung benetzt Quecksilber seine Unterlage nicht, sondern bildet aufgrund einer starken Zusammenhangskraft linsenförmige Tropfen.

**Zu 105.**

**B.** Elektrische Spannung

Das Volt – benannt nach dem italienischen Physiker Alessandro Volta – ist die international genormte SI-Einheit für elektrische Spannung mit dem Einheitenzeichen „V".

**Zu 106.**

**C.** IV

Römische Zahlen stammen aus dem antiken Römischen Reich. Dieses Zahlensystem stellt natürliche Zahlen mit der Basis 10 und der Hilfsbasis 5 in einem Additionssystem dar. Hier findet die so genannte Subtraktionsregel Anwendung: eine verkürzende Schreibweise, mit der es vermieden werden soll, vier gleiche Zahlzeichen in direkter Folge zu schreiben. Im vorliegenden Beispiel wird dem nächsthöheren Zahlzeichen V (5) eine I (1) vorangestellt. Daraus ergibt sich V – I = IV (5 – 1 = 4). Für die Null gibt es übrigens kein Zeichen.

**Zu 107.**

**C.** 25 %

Prozentangaben drücken Mengenverhältnisse aus und erfüllen die gleiche Funktion wie die Formulierungen „zur Hälfte" oder „ein Viertel". Dabei ist „zur Hälfte" gleich „50 Prozent" und „ein Viertel" gleich „25 Prozent".

**Zu 108.**

**D.** wenn ihre Quersumme durch 3 teilbar ist.

Ist die Quersumme einer Zahl durch 3 teilbar, so ist auch die Zahl selbst durch 3 teilbar.

Die Quersumme wird üblicherweise aus der Summe der Ziffernwerte einer natürlichen Zahl gebildet. Zum Beispiel lautet die Quersumme aus 123: 1 + 2 + 3 = 6.

**Zu 109.**

**D.** Ein Programm, das das Surfen im Internet ermöglicht

Ein Webbrowser oder einfach nur „Browser" ist ein Programm zum Betrachten und Suchen (engl. „to browse" = „stöbern") von Webseiten im World Wide Web. Das Durchstöbern des Webs beziehungsweise das Abrufen beliebiger Hyperlinks als Verbindung zwischen Webseiten mithilfe eines Browsers wird auch als „Internetsurfen" bezeichnet. Neben HTML-Seiten können Browser verschiedene andere Arten von Dokumenten und Programmen wie JavaScript, PHP, Flash, Bilder und Filme anzeigen und aus-

führen. Gebräuchliche Webbrowser sind der Internet Explorer, Firefox, Safari, Google Chrome, Konqueror und Opera.

**Zu 110.**

**A.** Reizender Stoff

Das abgebildete Piktogramm ist ein Gefahrstoffsymbol. Es kennzeichnet gesundheitsschädliche, reizende Stoffe, mit denen ein Kontakt vermieden werden sollte. Die Kennzeichnung von Gefahrstoffen wird in Deutschland durch die Gefahrstoffverordnung geregelt und ist mittlerweile europaweit standardisiert.

# Fachbezogenes Wissen

## *Branche und Beruf*                                   *Bearbeitungszeit 10 Minuten*

**Mit den folgenden Aufgaben wird Ihr fachbezogenes Wissen geprüft.**

Beantworten Sie bitte die folgenden Aufgaben, indem Sie jeweils den richtigen Buchstaben markieren.

**111. Welches Medium eignet sich zum Fernwärmetransport?**

A. Kohle
B. Wasser
C. Luft
D. Öl
E. Keine Antwort ist richtig.

**112. Welcher Begriff bezeichnet eine lösbare Verbindung zweier Bauteile mithilfe von Schrauben und Muttern?**

A. Flansch
B. Bördel
C. Nut
D. Klemme
E. Keine Antwort ist richtig.

**113. Welcher Stoff leitet den Strom nicht?**

A. Eisen
B. Kupfer
C. Salzwasser
D. Kunststoff
E. Keine Antwort ist richtig.

**114. Welchen Vorteil hat die Fließbandfertigung nicht?**

A. Hohe Effizienz durch starke Arbeitsteilung
B. Kurze Transportwege
C. Geringe Störanfälligkeit
D. Niedrige Fertigungszeiten
E. Keine Antwort ist richtig.

**115. Geringe Dichte, korrosionsbeständig, isolierend und wärmedämmend – von welcher Werkstoffgruppe ist die Rede?**

A. Von den Kohlenstoffen

B. Von den Nichteisenmetallen

C. Von den Naturstoffen

D. Von den Kunststoffen

E. Keine Antwort ist richtig.


**116. Computergesteuerte Werkzeugmaschinen nennt man auch …?**

A. DIGI-Maschinen.

B. CWM-Maschinen.

C. PCT-Maschinen.

D. CNC-Maschinen.

E. Keine Antwort ist richtig.


**117. Wie geschieht die Kraft- und Energieübertragung in hydraulischen Anlagen?**

A. Durch Druckluft

B. Durch Flüssigkeit

C. Über Stangen und Hebel

D. Über Seilzüge

E. Keine Antwort ist richtig.


**118. Welches Öl sollte man zur Schmierung extrem enger Zwischenräume verwenden?**

A. Ein besonders dickflüssiges Öl

B. Ein besonders dünnflüssiges Öl

C. Ein besonders viskoses Öl

D. Ein besonders schnell trocknendes Öl

E. Keine Antwort ist richtig.


**119. Nieten und zu vernietende Bauteile sollten möglichst aus dem gleichen Material bestehen, damit …?**

A. das Endprodukt einheitlich aussieht.

B. Kosten gespart werden können.

C. die Verbindung langfristig stabil bleibt.

D. beim Vernieten das härtere dem weicheren Material nicht schadet.

E. Keine Antwort ist richtig.

**120. In welche Kategorie werden Federn gewöhnlich nicht eingeteilt?**

    A.  Schraubenfedern

    B.  Ringfedern

    C.  Langfedern

    D.  Biegefedern

    E.  Keine Antwort ist richtig.

## Lösungen

**Zu 111.**

**B.** Wasser

Ungefähr 14 Prozent aller Wohnungen in Deutschland werden per Fernwärme beheizt: Dabei gelangt thermische Energie von Heizkraft- oder Müllverbrennungsanlagen über wärmegedämmte Rohrleitungen zu den Haushalten. Trägermedium der Fernwärme ist Warm- oder Heißwasser; früher nutzte man auch Wasserdampf. Heiße Kohle lässt sich schlecht transportieren, Luft speichert Wärme nur unzureichend und der Einsatz von Öl wäre ebenso kostspielig wie gefährlich.

**Zu 112.**

**A.** Flansch

Eine lösbare Verbindung zweier Bauteile mithilfe von Schrauben und Muttern ist ein Flansch. Im Maschinenbau flanscht man zum Beispiel Motoren an Getriebe oder Rotorblätter an Windkraftanlagen. Bei der Rohrinstallation verflanscht man Rohrteile, indem man ringförmige Dichtflächen an den Rohrenden aneinanderschraubt. Dadurch wird ein Anpressdruck auf die zwischenliegende Dichtung ausgeübt – je höher der Druck, desto dichter die Verbindung.

**Zu 113.**

**D.** Kunststoff

Wie alle Metalle leiten Eisen und Kupfer elektrischen Strom sehr gut, und auch Salzwasser ist leitfähig: Das Salz zerfällt beim Auflösen in positive und negative Ionen, die je nach Ladung zur Kathode oder Anode wandern. Dort angekommen, entladen sich die Ionen durch Elektronenübertritt – es fließt Strom. Kunststoffe sind hingegen nichtleitende Isolatoren.

**Zu 114.**

**C.** Geringe Störanfälligkeit

Die industrielle Fertigung im Fließbandverfahren – von Henry Ford zu Beginn des 20. Jahrhunderts perfektioniert – ist außerordentlich effizient: Die kurzen Transportwege und der hohe Grad an Arbeitsteilung gewährleisten eine sehr ökonomische, schnelle Produktion. Allerdings ist die Fließbandfertigung auch sehr störanfällig: Wenn es an einem Produktionsschritt hakt, steht unter Umständen das ganze Band still.

**Zu 115.**

**D.** Von den Kunststoffen

Antwort D stimmt: Kunststoffe zeichnen sich durch ihre geringe Dichte, Korrosionsbeständigkeit sowie thermische und elektrische Isolierfähigkeit aus. Erzeugt werden sie durch die chemische Umwandlung (Synthese) von Rohstoffen wie z. B. Erdöl.

**Zu 116.**

**D.** CNC-Maschinen.

Werkzeugmaschinen mit Computersteuerung nennt man auch „CNC-Maschinen" – das Kürzel „CNC" steht für „Computerized Numerical Control" („computergestützte numerische Steuerung"). CNC-Maschinen erledigen Arbeitsgänge wie Fräsen, Bohren oder Schleifen millimetergenau und sekundenschnell.

**Zu 117.**

**B.** Durch Flüssigkeit

Im Allgemeinen steht „Hydraulik" für die Lehre vom Strömungsverhalten flüssiger Stoffe. Hydraulische Anlagen – z. B. Bagger, Krane, Traktoren, Werkzeugmaschinen – machen sich demnach das Prinzip der Kraft- bzw. Energieübertragung mittels Flüssigkeiten zunutze. Verwendet man stattdessen, wie in Vorschlag A erwähnt, Druckluft (oder andere Gase), handelt es sich um pneumatisches Gerät.

**Zu 118.**

**B.** Ein besonders dünnflüssiges Öl

Dickflüssiges (viskoses) Öl bildet zwar einen vergleichsweise stabileren Schmierfilm, gelangt aber kaum an schwer zugängliche, enge Stellen. Nur ein dünnflüssiges Öl ist fließfähig (fluid) genug, um auch dorthin vorzudringen. Ein Öl, das schnell trocknet, ist als Schmiermittel grundsätzlich ungeeignet.

**Zu 119.**

**C.** die Verbindung langfristig stabil bleibt.

Die Nieten sollten möglichst aus dem gleichen Material bestehen wie die zu verbindenden Bauteile, da sich die einzelnen Komponenten bei Erwärmung sonst unterschiedlich stark ausdehnen könnten – die Folge: die Verbindung lockert sich. Außerdem kann es bei der Verwendung unterschiedlicher Komponenten

zur elektrochemischen Korrosion kommen. Dann fließt in Anwesenheit eines Elektrolyten (Wasser, Luftfeuchtigkeit) ein elektrischer Strom zwischen den Komponenten, der das Material angreift und dauerhaft schwächt.

**Zu 120.**

**C.** Langfedern

Je nach der Art ihrer inneren Belastung lassen sich Federn generell in Biege-, Torsions-, Zug- und Gasfedern unterteilen. Zur Gruppe der Biegefedern zählen beispielsweise Blattfedern, die meist aus einem bogenförmig vorgespannten Metallband bestehen. Schraubenfedern – wie sie zum Beispiel in Kugelschreibern eingesetzt werden – sind gewundene Torsionsfedern, bei denen der Federdraht nicht gebogen, sondern verdreht wird. Unter anderem in den Puffern von Eisenbahnen werden Ringfedern eingebaut, deren Federringe sich unter Belastung ineinander schieben. Eine Einteilung in „Langfedern" ist jedoch nicht üblich.

# Fachbezogenes Wissen

### *Technisches Verständnis*

*Bearbeitungszeit 5 Minuten*

**Mit den folgenden Aufgaben wird Ihre praktische Intelligenz geprüft.**

Beantworten Sie bitte die folgenden Aufgaben, indem Sie jeweils den richtigen Buchstaben markieren.

**121. Mit welchem Schraubenschlüssel lässt sich die Schraubenmutter am besten festziehen?**

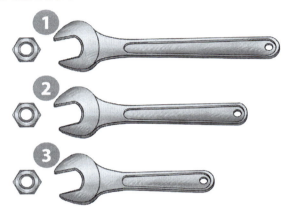

A. Mit Schraubenschlüssel 1
B. Mit Schraubenschlüssel 2
C. Mit Schraubenschlüssel 3
D. Die Schraube lässt sich mit den verschiedenen Schraubenschlüsseln gleich gut festziehen.
E. Keine Antwort ist richtig.

**122. Welche der Räder drehen sich in die gleiche Richtung wie Rad 1?**

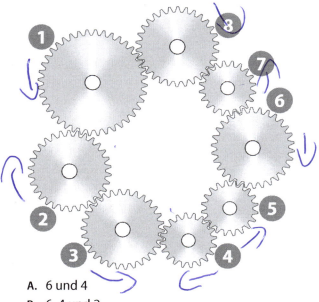

A. 6 und 4

B. 6, 4 und 2

C. 7, 5 und 3

D. 4 und 2

E. Keine Antwort ist richtig.

**123. Die Ketten wird im Uhrzeigersinn gedreht. Überlegen Sie, ob sich das angehängte Gewicht bewegt und wenn ja, in welche Richtung!**

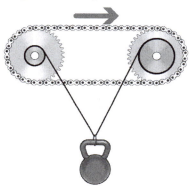

A. Das Gewicht bewegt sich nicht.

B. Das Gewicht bewegt sich nach oben.

C. Das Gewicht bewegt sich nach unten.

D. Das Gewicht bewegt sich erst nach oben und anschließend nach unten.

E. Keine Antwort ist richtig.

**124.** An zwei unterschiedliche Federsysteme werden identische Stahlkugeln angehängt. Alle Federn sind gleich und können als masselos angenommen werden. Welche Federn werden am schwächsten gedehnt?

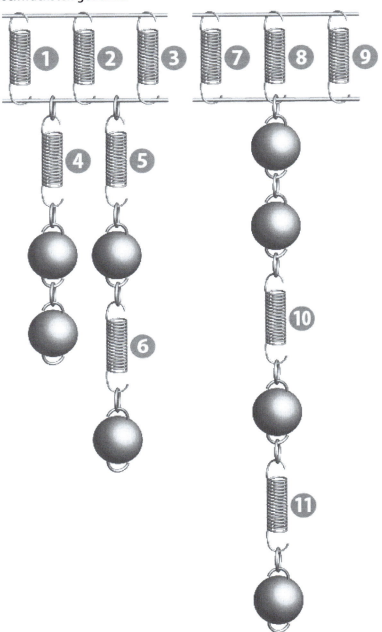

A. Die Federn 1, 2 und 3
B. Die Federn 7, 8 und 9
C. Die Federn 4 und 10
D. Die Federn 6 und 11
E. Keine Antwort ist richtig.

125. **Wird mit einem Weinglas angestoßen, erklingt ein Ton. Ordnen Sie die – unterschiedlich stark gefüllten, ansonsten identischen – Gläser je nach ihrer Tonhöhe aufsteigend von tief bis hoch.**

A. Glas 1, Glas 2, Glas 3, Glas 4

B. Glas 4, Glas 3, Glas 2, Glas 1

C. Glas 3, Glas 1, Glas 4, Glas 2

D. Glas 2, Glas 4, Glas 1, Glas 3

E. Keine Antwort ist richtig.

## Lösungen

**Zu 121.**

**A.** Mit Schraubenschlüssel 1

Um die Schraubenmutter mit möglichst wenig Mühe festzuziehen, benötigt man einen Schraubenschlüssel mit einer großen Hebelwirkung. Das heißt: Der Griff des Schraubenschlüssels sollte so lang wie möglich sein. Schraubenschlüssel 1 ist demnach der geeignetste.

**Zu 122.**

**C.** 7, 5 und 3

Wenn ein Zahnrad in ein zweites greift und seine Rotation dadurch überträgt, dann dreht sich das zweite Rad im entgegengesetzten Drehsinn. Überträgt das zweite Zahnrad seine Rotation wiederum auf ein drittes, bewegt sich dieses entgegengesetzt zum zweiten, also in der gleichen Drehrichtung wie das erste. Anders ausgedrückt: In einer Kette miteinander verbundener Zahnräder rotieren immer die jeweils übernächsten in derselben Drehrichtung. In die gleiche Richtung wie Rad 1 drehen sich demnach die Räder 3, 5 und 7.

**Zu 123.**

**B.** Das Gewicht bewegt sich nach oben.

Da beide Zahnräder gleich groß und durch eine Kette verbunden sind, laufen sie mit der gleichen Umdrehungsfrequenz und -richtung. Wird nun die Kette im Uhrzeigersinn gedreht, gibt das linke Rad etwas Band frei, das rechte wiederum spult Band auf. Da der rechte Bandnehmer jedoch durch seinen größeren Umfang pro Umdrehung mehr Band aufspult als der linke freigibt, wird das Gewicht nach oben gezogen.

**Zu 124.**

**D.** Die Federn 6 und 11

Wie stark eine Feder durch das Anhängen einer Last ausgelenkt („gedehnt") wird, bestimmt sich durch die angehängte Masse und die rücktreibende Kraft der Feder, die sogenannte „Federkonstante". Da alle Federn identisch sind und dieselbe rücktreibende Kraft besitzen, hängen Unterschiede in ihrer Auslenkung nur von der jeweils anliegenden Masse ab.

Wenn Federn „in Reihe" aneinander gehängt werden, liegt an jeder Feder die gesamte Last der angehängten Stahlkugeln an. Nehmen mehrere parallel gehängte Federn die Last einer angehängten Masse auf, verteilt sich die Gewichtskraft der Last und die Auslenkung dieser Federn ist geringer.

Auf die Federn 1 bis 3 verteilt sich die Last von insgesamt vier Kugeln, an den Federn 7, 8 und 9 zerren ebenfalls vier Kugeln und an den Federn 4, 5 und 10 sind jeweils zwei Kugeln angehängt. Die Federn 6 und 11 werden jedoch nur durch die Kraft von jeweils einer Kugel gedehnt.

**Zu 125.**

**D.** Glas 2, Glas 4, Glas 1, Glas 3

Durch das Anstoßen des Glases wird es in Schwingung versetzt, die es als Schallschwingung an die Luft weitergibt. Die Frequenz dieser Schwingung bestimmt die Höhe des Tons, den wir hören: Schwingt das Glas schnell hin und her, ist die Frequenz hoch und wir hören einen hohen Ton. Wird das Glas nun mit Wasser gefüllt, bremst dessen Trägheit die Schwingung des Glases ab – die Schwingungsfrequenz verringert sich, der Ton wird tiefer. Und zwar umso stärker, je mehr Wasser im Glas ist.

# Sprachbeherrschung

## *Richtige Schreibweise*                    *Bearbeitungszeit 5 Minuten*

**In diesem Abschnitt werden Ihre Rechtschreibkenntnisse geprüft.**

Wählen Sie bei jeder Aufgabe die richtige Schreibweise aus und markieren Sie den zugehörigen Buchstaben.

**126.**
- A. Publikum
- B. Puplikum
- C. Publikumm
- D. Pupplikum
- E. Keine Antwort ist richtig.

**127.**
- A. Blumenwase
- B. Blumenvase
- C. Blumenvahse
- D. Blumenwahse
- E. Keine Antwort ist richtig.

**128.**
- A. Baden-Würtemberg
- B. Baden-Württemberg
- C. Baden-Württenberg
- D. Baden-Würtenberg
- E. Keine Antwort ist richtig.

**129.**
- A. Registrierkasse
- B. Registrirkasse
- C. Registrierkaße
- D. Registierkasse
- E. Keine Antwort ist richtig.

**130.**
- A. Karusell
- B. Karusel
- C. Karrussel
- D. Karussell
- E. Keine Antwort ist richtig.

## Lösungen

**Zu 126.**
A. Publikum

**Zu 127.**
B. Blumenvase

**Zu 128.**
B. Baden-Württemberg

**Zu 129.**
A. Registrierkasse

**Zu 130.**
D. Karussell

# Sprachbeherrschung

## *Bedeutung von Sprichwörtern*

*Bearbeitungszeit 5 Minuten*

**Bei diesen Aufgaben geht es darum, für die jeweiligen Sprichwörter die richtige Bedeutung zu erkennen.**

Beantworten Sie bitte die folgenden Aufgaben, indem Sie den Lösungsbuchstaben derjenigen Aussage markieren, die dem vorgestellten Sprichwort sinngemäß am nächsten kommt.

**131. Lügen haben kurze Beine.**

- A. Mit Lügen kommt man nicht weit.
- B. Kinder lügen meistens.
- C. Großen Menschen glaubt man eher.
- D. Lügner erkennt man an der Körperhaltung.
- E. Keine Antwort ist richtig.

**132. Viele Köche verderben den Brei.**

- A. Viele Köche sind schlecht ausgebildet.
- B. Scheinbar einfache Gerichte erfordern besonderes Geschick bei der Zubereitung.
- C. Nur Mütter können guten Brei kochen.
- D. Wenn zu viele Leute an einem Projekt arbeiten, gefährdet das den Erfolg.
- E. Keine Antwort ist richtig.

**133. Hunde, die bellen, beißen nicht.**

- A. Wer lautstark droht, ist ungefährlich.
- B. Der will doch nur spielen.
- C. Hunde, die nicht bellen, sind gefährlich.
- D. Kleine Hunde sind gefährlicher als große.
- E. Keine Antwort ist richtig.

**134. Hochmut kommt vor dem Fall.**

- A. Wer Höhenangst hat, soll besser unten bleiben.
- B. Man muss die eigenen Fähigkeiten richtig einschätzen können.
- C. Man soll nur Dinge machen, die man sich auch zutraut.
- D. Überheblichkeit kommt vor dem Scheitern.
- E. Keine Antwort ist richtig.

**135. Lieber den Spatz in der Hand als die Taube auf dem Dach.**

- A. Spatzen sind die wertvolleren Vögel.
- B. Nur das Risiko birgt auch einen großen Gewinn.
- C. Ein sicherer kleiner Nutzen ist einem unsicheren großen Nutzen vorzuziehen.
- D. Ein Risiko einzugehen lohnt sich oft nicht.
- E. Keine Antwort ist richtig.

## Lösungen

**Zu 131.**

A. Mit Lügen kommt man nicht weit.

Dieses Sprichwort besagt, dass Lügen sich nicht lohnen, da die Wahrheit meist doch relativ schnell ans Licht kommt.

**Zu 132.**

D. Wenn zu viele Leute an einem Projekt arbeiten, gefährdet das den Erfolg.

Dieses Sprichwort drückt aus, dass nicht zu viele Leute an einem Projekt arbeiten sollten. Denn dann besteht die Gefahr, dass es Missverständnisse gibt oder einer nicht weiß, was der andere tut, sodass die gesamte Arbeit schließlich scheitert.

**Zu 133.**

A. Wer lautstark droht, ist ungefährlich.

Dieses Sprichwort meint, dass Menschen, die gerne drohen, in Wirklichkeit ungefährlich sind:

Sie wollen sich mit ihren teilweise schrecklichen Drohungen Respekt verschaffen, diese aber niemals verwirklichen.

**Zu 134.**

D. Überheblichkeit kommt vor dem Scheitern.

„Hochmut kommt vor dem Fall" besagt, dass Überheblichkeit und Selbstüberschätzung oft zum Scheitern führen.

**Zu 135.**

C. Ein sicherer kleiner Nutzen ist einem unsicheren großen Nutzen vorzuziehen.

Diese Redensart empfiehlt, lieber einen kleinen Nutzen zu realisieren, als in Aussicht auf einen großen, aber unsicheren Nutzen am Ende leer auszugehen. Sicherheit vor Risiko also.

# Mathematik

## Grundrechenarten ohne Taschenrechner
*Bearbeitungszeit 5 Minuten*

**Bei dieser Aufgabe geht es darum, einfache Rechnungen im Kopf zu lösen.**

Bitte benutzen Sie **keinen Taschenrechner**!

Beantworten Sie bitte die folgenden Aufgaben, indem Sie jeweils den richtigen Buchstaben markieren.

**136. Wie lautet das Ergebnis für folgende Aufgabe?**
$8 - 4 + 3 \times 4 = ?$

- A. 4
- **B. 16**
- C. 18
- D. 28
- E. Keine Antwort ist richtig.

**137. Wie lautet das Ergebnis für folgende Aufgabe?**
$12 - 6 \div 2 \times 4 = ?$

- **A. 0**
- B. 6
- C. 12
- D. −10
- E. Keine Antwort ist richtig.

**138. Wie lautet das Ergebnis für folgende Aufgabe?**
$(-4) \times 2 - (-3) \times 4 = ?$

- A. 4
- **B. 20**
- C. −20
- D. −56
- E. Keine Antwort ist richtig.

**139. Wie lautet das Ergebnis für folgende Aufgabe?**
$554.616 - 336.113 = ?$

- A. 118.403
- B. 178.503
- C. 208.003
- **D. 218.503**
- E. Keine Antwort ist richtig.

**140. Wie lautet das Ergebnis für folgende Aufgabe?**
$4.943 \times 9.282 = ?$

- A. 45.880.926
- **B. 45.880.936**
- C. 46.880.926
- D. 46.882.926
- E. Keine Antwort ist richtig.

## Lösungen

**Zu 136.**

**B.**  16

Das Ergebnis lautet 16. Beachten Sie Punktrechnung vor Strichrechnung.

$8 - 4 + 3 \times 4 = 8 - 4 + 12 = 16$

**Zu 137.**

**A.**  0

Das Ergebnis lautet 0. Beachten Sie Punktrechnung vor Strichrechnung.

$12 - 6 \div 2 \times 4 = 12 - 3 \times 4 = 12 - 12 = 0$

**Zu 138.**

**A.**  4

Das Ergebnis lautet 4. Beachten Sie Punktrechnung vor Strichrechnung.

$-4 \times 2 = -8$

$(-3) \times 4 = -12$

$-8 - (-12) = 4$

**Zu 139.**

**D.**  218.503

Das Ergebnis lautet 218.503.

```
            554.616
  −         336.113
  −              1
  =         218.503
```

**Zu 140.**

**A.**  45.880.926

Das Ergebnis lautet 45.880.926.

```
          4943 × 9282
            44487000
  +           988600
  +           395440
  +             9886
  +         1 2 3 1 1
  =         45880926
```

# Mathematik

## *Prozentrechnen*                    *Bearbeitungszeit 5 Minuten*

Bei der Prozentrechnung gibt es drei Größen, die zu beachten sind, den Prozentsatz, den Prozentwert und den Grundwert. Zwei dieser Größen müssen gegeben sein, um die dritte Größe berechnen zu können.

Beantworten Sie bitte die folgenden Aufgaben, indem Sie jeweils den richtigen Buchstaben markieren.

141. **Herr Mayer möchte eine Maschine für 16.000 € erwerben. Wie viel Euro würde Herr Mayer bei einem Rabatt von 15 Prozent sparen?**

    A. 2.440 €

    B. 2.250 €

    C. 2.400 €

    D. 2.450 €

    E. Keine Antwort ist richtig.

142. **Nach Abzug von 20 Prozent Rabatt zahlt ein Kunde nur noch 2.400 €. Wie viel Euro hätte er ohne einen Rabattabzug zahlen müssen?**

    A. 2.500 €

    B. 2.600 €

    C. 2.700 €

    D. 3.000 €

    E. Keine Antwort ist richtig.

143. **Die Max Mayer Industriegesellschaft produziert in einem Jahr 14.000 Stahlträger. Davon werden 4.200 Stück ins Ausland exportiert. Wie viel Prozent beträgt der Exportanteil?**

    A. 20 %

    B. 25 %

    C. 30 %

    D. 40 %

    E. Keine Antwort ist richtig.

144. **Bei einer 15 Prozent Rabattaktion bietet Herr Mayer seinem Kunden ein hochwertiges Stahldach für 3.825 € an. Was kostet ein Stahldach regulär?**

    A. 3.900 €

    B. 4.100 €

    C. 4.300 €

    D. 4.500 €

    E. Keine Antwort ist richtig.

145. **Die Max Mayer Industriegesellschaft beschäftigt 1.500 Mitarbeiter. Im Durchschnitt sind 8 % der Belegschaft krank. Wie viel Beschäftigte sind im Durchschnitt krank?**

    A. 80 Beschäftigte

    B. 100 Beschäftigte

    C. 120 Beschäftigte

    D. 150 Beschäftigte

    E. Keine Antwort ist richtig.

## Lösungen

**Zu 141.**

C. 2.400 €

Herr Mayer würde einen Betrag von 2.400 € sparen.

$$Prozentwert = \frac{Grundwert \times Prozentsatz}{100}$$

$$Prozentwert = \frac{16.000\,€ \times 15\%}{100} = 2.400\,€$$

**Zu 142.**

D. 3.000 €

Ohne Rabatt hätte der Kunde einen Preis von 3.000 € zahlen müssen.

$$Grundwert = \frac{Prozentwert \times 100}{Prozentsatz}$$

$$Grundwert = \frac{2.400\,€ \times 100}{80\%} = 3.000\,€$$

**Zu 143.**

C. 30 %

Der Exportanteil beträgt 30 %.

$$Prozentsatz = \frac{Prozentwert \times 100}{Grundwert}$$

$$Prozentsatz = \frac{4.200\,Stk. \times 100}{14.000\,Stk.} = 30\%$$

**Zu 144.**

D. 4.500 €

Das Stahldach hätte regulär ohne Rabatt 4.500 € gekostet.

$$Grundwert = \frac{Prozentwert \times 100}{Prozentsatz}$$

$$Grundwert = \frac{3.825\,€ \times 100}{85} = 4.500\,€$$

**Zu 145.**

C. 120 Beschäftigte

Im Durchschnitt sind 120 Beschäftigte krank.

$$Prozentwert = \frac{Grundwert \times Prozentsatz}{100}$$

$$Prozentwert = \frac{1.500 \times 8}{100} = 120$$

# Mathematik

## *Dreisatz*                                        *Bearbeitungszeit 5 Minuten*

Beantworten Sie bitte die folgenden Aufgaben, indem Sie jeweils den richtigen Buchstaben markieren.

**146. Herr Mayer möchte für einen Wochen-endurlaub in England einen Betrag von 260 € in Pfund tauschen. Der Wechselkurs liegt bei 1 GBP = 1,30 €. Wie viel ausländi-sches Geld erhält Herr Mayer?**

- A. 160 GBP
- B. 180 GBP
- C. 200 GBP
- D. 220 GBP
- E. Keine Antwort ist richtig.

**147. In einer Goldmine werden aus einer Tonne Erz acht Gramm Gold gewonnen. Wie viel Tonnen Erz werden für fünf kg Gold benötigt?**

- A. 500 t
- B. 550 t
- C. 600 t
- D. 625 t
- E. Keine Antwort ist richtig.

**148. Für ein Gespräch von 4 Minuten werden 3,60 € bezahlt. Wie teuer wäre ein Ge-spräch von 9 Minuten?**

- A. 6,00 €
- B. 6,40 €
- C. 7,60 €
- D. 8,10 €
- E. Keine Antwort ist richtig.

**149. Für eine Veranstaltung werden an zwei Tagen sechs Popcornmaschinen aufge-stellt. Zusammen haben die Maschinen ei-nen Stromverbrauch von 420 kWh. Wie hoch wäre der Stromverbrauch, wenn an drei Tagen acht Maschinen betrieben werden?**

- A. 800 kWh
- B. 820 kWh
- C. 840 kWh
- D. 900 kWh
- E. Keine Antwort ist richtig.

**150. Um eine Fläche zu dekorieren, werden 12 Meter eines Stoffes von 1,50 m Breite ge-braucht. Wie viel Meter werden benötigt, wenn dieser Stoff nur in einer Breite von 1,20 m verfügbar ist?**

- A. 10 m
- B. 12 m
- C. 15 m
- D. 20 m
- E. Keine Antwort ist richtig.

## Lösungen

**Zu 146.**

C.  200 GBP

Herr Mayer erhält 200 GBP.

Wechselkurs von 1 GBP = 1,30 €

260 € ÷ 1,30 = 200 GBP

**Zu 147.**

D.  625 t

Zur Gewinnung von fünf kg Gold benötigt man 625 t Erz.

5000 g ÷ 8 g × 1 t = 625 t

**Zu 148.**

D.  8,10 €

Das Gespräch würde 8,10 € kosten.

3,60 € ÷ 4 min = 0,90 € pro Minute

0,90 € × 9 min = 8,10 €

**Zu 149.**

C.  840 kWh

Der Stromverbrauch würde 840 kWh betragen.

420 kWh ÷ 6 Maschinen ÷ 2 d = 35 kWh pro Maschine pro Tag

35 kWh × 8 Maschinen × 3 Tage = 840 kWh

**Zu 150.**

C.  15 m

Es werden 15 Meter dieses Stoffes benötigt.

12 m × 1,50 m = 18 m²

18 m² ÷ 1,2 m = 15 m

# Mathematik

## Gemischte Textaufgaben

Beantworten Sie bitte die folgenden Aufgaben, indem Sie jeweils den richtigen Buchstaben markieren.

151. Der Auszubildende Müller möchte für ein Auszubildenden-Frühstück eine bestimmte Sorte Wurst organisieren. Die Waage zeigt bei einem Gewicht von 750 g einen Preis von 5,10 € an. Welcher kg-Preis ist in der Waage hinterlegt?

    A. 5 €

    B. 6,80 €

    C. 8,80 €

    D. 9 €

    E. Keine Antwort ist richtig.

152. Für eine Werbeaktion werden 2.500 Werbebroschüren gedruckt. Der Preis beträgt 1.000 €. Da die Kundschaft sich sehr für die Broschüre interessiert, müssen 800 Exemplare nachbestellt werden. Wie hoch ist der Preis für die Nachbestellung, wenn der Stückpreis gleich bleibt?

    A. 220 €

    B. 280 €

    C. 320 €

    D. 360 €

    E. Keine Antwort ist richtig.

153. Eine Straße wird von beiden Enden gleichzeitig bebaut. Vom einen Ende werden täglich vier Meter und vom anderen Ende sechs Meter fertig gestellt. Nach wie viel Tagen ist der Straßenbau beendet, wenn 800 Meter zu fertigen sind?

    A. 40 Tage

    B. 50 Tage

    C. 60 Tage

    D. 80 Tage

    E. Keine Antwort ist richtig.

154. In einer Kleinstadt gibt es 9.000 Haushalte. In drei Vierteln der Haushalte leben Kinder. In drei Fünfteln der Haushalte mit Kindern leben Jungen. In wie vielen Haushalten leben Jungen?

    A. 4.100

    B. 4.700

    C. 3.500

    D. 4.050

    E. Keine Antwort ist richtig.

155. Müller Junior möchte einen neuen Computer für 1.280 € kaufen. Hierfür hat er bereits einen Teil des Kaufpreises gespart. Die Eltern steuern das Doppelte von dem, was Müller Junior bisher gespart hat, dazu. Nun fehlen Müller Junior nur noch 80 €. Welchen Betrag hat Müller Junior bereits gespart?

    A. 450 €

    B. 400 €

    C. 600 €

    D. 480 €

    E. Keine Antwort ist richtig.

## Lösungen

**Zu 151.**

**B.** 6,80 €

Es ist ein kg-Preis von 6,80 € hinterlegt.

750 g ÷ 1.000 = 0,75 kg

5,10 € ÷ 0,75 kg = 6,80 €

**Zu 152.**

**C.** 320 €

Die Nachbestellung kostet 320 €.

1.000 € ÷ 2.500 Stk. = 0,4 € pro Stück

0,4 € × 800 Stk. = 320 €

**Zu 153.**

**D.** 80 Tage

Die Straße ist nach 80 Tagen fertig gestellt.

4 m + 6 m = 10 m

800 m ÷ 10 m = 80 d

**Zu 154.**

**D.** 4.050

In 4.050 Haushalten leben Jungen.

9.000 × ³/₄ = 6.750 Haushalte mit Kindern

6.750 × ³/₅ = 4.050 Haushalte mit Jungen

**Zu 155.**

**B.** 400 €

Müller Junior hat bereits 400 € angespart.

1.280 € – 80 € = 1.200 €

1.200 € ÷ 3 Teile = 400 € pro Teil

Eltern = 400 € × 2 Teile = 800 €

Müller Junior = 400 € × 1 Teil = 400 €

# Mathematik

## Maße und Einheiten umrechnen

*Bearbeitungszeit 5 Minuten*

Beantworten Sie bitte die folgenden Aufgaben, indem Sie jeweils den richtigen Buchstaben markieren.

**156. Wie viele Zentimeter sind 435 Millimeter?**

- A. 4.350
- B. 0,435
- C. 217,5
- D. 43,5
- E. Keine Antwort ist richtig.

**157. Wie viel Meter sind 41,4 Kilometer?**

- A. 414.000 m
- B. 41.400 m
- C. 4.140 m
- D. 414 m
- E. Keine Antwort ist richtig.

**158. Wie viele Zentimeter sind 385 Kilogramm?**

- A. 3,85
- B. 7,7
- C. 38.500
- D. 3.850
- E. Keine Antwort ist richtig.

**159. Wie viele Quadratmeter sind 3,5 Quadratkilometer?**

- A. 3.500
- B. 3.500.000
- C. 35.000
- D. 35.000.000
- E. Keine Antwort ist richtig.

**160. Wie viele Dezimeter sind 38,5 Kubikmillimeter?**

- A. 3,845
- B. 0,3845
- C. 0,03845
- D. 0,003845
- E. Keine Antwort ist richtig.

## Lösungen

**Zu 156.**

**D.**  43,5

Ein Millimeter entspricht 0,1 Zentimetern, also ergeben 435 Millimeter 43,5 Zentimeter:

$435 \times 0,1$ cm $= 43,5$ cm

**Zu 157.**

**B.**  41.400 m

41,4 km entsprechen 41.400 m.

41,4 km $\times$ 1.000 $= 41.400$ m

**Zu 158.**

**E.**  Keine Antwort ist richtig.

Zentimeter (cm) ist eine Maßeinheit für Längen, Kilogramm (kg) eine Maßeinheit für Gewichte. Längen- und Gewichtsmaße lassen sich nicht ineinander umrechnen.

**Zu 159.**

**B.**  3.500.000

Ein Quadratkilometer entspricht 1.000.000 Quadratmetern, also ergeben 3,5 Quadratkilometer 3.300.000 Quadratmeter:

$3,5 \times 1.000.000$ m$^2 = 3.500.000$ m$^2$

**Zu 160.**

**E.**  Keine Antwort ist richtig.

Dezimeter (dm) ist ein Längenmaß, Kubikmillimeter (mm$^3$) ein Raummaß. Längen- und Raummaße lassen sich nicht ineinander umrechnen.

# Mathematik

## *Geometrie*

**In diesem Abschnitt werden Ihre Geometriekenntnisse auf die Probe gestellt.**

Beantworten Sie bitte die folgenden Aufgaben, indem Sie jeweils den richtigen Buchstaben markieren.

**161. Wie groß ist das Volumen des abgebildeten Quaders?**

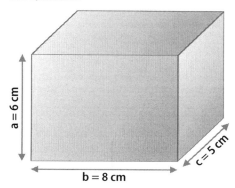

a = 6 cm
c = 5 cm
b = 8 cm

A. 48 cm³
B. 88 cm³
C. 216 cm³
D. 240 cm³
E. Keine Antwort ist richtig.

**162. Wie groß ist das Volumen (V) eines Würfels mit einer Kantenlänge von 7 Metern?**

A. 4.900 m³
B. 212 m³
C. 646 m³
D. 343 m³
E. 767 m³

**163. Eine Kugel hat einen Durchmesser (d) von 12 Zentimetern. Wie groß ist ihr Volumen? Das Kugelvolumen berechnet sich nach der Formel:**

$$V = \frac{4}{3} \pi \times r^3.$$

A. Rund 1.609,02 cm²
B. Rund 1.309,18 cm³
C. Rund 210,34 cm²
D. Rund 486,46 cm³
E. Rund 904,32 cm³

**164. Wie groß ist die Oberfläche (A) eines Quaders mit 80 Millimetern Länge, 4 Zentimetern Breite und 5 Dezimetern Höhe?**

A. 1.488 cm²
B. 878 cm³
C. 1.264 cm²
D. 2.104 cm²
E. 968 cm³

**165. Herr Kerner legt seinen Garten neu an und lässt sich 4,5 Kubikmeter Erde liefern, die auf die Gartenfläche verteilt eine Schicht von 15 Zentimetern Dicke ergeben. Wie groß ist die Fläche seines Gartens?**

A. 56 m²
B. 42 m²
C. 30 m²
D. 67,5 m²
E. 45 m²

## Lösungen

**Zu 161.**

**D.** 240 cm$^3$

Um das Volumen eines Quaders zu berechnen, benötigt man Länge, Breite und Höhe des Quaders. Das Volumen ergibt sich aus der Multiplikation der drei Werte.

Formeln:

Volumen = a × b × c

Volumen = 6 cm × 8 cm × 5 cm = 240 cm$^3$

**Zu 162.**

**D.** 343 m$^3$

Die Längen aller 12 Kanten eines Würfels sind gleich. Wie bei einem Quader, berechnet sich auch der Rauminhalt eines Würfels durch die Multiplikation von Länge, Breite und Höhe – da in diesem Fall alle drei Längen identisch sind, ergibt sich für das Volumen:

V = l × b × h = a × a × a = 7 m × 7 m × 7 m = 343 m$^3$

Das Volumen des Würfels beträgt 343 Kubikmeter.

**Zu 163.**

**E.** Rund 904,32 cm$^3$

Die angegebene Formel bezieht sich auf den Radius (r) des Kreises. In der Aufgabenstellung wird jedoch der Durchmesser genannt, der die doppelte Länge des Radius besitzt:

$$r = \frac{d}{2} = 6 \, cm$$

Nun lässt sich das Volumen der Kugel durch Einsetzen berechnen:

$$V \approx \frac{4}{3}\pi \times r^3 = \frac{4}{3}\pi \times (6\,cm)^3 \approx 4,19 \times 216\,cm^3 \approx$$
$$\approx 904,32\,cm^3$$

Das Volumen der Kugel beträgt rund 904,32 Kubikzentimeter.

**Zu 164.**

**C.** 1.264 cm$^2$

Die gesamte Oberfläche eines Quaders besteht aus 6 Einzelflächen, wobei jeweils gegenüberliegende Flächen gleiche Abmessungen und dementsprechend auch den gleichen Flächeninhalt besitzen. Man muss also nicht den Inhalt aller 6 Flächen einzeln ausrechnen, sondern nur die 3 unterschiedlichen Flächeninhalte, verdoppelt sie und addiert sie schließlich. Natürlich sind die Werte vorher in die gleiche Einheit zu bringen:

A = 2(l × b) + 2(b × h) + 2(l × h)

Durch Einsetzen ergibt sich:

A = 2(80 mm × 4 cm) + 2(4 cm × 5 dm) + 2(80 mm × 5 dm) = 2(8 cm × 4 cm) + 2(4 cm × 50 cm) + 2(8 cm × 50 cm) = 2 × 32 cm$^2$ + 2 × 200 cm$^2$ + 2 × 400 cm$^2$ = 64 cm$^2$ + 400 cm$^2$ + 800 cm$^2$ = 1.264 cm$^2$

Die Gesamtoberfläche des Quaders beträgt 1.264 Quadratzentimeter.

**Zu 165.**

**C.** 30 m$^2$

Das Volumen der Erdschicht berechnet sich durch Grundfläche mal Höhe:

V = l × b × h = A × h

Da das Volumen und die Höhe – bzw. Dicke – der Erdschicht bekannt sind, kann die Grundfläche wie folgt berechnet werden:

$$A = \frac{V}{h} = \frac{4,5\,m^3}{15\,cm} = \frac{4,5\,m^3}{0,15\,m} = 30\,m^2$$

Herr Kerners Garten hat eine Fläche von 30 Quadratmetern.

# Mathematik

## Mengenkalkulation mit Stückliste

*Bearbeitungszeit 5 Minuten*

Beantworten Sie bitte die folgenden Aufgaben, indem Sie jeweils den richtigen Buchstaben markieren.

Zur Herstellung von Fertigerzeugnissen braucht man verschiedene Bauteile und Materialien. Folgende Stückliste gibt Aufschluss über die Einzelteile, die zur Herstellung mehrerer Fertigerzeugnisse benötigt werden:

| Stückliste | Materialnr. I | Materialnr. II | Materialnr. III |
| --- | --- | --- | --- |
| Bauteil A | 3 | 2 | 4 |
| Bauteil B | 4 | 1 | 0 |
| Bauteil C | 2 | 1 | 1 |

| Stückliste | Bauteil A | Bauteil B | Bauteil C |
| --- | --- | --- | --- |
| Fertigerzeugnis D | 2 | 0 | 0 |
| Fertigerzeugnis E | 1 | 2 | 0 |
| Fertigerzeugnis F | 1 | 2 | 1 |

166. **Wie viele Materialstücke werden insgesamt zur Herstellung des Bauteils A benötigt?**

   A. 4
   B. 6
   C. 8
   D. 9
   E. Keine Antwort ist richtig.

167. **Wie viele Materialstücke werden insgesamt zur Herstellung des Fertigerzeugnisses D benötigt?**

   A. 9
   B. 18
   C. 28
   D. 36
   E. Keine Antwort ist richtig.

168. **Wie viele Materialstücke werden insgesamt benötigt, wenn von den Fertigerzeugnissen D und E jeweils ein Stück hergestellt werden soll?**

   A. 27
   B. 37
   C. 41
   D. 52
   E. Keine Antwort ist richtig.

169. **Wie viele Materialien I werden benötigt, wenn vom Fertigerzeugnis F ein Stück hergestellt werden soll?**

   A. 9
   B. 13
   C. 23
   D. 36
   E. Keine Antwort ist richtig.

**170. Für einen Kundenauftrag werden 5 Fertigerzeugnisse F benötigt. Wie viele Bauteile A, B, C werden insgesamt zur Herstellung benötigt?**

   A.  15

   B.  20

   C.  25

   D.  30

   E.  Keine Antwort ist richtig.

## Lösungen

**Zu 166.**

**D.** 9

Es werden insgesamt 9 Materialien benötigt.

$3 \times$ Material I $+ 2 \times$ Material II $+ 4 \times$ Material III
$= 9$

**Zu 167.**

**B.** 18

Es werden insgesamt 18 Materialien benötigt.

$2 \times$ Bauteil A $= 2 \times$ ( $3 \times$ Material I $+ 2 \times$ Material II $+ 4 \times$ Material III) $= 2 \times 9 = 18$

**Zu 168.**

**B.** 37

Es werden insgesamt 37 Materialien benötigt.

Fertigerzeugnis D: 18 Stücke

Fertigerzeugnis E: 19 Stücke

Summe Materialien $= 18 + 19 = 37$

**Zu 169.**

**B.** 13

Es werden insgesamt 13 Materialien I benötigt.

Fertigerzeugnis F: $1 \times$ Bauteil A $+ 2 \times$ Bauteil B $+ 1 \times$ Bauteil C

$1 \times$ Bauteil A: 3

$2 \times$ Bauteil B: 4

$1 \times$ Bauteil C: 2

Summe Materialien I $= 3 + (2 \times 4) + 2 = 13$

**Zu 170.**

**B.** 20

Für das Fertigerzeugnis F werden die meisten Materialien benötigt.

Fertigerzeugnis F : Bauteil A $+ 2 \times$ Bauteil B $+$ Bauteil C

$5 \times (1 + 2 + 1) = 20$

# Logisches Denkvermögen

### *Zahlenreihen fortsetzen*                                      *Aufgabenerklärung*

**In diesem Abschnitt haben Sie Zahlenfolgen, die nach festen Regeln aufgestellt sind.**
Bitte markieren Sie den zugehörigen Buchstaben der Zahl, von der Sie denken, dass sie die Reihe am sinnvollsten ergänzt.

### Hierzu ein Beispiel

### *Aufgabe*

1.

| 1 | 2 | 3 | 4 | 5 | ? |

A.  6
B.  7
C.  8
D.  9
E.  Keine Antwort ist richtig.

### *Antwort*

 A. 6

Bei dieser Zahlenreihe wird jede folgende Zahl um eins erhöht. Die gesuchte Zahl lautet somit 5 + 1 = 6 und die richtige Antwort lautet A.

## Zahlenreihen fortsetzen

Beantworten Sie bitte die folgenden Aufgaben, indem Sie jeweils den richtigen Buchstaben markieren.

**171.**

A. 17
B. 36
C. 32
D. 13
E. Keine Antwort ist richtig.

**172.**

A. 10
B. 11
C. 12
D. 13
E. Keine Antwort ist richtig.

**173.**

A. 39
B. 48
C. 40
D. 45
E. Keine Antwort ist richtig.

**174.**

| 8 | 6 | 18 | 16 | 48 | ? |
|---|---|----|----|----|---|

A. 46

B. 138

C. 148

D. 32

E. Keine Antwort ist richtig.

**175.**

| 4 | 2 | 6 | 3 | 12 | ? |
|---|---|---|---|----|---|

A. 8

B. 6

C. 7

D. 24

E. Keine Antwort ist richtig.

## Lösungen

**Zu 171.**

B. 36

+6 | +5 | +4 | +3 | +2

**Zu 172.**

B. 11

Ungerade Zahlen in aufsteigender Folge

**Zu 173.**

C. 40

−6 | −5 | −4 | −3 | −2

**Zu 174.**

A. 46

−2 | ×3 | −2 | ×3 | −2

**Zu 175.**

B. 6

÷2 | ×3 | ÷2 | ×4 | ÷2

# Logisches Denkvermögen

**_Wörter erkennen_**                                            _Aufgabenerklärung_

**Die folgenden Aufgaben prüfen Ihr Sprachgefühl und Ihren Wortschatz.**

Ihre Aufgabe besteht darin, Wörter in durcheinander gewürfelten Buchstabenfolgen zu erkennen. Bitte markieren Sie den Buchstaben, von dem Sie denken, dass es der Anfangsbuchstabe des gesuchten Wortes sein könnte.

**Hierzu ein Beispiel**

_Aufgabe_

1.

A. R
B. S
C. P
D. U
E. T

_Antwort_

 S

In dieser Buchstabenreihe versteckt sich das Wort „SPURT" und die richtige Antwort lautet B.

## Wörter erkennen

*Bearbeitungszeit 5 Minuten*

**Welches Wort versteckt sich in der Buchstabenreihe?**

Beantworten Sie bitte die folgenden Aufgaben, indem Sie den Anfangsbuchstaben des gesuchten Wortes bestimmen und den zugehörigen Lösungsbuchstaben markieren.

176.

A. B
B. A
C. L
D. E
E. K

179.

S   I   S   B   A

A. S
B. I
C. S
D. B
E. A

177.

A. S
B. G
C. A
D. S
E. E

180.

S   E   W   E   N

A. S
B. E
C. W
D. E
E. N

178.

A. L
B. E
C. V
D. G
E. O

## Lösungen

**Zu 176.**

E.  K

Kabel

**Zu 177.**

B.  G

Gasse

**Zu 178.**

C.  V

Vogel

**Zu 179.**

D.  B

Basis

**Zu 180.**

C.  W

Wesen

# Logisches Denkvermögen

## *Sprachlogik: Analogien*                                    *Aufgabenerklärung*

**In diesem Abschnitt wird Ihre Fähigkeit zu logischem Denken im sprachlichen Bereich geprüft.**

Pro Aufgabe werden Ihnen zwei Wörter vorgegeben, die in einer bestimmten Beziehung zueinander stehen. Eine ähnliche Beziehung besteht zwischen einem dritten und vierten Wort. Das dritte Wort wird Ihnen vorgegeben, das vierte sollen Sie in den Antworten A bis E selbst ermitteln.

### Hierzu ein Beispiel

*Aufgabe*

1. **dick : dünn**   wie   **lang : ?**
   - A. hell
   - B. dunkel
   - C. schmal
   - D. kurz
   - E. schlank

*Antwort*

   (D.) kurz

Gesucht wird also ein Begriff, zu dem sich „lang" genauso verhält wie „dick" zu „dünn". Da „dick" das Gegenteil von „dünn" ist, muss ein Begriff gefunden werden, zu dem „lang" das Gegenteil ist. Von den Wahlwörtern kommt somit nur „kurz" in Frage; Lösungsbuchstabe ist daher das D.

## *Sprachlogik: Analogien*

*Bearbeitungszeit 5 Minuten*

Beantworten Sie bitte die folgenden Aufgaben, indem Sie jeweils den richtigen Buchstaben markieren.

**181. Auto : Straße** wie **Zug : ?**

- A. Schaffner
- B. Fahrkarte
- C. Schiene
- D. Rad
- E. Ampel

**182. Auto : Flugzeug** wie **fahren : ?**

- A. schwimmen
- B. reiten
- C. joggen
- D. laufen
- E. fliegen

**183. Haare : Kamm** wie **Rasen : ?**

- A. Gärtner
- B. Rasenmäher
- C. Spaten
- D. Rechen
- E. Blume

**184. Garage : Auto** wie **Hangar : ?**

- A. Rennwagen
- B. Flugzeug
- C. Maschine
- D. Schiff
- E. Motorboot

**185. Wein : Traube** wie **Brot : ?**

- A. Ofen
- B. Teig
- C. Mehl
- D. Getreide
- E. Butter

## Lösungen

**Zu 181.**

**C.** Schiene

Der passende Untergrund für Autos sind Straßen, Züge fahren auf Schienen.

**Zu 182.**

**E.** fliegen

„Auto" verhält sich zu „Flugzeug" wie „fahren" zu „fliegen".

**Zu 183.**

**D.** Rechen

Der Kamm ist ein Werkzeug zur Ausrichtung der Haare und Beseitigung von Verschmutzungen, der Rechen hat diese Funktion für den Rasen.

**Zu 184.**

**B.** Flugzeug

Die Garage ist ein geschlossener Abstellplatz für das Auto, der Hangar hat diese Funktion für Flugzeuge.

**Zu 185.**

**D.** Getreide

Wein gewinnt man aus Trauben, zur Herstellung von Brot verwendet man Getreide.

# Logisches Denkvermögen

*Flussdiagramme*                                                                                     *Aufgabenerklärung*

**Dieser Abschnitt prüft, wie gut Sie komplexe Abläufe strukturell nachvollziehen können. Sie erhalten dazu ein Flussdiagramm.**

Flussdiagramme sind eine gute Methode, um Handlungsprozesse mit verschiedenen Verlaufsalternativen grafisch abzubilden. Diese Darstellungsform eignet sich besonders dazu, verzweigte Abläufe zu planen, zu steuern und zu erklären.

### Wie funktionieren Flussdiagramme?

Ein Flussdiagramm besteht aus verschiedenen Symbolen, die beschriftet und durch waagerechte oder senkrechte Verlaufspfeile miteinander verbunden sind. Die Symbole lassen sich grob in fünf Gruppen einordnen:

¬ Rechtecke mit abgerundeten Ecken stehen für Prozessbeginn und -ende.
¬ Rauten stellen Bedingungen dar.
¬ Rechtecke symbolisieren eigene, in sich geschlossene Unterprozesse.
¬ Ovale kennzeichnen Entscheidungen oder Konsequenzen.
¬ Parallelogramme repräsentieren prozessinterne Ein- und Ausgaben (In- und Outputs).

**Hierzu ein Beispiel**

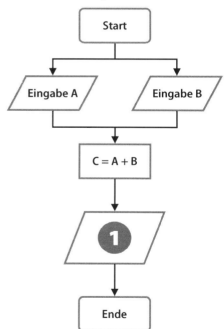

*Aufgabe*

1. **Durch welche der Antworten wird die Zahl 1 im Flussdiagramm sinnvoll ersetzt?**

   A. Ausgabe C
   B. Ausgabe A
   C. Ausgabe B
   D. Eingabe A
   E. Keine Antwort ist richtig.

*Antwort*

   (A.) Ausgabe C

Im abgebildeten Prozess werden zwei Variablen A und B eingegeben und zum Ergebnis C addiert. Sinnvollerweise wird dieses Ergebnis anschließend ausgegeben, d. h. zum Beispiel auf einem Monitor angezeigt.

## *Flussdiagramme*

*Bearbeitungszeit 5 Minuten*

Beantworten Sie bitte die folgenden Aufgaben, indem Sie jeweils den richtigen Buchstaben markieren.

### *Zinsrechner*

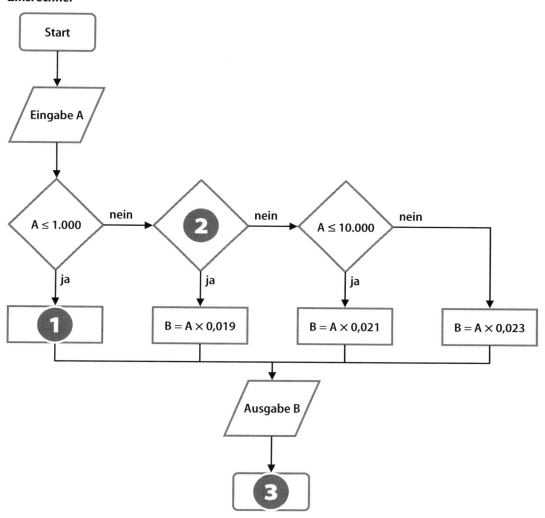

186. **Durch welche Antwort wird die Zahl 1 im Flussdiagramm sinnvoll ersetzt?**

    A. Variable A ist eine Zahl größer 1.000
    B. $C = A \times B$
    C. Ausgabe A
    D. Eingabe C
    E. $B = A \times 0,015$

187. **Durch welche Antwort wird die Zahl 2 im Flussdiagramm sinnvoll ersetzt?**

    A. Variable A ist eine Zahl größer 5.000
    B. $C = A \times B$
    C. $A \leq 5.000$
    D. Eingabe B
    E. $B = A \times 0,015$

188. **Durch welche Antwort wird die Zahl 3 im Flussdiagramm sinnvoll ersetzt?**

    A. Ende
    B. $C = A \times B$
    C. Ausgabe B
    D. Eingabe B
    E. $B = A \times 0,015$

189. **Welches Ergebnis erhalten Sie, wenn für Variable A die Zahl 1.000 eingegeben wird?**

    A. 15 €
    B. 19 €
    C. 21 €
    D. 150 €
    E. 190 €

190. **Welches Ergebnis erhalten Sie, wenn für Variable A die Zahl 10.000 eingegeben wird?**

    A. 19 €
    B. 21 €
    C. 150 €
    D. 190 €
    E. 210 €

## Lösungen

### Zu 186.

**E.** $B = A \times 0{,}015$

Da das Symbol Rechteck einen Prozess kennzeichnet, kommen nur die Lösungsmöglichkeiten B und E in Betracht. B ist falsch, da durch den Prozess $C = A \times B$ weder die im Anschluss auszugebende Variable B bestimmt wird, noch im weiteren Verlauf des Diagramms eine Variable C vorkommt.

### Zu 187.

**C.** $A \le 5.000$

Eine Raute kennzeichnet eine Verzweigung bzw. Bedingung. Somit kann nur A oder C stimmen. A kann ausgeschlossen werden, da die weitere Bedingung $A \le 10.000$ des Diagramms dann unlogisch wäre.

### Zu 188.

**A.** Ende

Prozessbeginn und -ende sind durch Rechtecke mit abgerundeten Ecken visualisiert. Nach der vorausgegangenen Ausgabe des Werts B ist der Ablauf hier beendet.

### Zu 189.

**A.** 15 €

Der Wert 1.000 erfüllt die Bedingung $A \le 1.000$. Somit wird der Betrag mit 1,5 Prozent verzinst: $1.000 \times 0{,}015 = 15$. Die Zinsen betragen also 15 €.

### Zu 190.

**E.** 210 €

Der Wert 10.000 erfüllt die Bedingung $A \le 10.000$. Somit wird der Betrag mit 2,1 Prozent verzinst: $10.000 \times 0{,}021 = 210$. Die Zinsen betragen demnach 210 €.

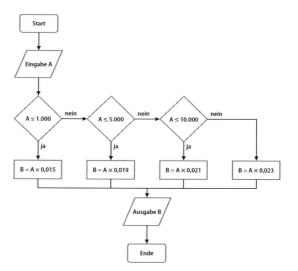

*Lösungshinweis:*

Das Flussdiagramm simuliert einen Tagesgeldrechner. Abhängig von der Höhe des durch die Eingabe festgelegten Anlagebetrags A wird diesem ein bestimmter Zinssatz zugewiesen: Für Beträge kleiner oder gleich 1.000 € liegt dieser Satz bei 1,5 Prozent, für Beträge zwischen 1.001 € und 5.000 € bei 1,9 Prozent, für Beträge zwischen 5.001 € und 10.000 € bei 2,1 Prozent und für alle größeren Werte bei 2,3 Prozent. Der Zinsbetrag wird als Wert B berechnet und ausgegeben.

# Visuelles Denkvermögen

### *Räumliches Grundverständnis*                    *Aufgabenerklärung*

**In diesem Abschnitt wird Ihr visuelles Denkvermögen getestet.**

Sie sehen einen Körper mit mehreren Flächen. Ihre Aufgabe besteht darin, die Anzahl der Flächen zu bestimmen.

### Hierzu ein Beispiel

### *Aufgabe*

1.  **Aus wie vielen Flächen setzt sich dieser Körper zusammen?**

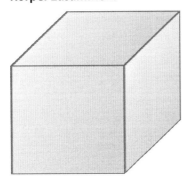

   A. 6
   B. 7
   C. 8
   D. 9
   E. Keine Antwort ist richtig.

### *Antwort*

 6

## Räumliches Grundverständnis

*Bearbeitungszeit 5 Minuten*

Beantworten Sie bitte die folgenden Aufgaben, indem Sie jeweils den richtigen Buchstaben markieren.

**191. Aus wie vielen Flächen setzt sich dieser Körper zusammen?**

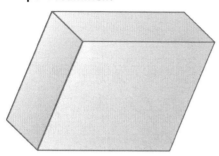

A. 3
B. 4
C. 5
D. 6
E. Keine Antwort ist richtig.

**192. Aus wie vielen Flächen setzt sich dieser Körper zusammen?**

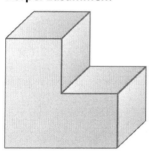

A. 6
B. 7
C. 8
D. 9
E. Keine Antwort ist richtig.

**193. Aus wie vielen Flächen setzt sich dieser Körper zusammen?**

A. 1
B. 2
C. 3
D. 4
E. Keine Antwort ist richtig.

**194. Aus wie vielen Flächen setzt sich dieser Körper zusammen?**

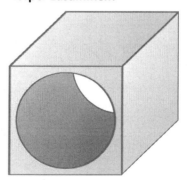

A. 5
B. 6
C. 7
D. 8
E. Keine Antwort ist richtig.

**195. Aus wie vielen Flächen setzt sich dieser Körper zusammen?**

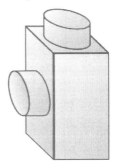

A.  6

B.  7

C.  8

D.  10

E.  Keine Antwort ist richtig.

# Lösungen

**Zu 191.**

D. 6

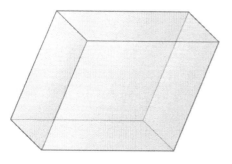

**Zu 192.**

C. 8

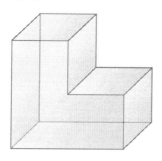

**Zu 193.**

C. 3

**Zu 194.**

C. 7

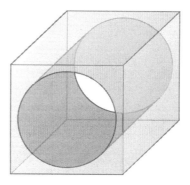

**Zu 195.**

D. 10

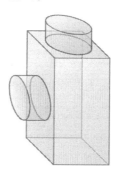

# Visuelles Denkvermögen

*Visuelle Analogien*

**In diesem Abschnitt wird Ihre Fähigkeit zu logischem Denken im visuellen Bereich geprüft.**

Sie werden in jeder der folgenden Aufgaben zunächst mit zwei Figuren konfrontiert, die in einer bestimmten Beziehung zueinander stehen. Durch eine ähnliche Beziehung ist auch eine dritte mit einer vierten Figur verknüpft – diese müssen Sie jedoch aus einer Menge mehrerer Antwortmöglichkeiten selbst ermitteln.

## Hierzu ein Beispiel

*Aufgabe*

1. Gegeben ist folgende Figurenrelation:

   **Durch welche Figur wird das Fragezeichen logisch ersetzt?**

*Antwort*

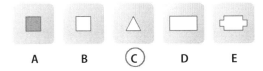

*Erklärung:*

Das Objekt wird in verkleinerter Form wiederholt.

## Visuelle Analogien

Beantworten Sie bitte die folgenden Aufgaben, indem Sie jeweils den richtigen Buchstaben markieren.

**196.** Gegeben ist folgende Figurenrelation:

Durch welche Figur wird das
Fragezeichen logisch ersetzt?

**197.** Gegeben ist folgende Figurenrelation:

Durch welche Figur wird das
Fragezeichen logisch ersetzt?

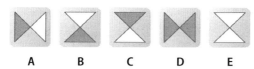

**198.** Gegeben ist folgende Figurenrelation:

Durch welche Figur wird das
Fragezeichen logisch ersetzt?

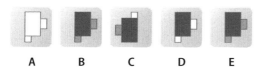

**199.** Gegeben ist folgende Figurenrelation:

Durch welche Figur wird das
Fragezeichen logisch ersetzt?

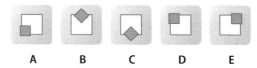

**200.** Gegeben ist folgende Figurenrelation:

Durch welche Figur wird das
Fragezeichen logisch ersetzt?

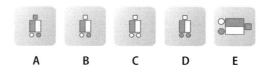

## Lösungen

**Zu 196.**

B

In der Figur wurde der schwarze mit dem weißen Kreis vertauscht.

**Zu 197.**

B

Das Fragezeichen wird sinnvoll durch die Figur B ersetzt.

Die Figuren werden 90 Grad gegen den Uhrzeigersinn gedreht.

**Zu 198.**

D

Das Fragezeichen wird sinnvoll durch die Figur D ersetzt.

Die Figuren werden 90 Grad im Uhrzeigersinn gedreht, zusätzlich wird der große helle Körper (Dreieck, Viereck) dunkel und das kleine dunkle Viereck hell. Das kleine Quadrat der rechten Figur entspricht der Sanduhr der linken Figuren und bleibt unverändert.

**Zu 199.**

D

Das Fragezeichen wird sinnvoll durch die Figur D ersetzt.

Das kleine graue Quadrat dreht sich um den Mittelpunkt des weißen Quaders im Uhrzeigersinn um 135 Grad.

**Zu 200.**

B

Das Fragezeichen wird sinnvoll durch die Figur B ersetzt.

So wie sich das große Viereck zum kleinen Dreieck verhält – die Größe nimmt ab, die Farben der Flächen und Objekte wechseln von hell zu dunkel und dunkel zu hell –, so verhält sich nun das große Dreieck zu einem kleinen Viereck.

# Prüfung

**3**

## Mechatroniker/in

**Allgemeinwissen** ................................................................. **136**
    Verschiedene Themen ................................................................. 136

**Fachbezogenes Wissen** .......................................................... **141**
    Branche und Beruf ...................................................................... 141
    Technisches Verständnis ............................................................. 146

**Sprachbeherrschung** ............................................................. **152**
    Rechtschreibung Lückentext ..................................................... 152
    Fremdwörter zuordnen .............................................................. 154

**Mathematik** ......................................................................... **156**
    Prozentrechnen ......................................................................... 156
    Dreisatz ...................................................................................... 158
    Gemischte Textaufgaben ........................................................... 160
    Maße und Einheiten umrechnen ............................................... 162
    Gemischte Aufgaben ................................................................. 164
    Gewinn- und Verlustkonto ........................................................ 166
    Kostenkalkulation ...................................................................... 169
    Textaufgaben mit Tabelle .......................................................... 172

**Logisches Denkvermögen** ..................................................... **175**
    Buchstabenreihen fortsetzen .................................................... 175
    Zahlenmatrizen und Zahlenpyramiden ..................................... 179
    Logische Schlussfolgerung ........................................................ 183

**Visuelles Denkvermögen** ...................................................... **186**
    Faltvorlagen .............................................................................. 186
    Spielwürfel drehen und kippen ................................................ 191

# Allgemeinwissen

***Verschiedene Themen***  ***Bearbeitungszeit 10 Minuten***

**Die folgenden Aufgaben prüfen Ihr Allgemeinwissen.**

Zu jeder Aufgabe werden verschiedene Lösungsmöglichkeiten angegeben.

Beantworten Sie bitte die folgenden Aufgaben, indem Sie jeweils den richtigen Buchstaben markieren.

**201. Wer war der erste sozialdemokratische Kanzler der Bundesrepublik Deutschland?**

- A. Ludwig Erhard
- B. Kurt Georg Kiesinger
- C. Helmut Schmidt
- D. Willy Brandt
- E. Keine Antwort ist richtig.

**202. Wie heißt der US-amerikanische Auslandsgeheimdienst?**

- A. Dipartimento delle Informazioni per la Sicurezza (DIS)
- B. Federal Bureau of Investigation (FBI)
- C. Secret Intelligence Service (SIS)
- D. Central Intelligence Agency (CIA)
- E. Keine Antwort ist richtig.

**203. Was bezeichnet man als „wirtschaftliche Depression"?**

- A. Hochkonjunktur
- B. Aufschwungphasen im Konjunkturzyklus
- C. Wirtschaftliche Tiefphase
- D. Abschwungphasen im Konjunkturzyklus
- E. Keine Antwort ist richtig.

**204. Welche Aussage zu Metallen ist falsch?**

- A. Metalle haben eine gute elektrische Leitfähigkeit.
- B. Metalle haben eine gute Formbarkeit.
- C. Metalle können nur fest oder gasförmig sein.
- D. Metalle haben eine gute thermische Leitfähigkeit.
- E. Keine Antwort ist richtig.

**205. Was ist ein Elektron?**

A. Ein chemisches Element

B. Ein elektrisch geladenes Proton

C. Ein elektrisch geladenes Neutron

D. Ein negativ geladenes Elementarteilchen

E. Keine Antwort ist richtig.

**206. Eine natürliche Zahl ist durch 2 teilbar, …?**

A. wenn sie mit einer geraden Ziffer endet.

B. wenn sie mit der Ziffer 5 endet.

C. wenn sie mit einer ungeraden Zahl endet.

D. wenn ihre Quersumme durch 3 teilbar ist.

E. Keine Antwort ist richtig.

**207. Wie schreibt man „ein Dreiviertel" als Prozentzahl?**

A. 15 %

B. 45 %

C. 60 %

D. 75 %

E. Keine Antwort ist richtig.

**208. Welcher Gegenstand hat die Form eines Kegels?**

A. Konservendose

B. Bowlingkugel

C. Pyramide

D. Eiswaffel

E. Keine Antwort ist richtig.

**209. Welche Reihe sortiert die jeweiligen Datenmengen in aufsteigender Folge?**

A. Byte, Kilobyte, Gigabyte, Megabyte

B. Byte, Bit, Kilobyte, Megabyte

C. Kilobyte, Terabyte, Megabyte, Gigabyte

D. Byte, Kilobyte, Megabyte, Gigabyte

E. Keine Antwort ist richtig.

**210. Wobei handelt es sich um ein Peripheriegerät?**

A. Soundkarte
B. Grafikkarte
C. Drucker
D. Firewire
E. Keine Antwort ist richtig.

## Lösungen

**Zu 201.**

**D.** Willy Brandt

Willy Brandt war von 1969–1974 der erste Bundeskanzler der SPD, nach den drei CDU-Kanzlern Konrad Adenauer (1949–1963), Ludwig Erhard (1963–1966) und Kurt Georg Kiesinger (1966–1969).

**Zu 202.**

**D.** Central Intelligence Agency (CIA)

CIA steht für „Central Intelligence Agency", den US-amerikanischen Auslandsgeheimdienst. Ein Nachrichtendienst oder auch Geheimdienst ist eine verdeckt und mit nachrichtendienstlichen Mitteln operierende Behörde, die Informationen zur außen-, innen- und sicherheitspolitischen Situation sammelt und diese auswertet.

**Zu 203.**

**C.** Wirtschaftliche Tiefphase

Eine wirtschaftliche Depression ist ein tiefer Einbruch in der Wirtschaftsentwicklung, gekennzeichnet durch vermehrte Konkurse, einen Börsencrash, Tiefstände in Beschäftigung und Investitionen sowie eine geringe Konsumkraft. Im Gegensatz dazu steht die Hochkonjunktur, auch „Boom" genannt.

**Zu 204.**

**C.** Metalle können nur fest oder gasförmig sein.

Da Metalle über viele bewegliche Ladungsträger verfügen, eignen sie sich hervorragend als elektrische Leiter. Da auch die thermische Leitfähigkeit – also die Wärmeleitfähigkeit – von Metallen generell gut ist, bestehen beispielsweise Heizkörper meist aus metallischem Material. Durch Pressen, Ziehen, Walzen oder Schmieden sind Metalle darüber hinaus leicht

formbar, und werden sie erhitzt, lassen sie sich schmelzen. Dann liegen sie in flüssigem Zustand vor. Eine Ausnahme bildet das Quecksilber, das schon bei Raumtemperatur flüssig ist. Metalle können also nicht nur fest oder gasförmig sein; Antwort C ist falsch.

**Zu 205.**

**D.** Ein negativ geladenes Elementarteilchen

Das Elektron ist ein negativ geladenes Elementarteilchen. Sein Symbol ist $e^-$. In den bisher möglichen Experimenten zeigen Elektronen keine innere Struktur und können insofern als punktförmig angenommen werden. Die experimentelle Obergrenze für die Größe des Elektrons liegt derzeit bei etwa $10^{-19}$ m.

In Atomen und in Ionen bilden Elektronen die Elektronenhülle.

**Zu 206.**

**A.** wenn sie mit einer geraden Ziffer endet.

Alle geraden natürlichen Zahlen sind durch 2 teilbar.

**Zu 207.**

**D.** 75 %

Prozentangaben drücken Mengenverhältnisse aus und erfüllen die gleiche Funktion wie die Formulierungen „zur Hälfte" oder „ein Viertel". Dabei ist „zur Hälfte" gleich „50 %", „ein Viertel" gleich „25 %" und „ein Dreiviertel" gleich „75 %".

**Zu 208.**

**D.** Eiswaffel

In der Geometrie sind Kegel – im engeren Sinne Kreiskegel – Körper mit einer kreisförmigen Grundfläche und einer Spitze, die sich auf einer (gedachten) senkrechten Linie zur Grundfläche befindet. Der einzige hier aufgeführte Gegenstand, der diese Bedingungen erfüllt, ist die Eiswaffel. Eine Konservendose mit parallelen, kreisförmigen Grund- und Eckflächen ist ein Zylinder, eine Bowlingkugel ist eine Kugel, und eine Pyramide – mit mehreckiger Grundfläche und Spitze – nennt man auch in der Geometrie schlicht „Pyramide".

**Zu 209.**

**D.**  Byte, Kilobyte, Megabyte, Gigabyte

Acht Bit ergeben ein Byte, 1.000 Byte ein Kilobyte, 1.000 Kilobyte sind ein Megabyte, 1.000 Megabyte wiederum ein Gigabyte usw. (es folgen Terabyte, Petabyte, Exabyte). Die Einheiten sind aber (noch) nicht endgültig standardisiert; parallel zur genannten gibt es auch die binäre Zählweise, nach der ein Kilobyte $2^{10}$ = 1.024 Byte, ein Gigabyte entsprechend 1.024 × 1.024 Byte usw. An der abgefragten Reihenfolge ändert sich dadurch nichts.

**Zu 210.**

**C.**  Drucker

Peripheriegeräte sind zu einem Computersystem gehörende Geräte, die nicht in den Computer eingebaut sind: also alle von außen angeschlossenen Komponenten wie Maus, Tastatur, Joystick, Scanner, Bildschirm, Drucker und externe Speicher. Peripheriegeräte dienen vor allem der Ein- und Ausgabe von Daten oder Befehlen.

# Fachbezogenes Wissen

**Branche und Beruf**                                    *Bearbeitungszeit 10 Minuten*

**Mit den folgenden Aufgaben wird Ihr fachbezogenes Wissen geprüft.**

Beantworten Sie bitte die folgenden Aufgaben, indem Sie jeweils den richtigen Buchstaben markieren.


211. **Wie kann man eine Rohrmuffe herstellen?**
    A. Durch das Polieren der Rohroberfläche
    B. Durch das Abschmirgeln der Rohrinnenseite
    C. Durch das Ansägen der Rohrwand
    D. Durch das Aufweiten des Rohrendes
    E. Keine Antwort ist richtig.


212. **Mit welchem Bauelement kann man elektrische Ladung gut speichern?**
    A. Mit einem Widerstand
    B. Mit einem Isolator
    C. Mit einer Spule
    D. Mit einem Kondensator
    E. Keine Antwort ist richtig.


213. **Die elektrische Leitfähigkeit eines Halbleiters …?**
    A. ist halb so groß wie bei einem Leiter.
    B. hängt von seiner Temperatur ab.
    C. ist doppelt so groß wie bei einem Isolator.
    D. hängt von der Dauer des Stromflusses ab.
    E. Keine Antwort ist richtig.


214. **Welche Funktion hat die Kupplung eines Kraftwagens?**
    A. Die Kupplung sorgt dafür, dass der Motor schnell gestartet werden kann.
    B. Die Kupplung sorgt dafür, dass das Kraftfahrzeug Höchstleistungen erbringen kann.
    C. Die Kupplung kontrolliert den Kraftfluss zwischen Motor und Getriebe.
    D. Die Kupplung schützt den Motor vor Überlastungen.
    E. Keine Antwort ist richtig.

**215.** Welcher der unten genannten Bohrer bietet sich zum Bohren des Kernlochs für das M 5-Gewinde an?

A. 2,2 mm

B. 4,2 mm

C. 5 mm

D. 6 mm

E. Keine Antwort ist richtig.

**216.** Wie wird gemäß Handwerksordnung der freiwillige Zusammenschluss selbstständiger Handwerker des gleichen Handwerks eines bestimmten Bezirks bezeichnet?

A. Industrie- und Handelskammer

B. Gewerkschaft

C. Genossenschaft

D. Handwerksinnung

E. Keine Antwort ist richtig.

**217.** Welche Aussage zum Rückschlagventil einer elektrischen Kraftstoffpumpe ist richtig?

A. Das Rückschlagventil verhindert, dass bei abgeschaltetem Motor Kraftstoff in den Tank zurückfließt.

B. Das Rückschlagventil sorgt dafür, dass der Kraftstoffverbrauch konstant bleibt.

C. Das Rückschlagventil dient dazu, den Kraftstoffverbrauch zu senken.

D. Das Rückschlagventil sorgt dafür, dass der Druck in der Kraftstoffpumpe gleichmäßig bleibt.

E. Keine Antwort ist richtig.

**218.** Befestigungsgewinde werden eingesetzt, um …?

A. drehende in gradlinige Bewegungen umzuwandeln.

B. gradlinige in drehende Bewegungen umzuwandeln.

C. zwischen Bauteilen genug Spiel für Ausdehnungen zu lassen.

D. Bauteile fest zu verspannen.

E. Keine Antwort ist richtig.

**219.** Worin unterscheiden sich Wellen und Achsen?

A. Wellen übertragen Energie, Achsen nicht

B. Im jeweils verwendeten Material

C. In der Größe: große Wellen heißen Achsen

D. Wellen werden senkrecht eingebaut, Achsen waagerecht

E. Keine Antwort ist richtig.

220. **Was ist kein Vorteil des Nietens gegenüber dem Schweißen?**

    A. Keine Gesundheitsgefahr durch Gase und Lichtstrahlung
    B. Geringer Energieverbrauch
    C. Keine Gefügeänderung in den zu verbindenden Blechen
    D. Gewichtssenkung des Endprodukts
    E. Keine Antwort ist richtig.

## Lösungen

**Zu 211.**

D. Durch das Aufweiten des Rohrendes

Eine Rohrmuffe ist eine Art Manschette, die die Verbindungsstelle zweier Rohrteile abdichtet und stabilisiert. Eine Muffe kann ein separates Bauteil sein oder mithilfe eines Rohrexpanders hergestellt werden: Dieses Spezialwerkzeug weitet das eine Rohrende so, dass das Ende des anderen Rohrs genau in die entstandene Öffnung eingepasst werden kann.

**Zu 212.**

D. Mit einem Kondensator

Zur Speicherung elektrischer Ladung verwendet man Kondensatoren: Bauelemente aus zwei elektrisch leitenden Platten (Elektroden) mit einem Dielektrikum – einem isolierenden Stoff wie Luft oder Keramik – dazwischen.

**Zu 213.**

B. hängt von seiner Temperatur ab.

Als Halbleiter bezeichnet man Feststoffe, deren Leitfähigkeit stark temperaturabhängig ist. Im Bereich des absoluten Nullpunkts bei 0 Kelvin bzw. −273,15 Grad Celsius sind Halbleiter Isolatoren, die Leitfähigkeit wächst erst mit steigenden Temperaturen. Ein bekannter Halbleiter ist das Element Silizium.

**Zu 214.**

C. Die Kupplung kontrolliert den Kraftfluss zwischen Motor und Getriebe.

In einem Kraftfahrzeug stellt die Kupplung eine Verbindung zwischen der vom Motor in eine Drehbewegung versetzten Kurbelwelle und dem Getriebe dar, die durch elektrische, hydraulische oder mechanische Bauteile nach Bedarf unterbrochen oder hergestellt werden kann. Die Kupplung wird in Kraftfahrzeugen zum Anfahren und Schalten gebraucht.

**Zu 215.**

B. 4,2 mm

Das Kürzel „M" zeigt an, dass es sich um metrische Maße handelt. Die Folgeziffer gibt den Außendurchmesser des Gewindes in Millimetern an, in diesem Fall also 5 Millimeter. Mit einem 5-Millimeter-Bohrer wäre das Kernloch aber exakt so groß wie der Außendurchmesser einer Schraube mit M 5-Gewinde, diese würde also überhaupt keinen Halt mehr finden. Ein 2,2-Millimeter-Kernloch wäre wiederum zu klein. Das für ein M 5-Gewinde geeignete Kernloch hat einen Durchmesser von 4,2 Millimetern.

**Zu 216.**

D. Handwerksinnung

Der freiwillige Zusammenschluss selbstständiger Handwerker eines Handwerks in einem Bezirk ist die Handwerksinnung. Die Innung kümmert sich um die gemeinsamen Belange ihrer Mitglieder, indem sie unter anderem die gemeinsamen gewerblichen Interessen ihrer Mitglieder vertritt, die Zusammengehörigkeit der Handwerker pflegt und die Ausbildung des Nachwuchses überwacht. Was die Innung im Handwerk ist, sind für andere gewerbliche und unternehmerische Bereiche die ebenfalls regionalen Industrie- und Handelskammern. Eine Gewerkschaft wiederum ist ein Interessenverband von Arbeitnehmern.

**Zu 217.**

**A.** Das Rückschlagventil verhindert, dass bei abgeschaltetem Motor Kraftstoff in den Tank zu

Das Rückschlagventil verhindert ein Zurückfließen des Kraftstoffs aus den Kraftstoffleitungen in den Tank. Dadurch wird vermieden, dass der Druck in den Leitungen nachlässt, was zu Problemen beim Neustart eines betriebswarmen Motors (Heißstart) führen kann.

**Zu 218.**

**D.** Bauteile fest zu verspannen.

Muttern und Schrauben mit Befestigungsgewinden werden eingesetzt, um Bauteile fest miteinander zu verspannen. Für Befestigungsgewinde werden eingängige Spitzgewinde verwendet, um ein selbstständiges Lösen der verbundenen Teile zu verhindern. Der große Flankenwinkel, verbunden mit einem kleinen Steigungswinkel, ergibt bei diesen Gewinden eine besonders hohe Reibungskraft.

**Zu 219.**

**A.** Wellen übertragen Energie, Achsen nicht

Wellen übertragen Drehbewegungen und Drehmomente – also Energie, im Gegensatz zu Achsen, die eine reine Trag- oder Lagerfunktion haben. In einem Kraftfahrzeug beispielsweise wandelt die Kurbelwelle die Auf- und Ab-Bewegungen der Kolben im Motor in eine Drehbewegung um und überträgt diese an das Getriebe. Von dort aus wird die Bewegung wiederum über eine Antriebswelle an die Räder weitergegeben, die schließlich auf Achsen gelagert sind.

**Zu 220.**

**D.** Gewichtssenkung des Endprodukts

Zu den Vorteilen des Nietens im Vergleich zum Schweißen zählt der niedrigere Energieverbrauch ebenso wie das Vermeiden einer Gesundheitsgefährdung durch Gase und Lichtstrahlung oder das Verhindern einer Änderung im Materialgefüge. Außerdem können durch das Nieten auch unterschiedliche Werkstoffe sowie Werkstoffe mit veredelten (polierten, beschichteten) Oberflächen gefügt werden. Das Gewicht des fertigen Produkts nimmt durch das Nieten jedoch nicht ab, sondern im Gegenteil zu.

# Fachbezogenes Wissen

*Technisches Verständnis*                                      *Bearbeitungszeit 5 Minuten*

**Mit den folgenden Aufgaben wird Ihre praktische Intelligenz geprüft.**

Beantworten Sie bitte die folgenden Aufgaben, indem Sie jeweils den richtigen Buchstaben markieren.

221. **Welche Fläche kann das meiste Gewicht tragen?**

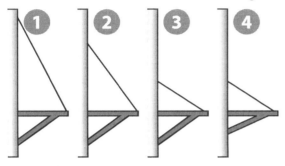

   A.  Die Fläche bei Abbildung 1
   B.  Die Fläche bei Abbildung 2
   C.  Die Fläche bei Abbildung 3
   D.  Die Fläche bei Abbildung 4
   E.  Keine Antwort ist richtig.

222. **In welche Richtung bewegt sich der Zeiger, wenn sich das Antriebsrad in Pfeilrichtung bewegt?**

A. Der Zeiger bewegt sich nach links.

B. Der Zeiger bewegt sich nach rechts.

C. Der Zeiger bewegt sich zuerst nach links und dann nach rechts.

D. Der Zeiger bewegt sich zuerst nach rechts und dann nach links.

E. Keine Antwort ist richtig.

**223. Welche der drei Richtungen nimmt die Kugel ein, wenn sie durch ein flach auf den Boden liegendes Rohr gestoßen wird?**

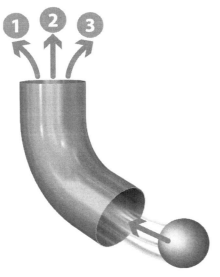

A. Richtung 1

B. Richtung 2

C. Richtung 3

D. Keine der drei Richtungen

E. Keine Antwort ist richtig.

224. **Aus einem Flugzeug wurde ein Paket geworfen. Bei welchem der Punkte 1 bis 4 kommt das Paket auf der Erde an?**

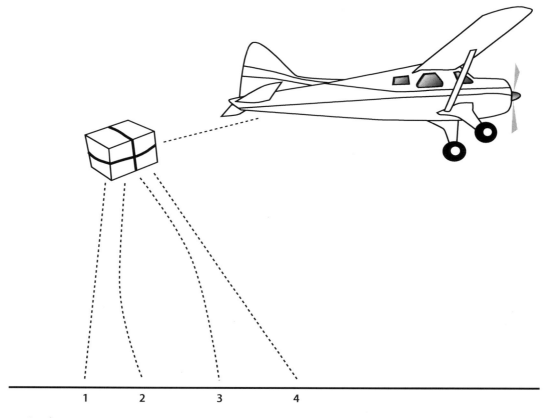

A. Punkt 1

B. Punkt 2

C. Punkt 3

D. Punkt 4

E. Keine Antwort ist richtig.

**225.** An drei unterschiedliche Federsysteme werden identische Stahlkugeln gehängt. Alle Federn sind gleich und können als masselos angenommen werden. In welchem dieser Systeme bewegen sich die Kugeln am weitesten nach unten?

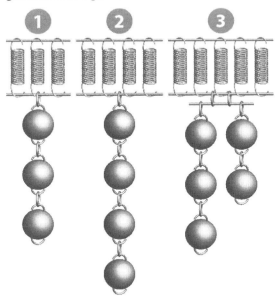

A. System 1

B. System 2

C. System 3

D. Alle Kugeln bewegen sich gleich weit nach unten.

E. Keine Antwort ist richtig.

## Lösungen

**Zu 221.**

**A.** Die Fläche bei Abbildung 1

Die Tragfähigkeit der Flächen hängt davon ab, wie die unter Belastung auftretenden Kräfte jeweils aufgenommen bzw. abgeleitet werden. Die auf der Fläche aufliegende Last übt eine senkrechte Kraft auf die Fläche aus, die es zu einem möglichst hohen Anteil an die stabile Wandfläche links abzuleiten gilt.

Ist die Stützstrebe so nahe an der tragenden Fläche angebracht wie in Abbildung 4, kann sie die auftretenden Kräfte kaum ableiten und ist daher wenig hilfreich. Auch das Tragseil gibt hier relativ wenig Kraft an die Wandfläche weiter. Daher ist Konstruktion 1 am geeignetsten, bei der sowohl Strebe als auch Seil in einem großen Winkel zur tragenden Fläche angebracht sind.

**Zu 222.**

**D.** Der Zeiger bewegt sich zuerst nach rechts und dann nach links.

Bewegt sich das Antriebsrad in Pfeilrichtung, wird sich der damit verbundene Kolben abwechselnd ab- und aufwärts bewegen. Diese Wechselbewegung wird über die Zahnstange an das erste Zahnrad weitergegeben, das sich zunächst gegen den, dann im Uhrzeigersinn bewegt. Weil beide Zahnräder ineinandergreifen, laufen sie in entgegengesetzten Drehrichtungen: Das große Zahnrad rotiert demnach erst ein Stück weit im Uhrzeigersinn, dann schlägt es in die Gegenrichtung aus – der fest montierte Zeiger macht diese Pendelbewegung mit.

**Zu 223.**

**B.** Richtung 2

Wenn der Ball aus dem gekrümmten Rohr austritt, behält er die Bewegungsrichtung zum Zeitpunkt seines Austritts bei – er wird also keine Kurve fliegen, sondern sich in gerader Linie vom Rohr entfernen. Antwort B ist korrekt.

**Zu 224.**

**C.** Punkt 3

Wenn das Paket aus dem Flugzeug geworfen wird, beschreibt seine Flugbahn eine Parabel: Direkt nach dem Abwurf ist es – wie das Flugzeug und der Werfer – noch stark in Flugrichtung beschleunigt, erst durch den Luftwiderstand wird die Bewegung in Längsrichtung abgebremst und das Paket fällt immer steiler nach unten. In der Skizze beschreibt diejenige Linie diese Flugkurve, die zu Punkt 3 führt.

**Zu 225.**

**D.** Alle Kugeln bewegen sich gleich weit nach unten.

Wie stark eine Feder durch das Anhängen einer Last ausgelenkt („gedehnt") wird, bestimmt sich durch die angehängte Masse und die rücktreibende Kraft der Feder, die sogenannte „Federkonstante". Da alle Federn identisch sind und dieselbe rücktreibende Kraft besitzen, hängen Unterschiede in ihrer Auslenkung nur von der jeweils angehängten Masse ab.

Nehmen mehrere parallel gehängte Federn die Last einer angehängten Masse auf, verteilt sich die Gewichtskraft der Last und die Auslenkung der Federn ist geringer. Da im skizzierten Aufbau aber auch die Zahl der Stahlkugeln steigt – und somit in jedem System auf jede Feder stets eine Stahlkugel kommt – ist die an jeder einzelnen Feder zerrende Kraft gleich groß. Alle Federn werden gleich stark gedehnt, alle Kugeln bewegen sich gleich weit nach unten.

# Sprachbeherrschung

## *Rechtschreibung Lückentext*                    *Bearbeitungszeit 5 Minuten*

**Welches Wort ergänzt die Lücke sinnvoll und ist korrekt geschrieben?**
Beantworten Sie bitte die folgenden Aufgaben, indem Sie jeweils den richtigen Buchstaben markieren.

226. Im Laufe der _____ entstanden die verschiedenen Tierarten.

   A. Evolution
   B. Evaluation
   C. Evolutionen
   D. Evollution
   E. Keine Antwort ist richtig.

227. Die Techniken der _____ sollen das Bewusstsein erweitern.

   A. Medidation
   B. Meditation
   C. Mediation
   D. Medikation
   E. Keine Antwort ist richtig.

228. Im Fach Medizin ist die _____
des Menschen ein eigenständiges
Teilgebiet.

   A. Physiologien
   B. Psychologin
   C. Physiologin
   D. Physiologie
   E. Keine Antwort ist richtig.

229. Es gibt Krankheiten, bei denen neben anderen Symptomen auch
_____ auftreten können.

   A. Grippe
   B. Grippen
   C. Halluzination
   D. Halluzinationen
   E. Keine Antwort ist richtig.

230. Mit einer _____ Umfrage wird
versucht, die öffentliche Meinung zu
ermitteln.

   A. repressente
   B. repräsenten
   C. repräsentativen
   D. repräsentative
   E. Keine Antwort ist richtig.

## Lösungen

| Fremdwort | A–E | Bedeutung |
|---|---|---|
| Zu 231. kurios | E | A. Nationalist |
| Zu 232. Chauvinist | A | B. ursächlich |
| Zu 233. redundant | D | C. voneinander abhängig |
| Zu 234. interdependent | C | D. überflüssig |
| Zu 235. kausal | B | E. merkwürdig |

*Lösungshinweis:*

Bei dieser Aufgabe wird die sprachliche Grundfähigkeit geprüft. Gehen Sie dabei sehr konzentriert vor, da ein Fehler eine ganze Reihe anderer Fehler nach sich ziehen kann.

Beginnen Sie systematisch mit dem ersten Wort in der linken Spalte und überprüfen Sie die rechte Spalte Wort für Wort, bis Sie die richtige Bedeutung für das Fremdwort gefunden haben. Tragen Sie dann den Buchstaben in das leere Kästchen in der mittleren Spalte ein. Wenn Sie sich nicht ganz sicher sind, dann verschieben Sie Ihre Entscheidung – vielleicht löst sich das Problem am Ende der Aufgabe, da nur noch eine Möglichkeit übrig bleibt.

Wenn nach dem ersten Durchgang noch Lücken in der rechten Spalte übrig geblieben sind, dann hilft eventuell eine Umkehr des Verfahrens weiter. Man nehme sich das Wort aus der rechten Spalte vor und suche dazu aus der linken Spalte das Wort mit der richtigen Bedeutung.

Zum Schluss sollte geprüft werden, ob alle Buchstaben von A bis E einmal eingetragen sind.

# Mathematik

## *Prozentrechnen*                                      *Bearbeitungszeit 5 Minuten*

Bei der Prozentrechnung gibt es drei Größen, die zu beachten sind, den Prozentsatz, den Prozentwert und den Grundwert. Zwei dieser Größen müssen gegeben sein, um die dritte Größe berechnen zu können.

Beantworten Sie bitte die folgenden Aufgaben, indem Sie jeweils den richtigen Buchstaben markieren.

236. **Bei einer 20-%-Rabattaktion möchte Herr Mayer richtig zuschlagen. Er will einen Posten über 20.000 € erwerben. Wie viel Euro würde Herr Mayer bei dem Rabatt von 20 % sparen?**

   A.  3.000 €

   B.  3.500 €

   C.  4.000 €

   D.  4.500 €

   E.  Keine Antwort ist richtig.

237. **Bei der Betriebsratswahl der Max Mayer Einzelhandelsgesellschaft sind von 100 Beschäftigten 75 Prozent wahlberechtigt. Wie viele Beschäftigte dürfen wählen?**

   A.  60 Beschäftigte

   B.  70 Beschäftigte

   C.  75 Beschäftigte

   D.  85 Beschäftigte

   E.  Keine Antwort ist richtig.

238. **Herr Mayer kalkuliert die Preise für einen Kundenauftrag. Er zahlt für einen Stahlträger 37,50 € und möchte 40 Prozent Gewinn auf seinen gesamten Kapitaleinsatz erzielen. Wie hoch muss der Verkaufspreis pro Stahlträger sein, wenn er noch 2,50 € sonstige Kosten pro Stahlträger hat?**

   A.  40 €

   B.  52 €

   C.  56 €

   D.  62 €

   E.  Keine Antwort ist richtig.

239. **Wenn Herr Mayer einen Stahlträger bei 40 € Selbstkosten für 65 € weiterverkauft, wie groß ist dann sein Gewinn?**

   A.  60 %

   B.  62,5 %

   C.  64 %

   D.  64,5 %

   E.  Keine Antwort ist richtig.

240. **Herr Mayer bietet sein altes Fahrzeug für 5.000 € an. Als er bemerkt, dass der Preis zu niedrig ist, erhöht er diesen um zehn Prozent. Anschließend erhöht er den Preis noch mal um ein Prozent, da die Nachfrage nach diesem Modell sehr groß ist. Wie viel Euro kann Herr Mayer so für sein altes Fahrzeug erzielen?**

   A.  5.400 €

   B.  5.450 €

   C.  5.500 €

   D.  5.555 €

   E.  Keine Antwort ist richtig.

## Lösungen

**Zu 236.**

**C.** 4.000 €

Herr Mayer würde einen Betrag von 4.000 € einsparen.

$$\text{Prozentwert} = \frac{\text{Grundwert} \times \text{Prozentsatz}}{100}$$

$$\text{Prozentwert} = \frac{20.000 \, € \times 20 \, \%}{100} = 4.000 \, €$$

**Zu 237.**

**C.** 75 Beschäftigte

Die Max Mayer Einzelhandelsgesellschaft hat 75 wahlberechtigte Beschäftigte.

$$\text{Prozentwert} = \frac{\text{Grundwert} \times \text{Prozentsatz}}{100}$$

$$\text{Prozentwert} = \frac{100 \times 75 \, \%}{100} = 75 \, \text{Beschäftigte}$$

**Zu 238.**

**C.** 56 €

Herr Mayer müsste auf den Einkaufspreis von 37,50 € und seine 2,50 € sonstige Kosten noch 16 € aufschlagen, sodass der Verkaufspreis 56 € betragen würde.

$$\text{Prozentwert} = \frac{\text{Grundwert} \times \text{Prozentsatz}}{100}$$

$$\text{Prozentwert} = \frac{40 \, € \times 40}{100} = 16 \, €$$

$$37,50 \, € + 2,50 \, € + 16 \, € = 56 \, €$$

**Zu 239.**

**B.** 62,5 %

Herr Mayer erwirtschaftet in diesem Fall pro Stahlträger einen Gewinn von 62,5 %.

$$\text{Prozentsatz} = \frac{\text{Prozentwert} \times 100}{\text{Grundwert}}$$

$$\text{Gewinn} = 65 \, € - 40 \, € = 25 \, €$$

$$\text{Prozentsatz} = \frac{25 \, € \times 100}{40 \, €} = 62,50 \, \%$$

**Zu 240.**

**D.** 5.555 €

Herr Mayer kann für sein altes Fahrzeug einen Preis von 5.555 € erzielen.

$$\text{Prozentwert} = \frac{\text{Grundwert} \times \text{Prozentsatz}}{100}$$

$$\text{Prozentwert} = \frac{5.000 \, € \times 110 \, \%}{100} = 5.500 \, €$$

$$\text{Prozentwert} = \frac{5.500 \, € \times 101 \, \%}{100} = 5.555 \, €$$

# Mathematik

## *Dreisatz*                                             *Bearbeitungszeit 5 Minuten*

Beantworten Sie bitte die folgenden Aufgaben, indem Sie jeweils den richtigen Buchstaben markieren.

241. Herr Mayer zahlt für ein Gespräch von 4 Minuten 2,20 €. Wie teuer wäre ein Gespräch von 12 Minuten?

   A.  4,00 €
   B.  4,40 €
   C.  6,60 €
   D.  8,60 €
   E.  Keine Antwort ist richtig.

242. Auszubildender Müller hat einen Karton mit 2.500 Blatt Kopierpapier, der 10,8 kg wiegt. Der Kopierer hat ein Papierfach mit Platz für 500 Blatt Papier. Wie schwer sind diese 500 Blatt Kopierpapier?

   A.  1,82 kg
   B.  2,12 kg
   C.  2,16 kg
   D.  2,18 kg
   E.  Keine Antwort ist richtig.

243. Herr Müller möchte die Energiekosten senken. In der Lagerhalle werden 500 Glühbirnen mit 50 Watt Stundenleistung je Glühbirne täglich 8 Stunden eingesetzt. Um den Energieverbrauch zu senken, möchte er in Zukunft die gleiche Anzahl an Energiesparlampen mit einer Leistung von 10 Watt pro Stück nur sechs Stunden täglich einsetzen. Wie viel Kilowattstunden spart Herr Müller durch die Umstellung täglich?

   A.  170.000 kWh
   B.  170 kWh
   C.  160 kWh
   D.  150 kWh
   E.  Keine Antwort ist richtig.

244. In einer Kantine wird von der Belegschaft bestehend aus 120 Personen in 5 Tagen 216 kg Obst verzehrt. Wie viel Kilogramm Obst würden im gleichen Zeitraum verbraucht, wenn die Belegschaft um 10 Personen aufgestockt würde?

   A.  222 kg
   B.  230 kg
   C.  234 kg
   D.  242 kg
   E.  Keine Antwort ist richtig.

245. Für die Produktion von 120 Maschinen benötigt Herr Mayer 20 Mitarbeiter und 20 Arbeitstage. Für einen weiteren Auftrag über 90 Maschinen stehen 15 Arbeitstage zur Verfügung. Wie viel Mitarbeiter muss Herr Mayer einsetzen, um den Auftrag fristgerecht zu erledigen?

   A.  5 Mitarbeiter
   B.  10 Mitarbeiter
   C.  15 Mitarbeiter
   D.  20 Mitarbeiter
   E.  Keine Antwort ist richtig.

## Lösungen

**Zu 241.**

C. 6,60 €

Das Gespräch würde 6,60 € kosten.

2,20 € ÷ 4 min = 0,55 € pro Minute

0,55 € × 12 min = 6,60 €

**Zu 242.**

C. 2,16 kg

Das Gewicht von 500 Blatt Kopierpapier beträgt 2,16 kg.

10,8 kg ÷ 2.500 × 500 = 2,16 kg

**Zu 243.**

B. 170 kWh

Herr Müller würde durch die Umstellung 170 kWh einsparen.

500 × 50 W × 8 h = 200.000 Wattstunden (Wh)

500 × 10 W × 6 h = 30.000 Wattstunden (Wh)

200.000 Wh − 30.000 Wh = 170.000 Wh

170.000 Wh = 170 kWh

**Zu 244.**

C. 234 kg

Es werden 234 kg Obst benötigt.

120 + 10 = 130 Personen

(216 kg ÷ 120) × 130 = 234 kg Obst

**Zu 245.**

D. 20 Mitarbeiter

Herr Mayer müsste für den zweiten Auftrag 20 Mitarbeiter einsetzen.

120 Maschinen ÷ 20 d = 6 Maschinen pro Tag bei 20 Mitarbeitern

6 ÷ 20 = 0,3 Maschinen pro Mitarbeiter pro Tag

0,3 × 15 d = 4,5 Maschinen in 15 Tagen pro Mitarbeiter

90 Maschinen ÷ 4,5 = 20 Mitarbeiter

# Mathematik

## *Gemischte Textaufgaben*                    *Bearbeitungszeit 5 Minuten*

Beantworten Sie bitte die folgenden Aufgaben, indem Sie jeweils den richtigen Buchstaben markieren.

**246.** In den Dörfern leidet jeder neunte Einwohner unter Kopfschmerzen. In Deutschland leidet im Durchschnitt jeder zwölfte Einwohner an Kopfschmerzen. Welche der Aussagen unten ist richtig?

A. Im Dorf leiden im Durchschnitt weniger Menschen unter Kopfschmerzen.

B. In der Gesamtbevölkerung leiden im Durchschnitt mehr Menschen unter Kopfschmerzen als in den Dörfern.

C. In der Gesamtbevölkerung leiden im Durchschnitt weniger Menschen unter Kopfschmerzen als in den Dörfern.

D. Das Verhältnis ist bei beiden gleich.

E. Keine Antwort ist richtig.

**247.** Für $3\frac{1}{4}$ Liter Frischmilch hat Familie Mayer 5,85 € bei Bauer Schulze bezahlt. Wie viel kostet der Liter?

A. 1,25 €

B. 1,45 €

C. 1,58 €

D. 1,80 €

E. Keine Antwort ist richtig.

**248.** Eine Straße wird von beiden Enden gleichzeitig gebaut. Vom einen Ende werden täglich fünf Meter und vom anderen Ende sieben Meter fertig gestellt. Nach wie viel Tagen ist der Straßenbau beendet, wenn 1.200 Meter zu fertigen sind?

A. 70 Tage

B. 90 Tage

C. 100 Tage

D. 120 Tage

E. Keine Antwort ist richtig.

**249.** Herr Mayer hat für eine kleine Betriebsfeier 20 kg Obst für 55 € gekauft. Neben 10 kg Birnen hat er 10 kg Äpfel für 2,50 € das Kilo gekauft. Welchen Preis hat ein Kilogramm Birnen?

A. 1 €

B. 2 €

C. 3 €

D. 4 €

E. Keine Antwort ist richtig.

**250.** Für den Betriebssport benötigt Herr Müller 20 mit Firmennamen beschriftete T-Shirts. Der Druck für 20 T-Shirts inklusive Versand kostet 100 Euro. Zehn Euro werden grundsätzlich bis zu einer Menge von 50 Stück für den Versand berechnet. Wie viel Euro muss Herr Müller zahlen, wenn er nachträglich fünf weitere T-Shirts bestellen möchte?

A. 22 €

B. 24 €

C. 32,5 €

D. 34 €

E. Keine Antwort ist richtig.

## Lösungen

**Zu 246.**

C. In der Gesamtbevölkerung leiden im Durchschnitt weniger Menschen unter Kopfschmerzen als in den Dörfern.

In der Gesamtbevölkerung leidet jeder Zwölfte unter Kopfschmerzen. Von hundert Menschen sind betroffen:

$$\frac{100}{12} = 8,33 \quad \text{(entspricht 8,33 \%)}$$

In der Dorfbevölkerung leidet jeder Neunte unter Kopfschmerzen. Von hundert Menschen sind betroffen:

$$\frac{100}{9} = 11,11 \quad \text{(entspricht 11,11 \%)}$$

**Zu 247.**

D. 1,80 €

5,85 € ÷ 3,25 = 1,80 € pro Liter.

**Zu 248.**

C. 100 Tage

Die Straße ist nach 100 Tagen fertig gestellt.

5 m + 7 m = 12 m

1.200 m ÷ 12 m = 100 d

**Zu 249.**

C. 3 €

Das Kilogramm Birnen kostet 3 €.

Äpfel = 10 kg × 2,50 € = 25 €

Birnen = 55 € – 25 € = 30 €

30 € ÷ 10 kg = 3 € pro kg Birnen

**Zu 250.**

C. 32,5 €

Herr Müller müsste für fünf weitere T-Shirts 32,50 € zahlen.

100 € – 10 € = 90 €

90 € ÷ 20 Stk. = 4,50 € pro T-Shirt

5 Stk. × 4,50 € = 22,50 €

22,50 € + 10 € Versand = 32,50 €

# Mathematik

## *Maße und Einheiten umrechnen*

Beantworten Sie bitte die folgenden Aufgaben, indem Sie jeweils den richtigen Buchstaben markieren.

**251. Wie viele Dezimeter sind 243,45 Zentimeter?**

- A. 24.345
- B. 2.434,5
- C. 24,345
- D. 2,4345
- E. Keine Antwort ist richtig.

**252. Wie viele Kilogramm sind 0,69 Tonnen?**

- A. 6,9
- B. 690
- C. 6.900
- D. 69.000
- E. Keine Antwort ist richtig.

**253. Wie viele Zentimeter sind 14,3 Kilometer?**

- A. 1.430
- B. 1,430
- C. 1.430.000
- D. 143.000
- E. Keine Antwort ist richtig.

**254. Wie viele Gramm sind 5 Pfund und 75 Gramm?**

- A. 1.150
- B. 5.075
- C. 575
- D. 2.575
- E. Keine Antwort ist richtig.

**255. Wie viele Kubikzentimeter sind 13,5 Liter?**

- A. 27
- B. 135
- C. 13.500
- D. 1.350
- E. Keine Antwort ist richtig.

## Lösungen

**Zu 251.**

C.  24,345

Ein Zentimeter entspricht 0,1 Dezimetern, also ergeben 243,45 Zentimeter 24,345 Dezimeter:

$243,45 \times 0,1\,dm = 24,345\,dm$

**Zu 252.**

B.  690

Eine Tonne entspricht 1.000 Kilogramm, also entsprechen 0,69 Tonnen 690 Kilogramm:

$0,69 \times 1.000\,kg = 690\,kg$

**Zu 253.**

C.  1.430.000

Ein Kilometer entspricht 1.000 Metern bzw. 100.000 Zentimetern, also ergeben 14,3 Kilometer 1.430.000 Zentimeter:

$14,3 \times 100.000\,cm = 1.430.000\,cm$

**Zu 254.**

D.  2.575

Ein Pfund entspricht 0,5 Kilogramm bzw. 500 Gramm, also entsprechen 5 Pfund 2.500 Gramm:

$5 \times 500\,g = 2.500\,g$

Nimmt man die weiteren 75 Gramm hinzu, ergibt sich ein Gesamtgewicht von 2.575 Gramm.

**Zu 255.**

C.  13.500

Ein Liter entspricht 1.000 Kubikzentimetern, also ergeben 13,5 Liter 13.500 Kubikzentimeter:

$13,5 \times 1.000\,cm^3 = 13.500\,cm^3$

# Mathematik

*Gemischte Aufgaben*                    *Bearbeitungszeit 5 Minuten*

Beantworten Sie bitte die folgenden Aufgaben, indem Sie jeweils den richtigen Buchstaben markieren.

**256. Die Max Mayer Industriegesellschaft kauft während eines Jahres zu folgenden Preisen Heizöl:**

¬ 10.000 l zu 0,45 € pro l

¬ 12.000 l zu 0,42 € pro l

¬ 8.000 l zu 0,48 € pro l

¬ 6.000 l zu 0,49 € pro l

**Wie hoch ist der durchschnittliche Heizöl-preis pro Liter? Runden Sie das Ergebnis auf zwei Nachkommastellen.**

A.  0,42 €

B.  0,45 €

C.  0,48 €

D.  0,49 €

E.  Keine Antwort ist richtig.

**257. Wie viel Benzin verbraucht Herr Mayer auf einer Strecke von 80 km, wenn sein Auto bei einer Geschwindigkeit von 100 km/h 9 l pro 100 km verbraucht?**

A.  6,4 l

B.  7,0 l

C.  7,2 l

D.  7,7 l

E.  Keine Antwort ist richtig.

**258. Wie viel Benzin spart Herr Mayer, wenn sein Auto statt 9 l nur 6,6 l pro 100 km verbraucht?**

A.  Rund 25,3 %

B.  Rund 26,7 %

C.  Rund 27,6 %

D.  Rund 27,8 %

E.  Keine Antwort ist richtig.

**259. Wie viel Zeit benötigt Herr Mayer für eine Strecke von 80 km, wenn er 100 km/h fährt?**

A.  60 min

B.  68 min

C.  78 min

D.  82 min

E.  Keine Antwort ist richtig.

**260. Herrn Mayers altes Motorrad hat einen Verbrauch von 3,2 Litern pro 100 km. Das neue Motorrad verbraucht dagegen nur 2,4 Liter pro 100 km. Wie viel Prozent Benzin verbraucht das neue Motorrad weniger?**

A.  10 %

B.  15 %

C.  20 %

D.  25 %

E.  Keine Antwort ist richtig.

## Lösungen

**Zu 256.**

**B.** 0,45 €

Der durchschnittliche Heizölpreis pro Liter beträgt 0,45 €.

10.000 l × 0,45 € = 4.500 €

12.000 l × 0,42 € = 5.040 €

8.000 l × 0,48 € = 3.840 €

6.000 l × 0,49 € = 2.940 €

Summe: 36.000 l für 16.320 €

16.320 € ÷ 36.000 l = 0,453 €

**Zu 257.**

**C.** 7,2 l

Herr Mayer würde 7,2 Liter Benzin verbrauchen auf einer Strecke von 80 km.

9 l ÷ 100 km × 80 km = 7,2 l

**Zu 258.**

**B.** Rund 26,7 %

Herr Mayer verbraucht rund 26,7 % weniger Benzin.

$$\text{Prozentsatz} = \frac{\text{Prozentwert} \times 100}{\text{Grundwert}}$$

$$\text{Prozentsatz} = \frac{(9\,l - 6,6\,l) \times 100}{9\,l} = \frac{2,4\,l \times 100}{9\,l} \approx 26,7\,\%$$

**Zu 259.**

**E.** Keine Antwort ist richtig.

Herr Mayer würde mit einer Geschwindigkeit von 100 km/h für die Strecke 48 Minuten benötigen.

80 km ÷ 100 km/h × 60 = 0,8 h × 60 = 48 min

**Zu 260.**

**D.** 25 %

Das neue Motorrad verbraucht ein Viertel – also 25 % – weniger Benzin als das alte.

$$\text{Prozentsatz} = \frac{\text{Prozentwert} \times 100}{\text{Grundwert}}$$

$$\text{Prozentsatz} = \frac{(3,2\,l - 2,4\,l) \times 100}{3,2\,l} = \frac{0,8\,l \times 100}{3,2\,l} = 25\,\%$$

# Mathematik

## *Gewinn- und Verlustkonto*                    *Bearbeitungszeit 5 Minuten*

Beantworten Sie bitte die folgenden Aufgaben, indem Sie jeweils den richtigen Buchstaben markieren.

### *Gewinn- und Verlustkonto der Max Mayer Industriegesellschaft*

| Aufwand | in € | Ertrag | in € |
|---|---|---|---|
| Rohstoffe | 8.000 | Umsatzerlöse | 50.000 |
| Hilfsstoffe | 2.000 | | |
| Betriebsstoffe | 1.000 | | |
| Löhne und Gehälter | 22.000 | | |
| Miete | 3.000 | | |
| Bürobedarf | 500 | | |
| Instandhaltung | 200 | | |
| Betriebssteuern | 300 | | |
| **Summe** | **?** | **Summe** | **50.000** |

**261. Für welchen Posten entsteht der größte Aufwand?**

A. Roh-, Hilfs- und Betriebsstoffe
B. Rohstoffe und Miete
C. Löhne und Gehälter
D. Betriebssteuern
E. Keine Antwort ist richtig.

**262. Wie hoch ist der Gesamtaufwand?**

A. 36.600 €
B. 37.000 €
C. 37.500 €
D. 38.800 €
E. Keine Antwort ist richtig.

**263. Wie hoch ist der Gewinn?**

A. 11.000 €
B. 12.000 €
C. 13.000 €
D. Es liegt ein Verlust vor.
E. Keine Antwort ist richtig.

**264. Wie viel Gewinn könnte die Gesellschaft erzielen, wenn die Umsätze bei gleichen Ausgaben um 20 % gesteigert werden könnten?**

A. 13.000 €
B. 18.000 €
C. 23.000 €
D. 25.000 €
E. Keine Antwort ist richtig.

265. **Um wie viel € müssten die Ausgaben gesenkt werden, um den Gewinn um zwei Prozent zu steigern?**

   A. 80 €

   B. 240 €

   C. 260 €

   D. 1300 €

   E. Keine Antwort ist richtig.

## Lösungen

**Zu 261.**

**C.**  Löhne und Gehälter

Für Löhne und Gehälter entsteht der größte Aufwand.

Löhne und Gehälter = 22.000 €

**Zu 262.**

**B.**  37.000 €

Der Gesamtaufwand beträgt 37.000 €.

8.000 € + 2.000 € + 1.000 € + 22.000 € + 3.000 € + 500 € + 200 € + 300 € = 37.000 €

**Zu 263.**

**C.**  13.000 €

Der Gewinn beträgt 13.000 €.

Umsatz – Aufwand = Gewinn

50.000 € – 37.000 € = 13.000 €

**Zu 264.**

**C.**  23.000 €

Der Gewinn würde 23.000 € betragen.

$$Prozentwert = \frac{Grundwert \times Prozentsatz}{100}$$

$$Prozentwert = \frac{50.000\ € \times 120}{100} = 60.000\ €$$

Ertrag – Aufwand = Gewinn

60.000 € – 37.000 € = 23.000 €

**Zu 265.**

**C.**  260 €

Die Ausgaben müssten um 260 € gesenkt werden.

Umsatz – Aufwand = Gewinn

50.000 € – 37.000 € = 13.000 €

$$Prozentwert = \frac{Grundwert \times Prozentsatz}{100}$$

$$Prozentwert = \frac{13.000\ € \times 2}{100} = 260\ €$$

# Mathematik

## Kostenkalkulation

*Bearbeitungszeit 5 Minuten*

Beantworten Sie bitte die folgenden Aufgaben, indem Sie jeweils den richtigen Buchstaben markieren.

Eine der Aufgaben des Einkaufs besteht darin, durch eine genaue Bedarfsplanung und Disposition die Gesamtkosten niedrig zu halten. Dabei versucht man solche Mengen zu disponieren, bei der die Gesamtkosten aus Lagerkosten und Beschaffungskosten am niedrigsten sind.

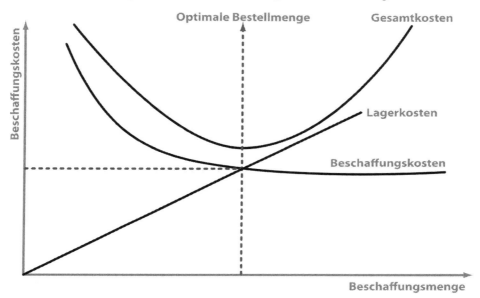

**Hinweis:** Die optimale Bestellmenge liegt im Schnittpunkt von Lager- und Beschaffungskosten.

**266. Welche Aussage zu den Lagerkosten ist richtig?**

A. Die Lagerkosten nehmen mit zunehmender Beschaffungsmenge zu.

B. Die Lagerkosten nehmen mit zunehmender Beschaffungsmenge ab.

C. Die Lagerkosten sind bei der „optimalen Bestellmenge" am niedrigsten.

D. Die Lagerkosten sind bei der „optimalen Bestellmenge" am höchsten.

E. Keine Antwort ist richtig.

**267. Welche Aussage zu den Beschaffungskosten ist richtig?**

A. Die Beschaffungskosten nehmen mit zunehmender Beschaffungsmenge zu.

B. Die Beschaffungskosten nehmen mit zunehmender Beschaffungsmenge ab.

C. Die Beschaffungskosten sind bei der „optimalen Bestellmenge" am niedrigsten.

D. Die Beschaffungskosten sind bei der „optimalen Bestellmenge" am höchsten.

E. Keine Antwort ist richtig.

**268. Welche Aussage zur Beschaffungsmenge ist richtig?**

A. Große Beschaffungsmengen führen zu niedrigen Lager- und Kapitalkosten.

B. Große Beschaffungsmengen bergen nicht die Gefahr des Absatzrisikos.

C. Kleine Beschaffungsmengen verursachen geringe Kapital- und Lagerkosten.

D. Kleine Beschaffungsmengen ermöglichen große Preisvorteile.

E. Keine Antwort ist richtig.

**269. Welche Aussage zur optimalen Bestellmenge ist richtig?**

A. Die Lagerkosten sind am geringsten.

B. Die Beschaffungskosten sind am geringsten.

C. Die Gesamtkosten aus Lager- und Beschaffungskosten sind am geringsten.

D. Die Gesamtkosten aus Lager- und Beschaffungskosten sind am höchsten.

E. Keine Antwort ist richtig.

**270. Die optimale Bestellmenge lässt sich durch die „Andlersche Formel" berechnen:**

$$M_{Opt} = \sqrt{\frac{200 \times J \times BK}{EP(ZS + LS)}}$$

**Wie lautet die optimale Bestellmenge, wenn Ihnen folgende Informationen vorliegen?**

¬ Jahresbedarfsmenge (J) = 1.500

¬ Bestellkosten je Bestellung (BK) = 10

¬ Einstandspreis je Stück (EP) = 20

¬ Zinssatz für Lagerkosten (LS) = 10 %

¬ Zinssatz für Kapital (ZS) = 5 %

A. 100 Stück

B. 150 Stück

C. 200 Stück

D. 250 Stück

E. Keine Antwort ist richtig.

## Lösungen

**Zu 266.**

**A.** Die Lagerkosten nehmen mit zunehmender Beschaffungsmenge zu.

Je mehr Material zu lagern ist, desto höher werden auch die Lagerkosten.

**Zu 267.**

**B.** Die Beschaffungskosten nehmen mit zunehmender Beschaffungsmenge ab.

Je mehr von einem Artikel oder Material einzukaufen ist, desto bessere Konditionen lassen sich pro Artikel erzielen.

**Zu 268.**

**C.** Kleine Beschaffungsmengen verursachen geringe Kapital- und Lagerkosten.

Kleine Beschaffungsmengen benötigen wenig Lagerraum und verursachen daher wenig Lagerkosten. Zudem benötigt man für einen kleinen Einkauf auch nur ein geringes Kapital.

**Zu 269.**

**C.** Die Gesamtkosten aus Lager- und Beschaffungskosten sind am geringsten.

Die optimale Bestellmenge ist jene Menge, bei der die Summe aus Bestell- und Lagerhaltungskosten in einem Planungszeitraum am geringsten ist. Je häufiger bestellt wird, umso höher sind die Bestellkosten und umso niedriger die Lagerhaltungskosten. Bei einer geringeren Bestellhäufigkeit sind die Lagerhaltungskosten höher und die Bestellkosten niedriger.

**Zu 270.**

**A.** 100 Stück

Die optimale Bestellmenge lautet 100 Stück.

$$M_{Opt} = \sqrt{\frac{200 \times 1.500 \times 10}{20(5+10)}} = \sqrt{\frac{3.000.000}{300}} =$$
$$= \sqrt{10.000} = 100$$

# Mathematik

## *Textaufgaben mit Tabelle*                    *Bearbeitungszeit 5 Minuten*

Im Rahmen Ihrer Ausbildung besuchen Sie mehrere Seminare, die teilweise außerhalb Stuttgarts in anderen Städten stattfinden. Das nächste Seminar findet in Essen statt. Für die Fahrt von Stuttgart nach Essen möchten Sie zwei Alternativen der Deutschen Bahn vergleichen.
Beantworten Sie bitte die folgenden Aufgaben, indem Sie jeweils den richtigen Buchstaben markieren.

Die Verbindung mit dem ICE (08:05 Uhr Stuttgart / 82,00 €) wäre zwar schneller, aber auch teurer als die mit dem RE (08:13 Uhr ab Stuttgart / 58,40 €).

### *Montag, den 25. August ab 08:00 Uhr RE / ICE*

| Km | Bahnhof/Haltestelle | RE | Km | Bahnhof/Haltestelle | ICE |
|---|---|---|---|---|---|
| ↓ | ↓ | | ↓ | ↓ | |
| 358 | **Stuttgart Hbf** | ab 08:13 | 358 | **Stuttgart Hbf** | ab 08:05 |
| 50 | Stuttgart Hbf | | | | |
| | Heilbronn Hbf | | | | |
| 65 | Heilbronn Hbf | | | | |
| | Heidelberg Hbf | | | | |
| 75 | Heidelberg Hbf | | | | |
| | Frankfurt (Main) Hbf | | | | |
| 120 | Frankfurt (Main) Hbf | | | | |
| | Siegen | | | | |
| 132 | Siegen | | | | |
| | Essen Hbf | | | | |
| 800 | **Essen Hbf** | an 16:29 | 800 | **Essen Hbf** | an 13:21 |

271. **Wie viel Euro sparen Sie durch die günstigere Alternative?**

A. 12,60 €
B. 22,60 €
C. 23,60 €
D. 24,60 €
E. Keine Antwort ist richtig.

272. **Wie lang ist die Strecke von Stuttgart nach Essen auf dem Schienenweg?**

A. 384 km
B. 394 km
C. 412 km
D. 442 km
E. Keine Antwort ist richtig.

273. **Wie lange brauchen Sie für die Strecke mit dem RE, wenn der Zug sich um 10 Minuten verspätet?**

 A. 8 h und 16 min

 B. 8 h und 26 min

 C. 8 h und 36 min

 D. 8 h und 46 min

 E. Keine Antwort ist richtig.

274. **Wie groß ist die Zeitersparnis mit dem ICE gegenüber dem RE, wenn beide Züge keine Verspätung haben?**

 A. 1,5 h

 B. 3 h

 C. 2,7 h

 D. 3,1 h

 E. Keine Antwort ist richtig.

275. **Wie lang ist die Strecke zwischen Stuttgart und Siegen?**

 A. 75 km

 B. 120 km

 C. 310 km

 D. 442 km

 E. Keine Antwort ist richtig.

## Lösungen

**Zu 271.**

C. 23,60 €

Bei der günstigeren Alternative würde man einen Betrag von 23,60 € einsparen.

82 € – 58,40 € = 23,60 €

**Zu 272.**

D. 442 km

Die Strecke zwischen Stuttgart und Essen beträgt 442 Kilometer auf dem Schienenweg.

800 km – 358 km = 442 km

**Zu 273.**

B. 8 h und 26 min

Der RE benötigt mit 10 min Verspätung für die Strecke 8 Stunden und 26 Minuten.

Von 08:13 Uhr bis 16:29 Uhr = 8 h und 16 min

8 h und 16 min + 10 min Verspätung = 8 h und 26 min

**Zu 274.**

B. 3 h

Die Zeitersparnis mit dem ICE beträgt genau 3 Stunden.

RE: 08:13 Uhr bis 16:29 Uhr = 8 h und 16 min

ICE: 08:05 bis 13:21 Uhr = 5 h und 16 min

8 h 16 min – 5 h 16 min = 3 h

**Zu 275.**

C. 310 km

Die Strecke zwischen Stuttgart und Siegen beträgt 310 km.

50 + 65 + 75 + 120 = 310 km

# Logisches Denkvermögen

## *Buchstabenreihen fortsetzen*  *Aufgabenerklärung*

**Die Buchstabenfolgen in diesem Abschnitt sind nach festen Regeln aufgestellt.**

Ihre Aufgabe besteht darin, das Bildungsgesetz jeder Reihe herauszufinden, um den unbekannten Buchstaben am Reihenende zu ermitteln.

## Hierzu ein Beispiel

### *Aufgabe*

1.

A. D

B. E

C. F

D. G

E. Keine Antwort ist richtig.

### *Antwort*

   (C.) F

Es handelt sich um eine alphabetisch fortlaufende Reihe. Auf das „E" muss daher ein „F" folgen – die richtige Antwort ist C.

## Buchstabenreihen fortsetzen

Beantworten Sie bitte die folgenden Aufgaben, indem Sie jeweils den richtigen Buchstaben markieren.

**276.**

A. N
B. M
C. Q
D. R
E. Keine Antwort ist richtig.

**277.**

A. P
B. T
C. S
D. Z
E. Keine Antwort ist richtig.

**278.**

A. C
B. D
C. E
D. H
E. Keine Antwort ist richtig.

**279.**

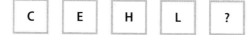

| F | E | D | I | H | G | L | K | J | ? |

A. M

B. N

C. O

D. P

E. Keine Antwort ist richtig.

**280.**

| C | E | H | L | ? |

A. D

B. Q

C. M

D. U

E. Keine Antwort ist richtig.

## Lösungen

**Zu 276.**

**D.** R

Beginnend vom Buchstaben C wird jeweils der drittnächste in die Reihe aufgenommen.

**Zu 277.**

**C.** S

Das P ist abwechselnd mit einer vom Q ausgehenden, im Alphabet aufwärts laufenden Buchstabenreihe verschachtelt.

**Zu 278.**

**D.** H

Jeder zweite Buchstabe folgt im Alphabet dem vorherigen Buchstaben.

Bewegung in alphabetischer Reihenfolge:

+1 | −3 | +1 | +5 | +1 | −3 | +1

**Zu 279.**

**C.** O

Ausgehend vom F wird zweimal ein Schritt im Alphabet zurückgezählt, um dann fünf Schritte vorwärts zu gehen. Diese Abfolge wird dann zweimal wiederholt.

Bewegung in alphabetischer Reihenfolge:

−1 | −1 | +5 | −1 | −1 | +5 | −1 | −1 | +5 |

**Zu 280.**

**B.** Q

Starten Sie mit dem Buchstaben C und gehen Sie dann in alphabetischer Reihenfolge zwei, drei, vier usw. Buchstaben voran.

Bewegung in alphabetischer Reihenfolge:

+2 | +3 | +4 | +5

# Logisches Denkvermögen

## Zahlenmatrizen und Zahlenpyramiden                    *Aufgabenerklärung*

**Die Zahlen in den folgenden Matrizen und Pyramiden sind nach festen Regeln zusammengestellt.**
Ihre Aufgabe besteht darin, eine Zahl zu finden, die im sinnvollen Verhältnis zu den übrigen Zahlen steht.

### Hierzu ein Beispiel

*Aufgabe*

1. **Durch welche Zahl muss das Fragezeichen ersetzt werden, damit die Zahlen in der Tabelle in einem sinnvollen Verhältnis zueinander stehen?**

| 1 | 2 | 2 |
|---|---|---|
| 3 | 2 | ? |
| 3 | 4 | 12 |

A. 4
B. 2
C. 8
D. 6
E. Keine Antwort ist richtig.

*Antwort*

(D.) 6

Die beiden linken Zahlen jeder Reihe ergeben multipliziert die jeweils rechte Zahl. Die beiden oberen Zahlen jeder Spalte ergeben multipliziert die jeweils untere Zahl.

## Zahlenmatrizen und Zahlenpyramiden

*Bearbeitungszeit 5 Minuten*

Beantworten Sie bitte die folgenden Aufgaben, indem Sie jeweils den richtigen Buchstaben markieren.

**281.** Durch welche Zahl muss das Fragezeichen ersetzt werden, damit die Zahlen in der Tabelle in einem sinnvollen Verhältnis zueinander stehen?

| 98 | 87 | 76 |
|----|----|----|
| ?  | 54 | 43 |
| 32 | 21 | 10 |

A. 65
B. 56
C. 64
D. 48
E. Keine Antwort ist richtig.

**282.** Durch welche Zahl müssen die Fragezeichen ersetzt werden, damit die Zahlen in der Tabelle in einem sinnvollen Verhältnis zueinander stehen?

| 2 | 4  | 8   |
|---|----|-----|
| 4 | 8  | ?   |
| 8 | ?  | 256 |

A. 4
B. 8
C. 16
D. 32
E. Keine Antwort ist richtig.

**283.** Durch welche Zahl muss das Fragezeichen ersetzt werden, damit die Zahlen in der Tabelle in einem sinnvollen Verhältnis zueinander stehen?

| 14 | 2  | 9  | 4  |
|----|----|----|----|
| 3  | 10 | 4  | 12 |
| 2  | 11 | ?  | 12 |
| 10 | 6  | 12 | 1  |

A. 5
B. 12
C. 4
D. 11
E. Keine Antwort ist richtig.

**284.** Durch welche Zahl muss das Fragezeichen ersetzt werden, damit die Pyramide sinnvoll aufgestellt ist?

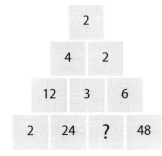

A. 3
B. 4
C. 8
D. 6
E. Keine Antwort ist richtig.

**285. Durch welche Zahl muss das Fragezeichen ersetzt werden, damit die Zahlen in der Tabelle in einem sinnvollen Verhältnis zueinander stehen?**

| | | | |
|---|---|---|---|
| 2 | 5 | 2 | 5 |
| 1 | 5 | 10 | ? |
| 5 | 4 | 1 | 5 |
| 10 | 1 | 5 | 2 |

A. 2

B. 4

C. 5

D. 10

E. Keine Antwort ist richtig.

## Lösungen

**Zu 281.**

A.  65

Das Fragezeichen wird durch die Zahl 65 sinnvoll ersetzt. Die Reihen werden nach folgendem Prinzip gebildet:

Beginnend links oben, wird die Einerzahl der vorangegangenen Zahl zur Zehnerzahl des folgenden Werts, die Einerzahl jedes Werts ist stets um 1 geringer als seine Zehnerzahl. Die Schritte laufen über die Zeilengrenzen hinweg und setzen sich am Anfang der nächstuntersten Zeile fort.

**Zu 282.**

D.  32

Das Fragezeichen wird durch die Zahl 32 sinnvoll ersetzt. Die Zahlen der rechten Spalte sowie der unteren Reihe ergeben sich aus der Multiplikation beider anderen Zahlen der jeweiligen Spalte bzw. Reihe.

**Zu 283.**

C.  4

Das Fragezeichen wird durch die Zahl 4 sinnvoll ersetzt.

Sie erhalten bei der Addition der Zahlen einer Spalte, einer Zeile oder einer Diagonalen immer die Zahl 29.

**Zu 284.**

C.  8

Das Fragezeichen wird durch die Zahl 8 sinnvoll ersetzt. Die Pyramide ist nach folgendem Prinzip aufgebaut:

Der Wert einer Zelle ergibt sich, indem der größere von beiden Werten der darunter liegenden Zellen durch den kleineren geteilt wird.

1. Reihe:  $2 = 4 \div 2$

2. Reihe:  $4 = 12 \div 3$; $2 = 6 \div 3$

3. Reihe:  $12 = 24 \div 2$; $3 = 24 \div 8$; $6 = 48 \div 8$

**Zu 285.**

A.  2

Das Fragezeichen wird durch die Zahl 2 sinnvoll ersetzt. Sie erhalten bei Multiplikation der Zahlen einer Reihe oder Spalte immer das Ergebnis 100.

# Logisches Denkvermögen

## Logische Schlussfolgerung

**In diesem Abschnitt wird Ihre Fähigkeit im Schlussfolgern geprüft.**

Zu jeder Fragestellung erhalten Sie mehrere Aussagen. Ihre Aufgabe besteht darin zu überprüfen, welche der Antworten eine gültige Schlussfolgerung daraus ist. Es geht nicht darum, ob die Behauptungen einen sinnvollen Bezug zur Realität haben, sondern nur darum, welche Folgerung aufgrund der getroffenen Aussagen logisch zwingend korrekt ist.

Beantworten Sie bitte die folgenden Aufgaben, indem Sie jeweils den richtigen Buchstaben markieren.

286. **Welche Schlussfolgerung ist logisch richtig, wenn die folgende Behauptung zugrunde gelegt wird? „Manche Sportler sind Fußballer oder Tennisspieler. Fußballer sind häufiger verletzt als Tennisspieler."**

    A. Manche Sportler sind seltener verletzt als andere.
    B. Verletzte Sportler sind Fußballer.
    C. Alle verletzten Sportler sind Fußballer oder Tennisspieler.
    D. Fußballer sind häufig verletzt.
    E. Keine Antwort ist richtig.

287. **Welche Schlussfolgerung ist logisch richtig, wenn die folgende Behauptung zugrunde gelegt wird? „Marc ist unbegabt. Wenn Marc unbegabt ist, dann malt er gerne."**

    A. Marc ist begabt und malt gerne.
    B. Marc ist unbegabt und malt gerne.
    C. Marc malt nicht gerne.
    D. Marc ist begabt und malt nicht gerne.
    E. Keine Antwort ist richtig.

288. **Welche Person ist am größten?**

    ¬ Bernd ist größer als Silke.
    ¬ Klaus ist kleiner als Alfred.
    ¬ Klaus ist größer als Silke.
    ¬ Bernd ist größer als Alfred.

    A. Alfred
    B. Bernd
    C. Klaus
    D. Silke
    E. Keine Antwort ist richtig.

289. **Welche Schlussfolgerung ist logisch richtig, wenn die folgende Behauptung zugrunde gelegt wird? „Peter arbeitet gerade oder liest ein Buch. Peter liest gerne Geschichtsbücher, aber heute liest er kein Buch."**

    A. Peter arbeitet nicht.
    B. Peter arbeitet.
    C. Peter liest ein Buch.
    D. Peter liest ein Buch, wenn er arbeitet.
    E. Keine Antwort ist richtig.

290. **Welche Schlussfolgerung ist logisch richtig, wenn die folgende Behauptung zugrunde gelegt wird? „Alle Bilder sind Flaschen. Die meisten Flaschen sind Dosen. Dosen kann man mieten. Bilder kann man sowohl kaufen als auch mieten, was bei Flaschen und Dosen nicht der Fall ist. Also …"**

   A. ist eine Flasche eine Dose und eine Dose ein Bild.

   B. sind Dosen teuer, wenn auch Bilder teuer sind.

   C. sind Bilder günstig, wenn Flaschen günstig sind.

   D. kann man alle Flaschen mieten.

   E. Keine Antwort ist richtig.

## Lösungen

**Zu 286.**

**A.** Manche Sportler sind seltener verletzt als andere.

Die Antworten B und C sind nicht korrekt, Fußballer sind zwar häufiger verletzt als Tennisspieler, doch sind deswegen nicht alle verletzten Sportler Fußballer oder Tennisspieler. Es gibt auch andere Sportler, die verletzt sein können. Aus der Aussage, dass Fußballer vergleichsweise häufiger verletzt sind als Tennisspieler, lässt sich noch nicht folgern, dass sie auch absolut – im Vergleich zu allen anderen Sportlern – häufig verletzt sind.

**Zu 287.**

**B.** Marc ist unbegabt und malt gerne.

Hier handelt es sich um die logische Form des Modus Ponens, der bestimmt: Wenn die Bedingung X erfüllt ist („wenn Marc unbegabt ist"), dann gilt auch Y („dann malt er gerne"). Da Marc laut den angegebenen Prämissen unbegabt ist, malt er demzufolge auch gerne – Antwort B stimmt. Die Antworten A und D fallen weg, da „Marc ist begabt" nicht zutrifft, denn er ist laut Prämissen unbegabt. Zudem trifft Antwort C nicht zu, da sich wie gezeigt schlussfolgern lässt, dass Marc gerne malt.

**Zu 288.**

**B.** Bernd

Die richtige Reihenfolge der Personengröße lautet: Bernd, Alfred, Klaus, Silke.

**Zu 289.**

**B.** Peter arbeitet.

Antwort B ist korrekt. Die Oder-Prämisse („Peter arbeitet gerade oder liest ein Buch") erfordert, dass wenigstens eine der beiden Sachverhalte besteht. Da er kein Buch liest, muss er also arbeiten.

**Zu 290.**

**C.** sind Bilder günstig, wenn Flaschen günstig sind.

„Bilder sind günstig, wenn Flaschen günstig sind" ist korrekt, da alle Bilder Flaschen sind und so auch über alle Eigenschaften von Flaschen verfügen. Antwort A ist falsch, da laut Prämissen nur einige („Die meisten Flaschen sind Dosen"), aber nicht alle Flaschen Dosen sind. Aus diesem Grund sind auch die Antworten B und D nicht richtig, da sich Eigenschaften wie der Preis oder die Vermietbarkeit nur übertragen ließen, wenn alle Flaschen Dosen wären.

# Visuelles Denkvermögen

***Faltvorlagen***                                                    *Aufgabenerklärung*

**In diesem Abschnitt wird Ihre räumliche Vorstellungskraft geprüft.**

Sie sehen eine Faltvorlage. Finden Sie heraus, welche der fünf Figuren A bis E daraus hergestellt werden kann.

## Hierzu ein Beispiel

*Aufgabe*

1.  Diese Faltvorlage ist die Außenseite eines Körpers.

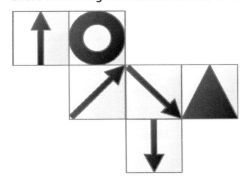

Welcher der Körper A bis E kann aus der Faltvorlage gebildet werden?

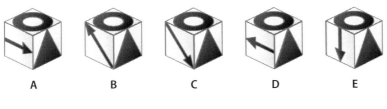

| A | B | C | D | E |

*Antwort*

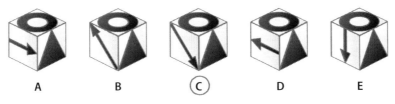

| A | B | C | D | E |

Dreieck im Fokus behalten, Quadrat zusammenfalten und 45 Grad gegen den Uhrzeigersinn drehen.

## Faltvorlagen

Beantworten Sie bitte die folgenden Aufgaben, indem Sie jeweils den richtigen Buchstaben markieren.

**291. Diese Faltvorlage ist die Außenseite eines Körpers.**

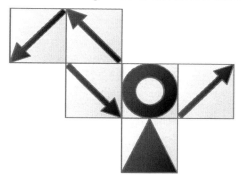

**Welcher der Körper A bis E kann aus der Faltvorlage gebildet werden?**

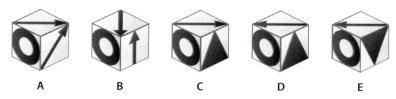

A  B  C  D  E

**292. Diese Faltvorlage ist die Außenseite eines Körpers.**

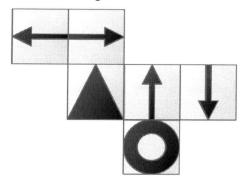

**Welcher der Körper A bis E kann aus der Faltvorlage gebildet werden?**

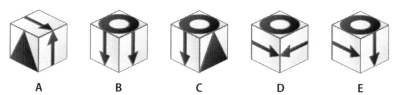

A  B  C  D  E

**293. Diese Faltvorlage ist die Außenseite eines Körpers.**

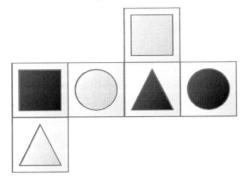

**Welcher der Körper A bis E kann aus der Faltvorlage gebildet werden?**

| A | B | C | D | E |

**294. Diese Faltvorlage ist die Außenseite eines Körpers.**

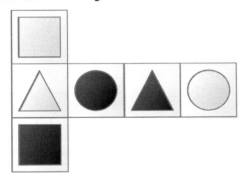

**Welcher der Körper A bis E kann aus der Faltvorlage gebildet werden?**

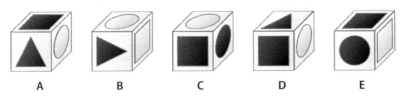

| A | B | C | D | E |

295. Diese Faltvorlage ist die Außenseite eines Körpers.

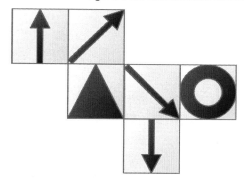

Welcher der Körper A bis E kann aus der Faltvorlage gebildet werden?

    A          B          C          D          E

## Lösungen

**Zu 291.**

A

Kreis im Fokus behalten, Quadrat zusammenfalten und 45 Grad im Uhrzeigersinn drehen.

**Zu 292.**

A

Dreieck im Fokus behalten, Quadrat zusammenfalten und 45 Grad im Uhrzeigersinn drehen.

**Zu 293.**

C

Schwarzes Dreieck im Fokus behalten, Würfel zusammenfalten und nach rechts kippen.

**Zu 294.**

D

Schwarzes Dreieck im Fokus behalten, Würfel zusammenfalten und nach hinten kippen.

**Zu 295.**

D

Kreis im Fokus behalten, Quadrat zusammenfalten, nach hinten kippen und 45 Grad im Uhrzeigersinn drehen.

# Visuelles Denkvermögen

## *Spielwürfel drehen und kippen*

Die gegenüberliegenden Seiten eines handelsüblichen Spielwürfels ergeben in der Summe immer die Augenzahl Sieben: Zeigt beispielsweise die Vorderseite eine „6", muss auf der Rückseite die „1" stehen. Daher können Sie von drei sichtbaren Würfelflächen auf die Lage aller anderen Flächen schließen.

Bitte führen Sie bei jeder Aufgabe die vorgegebenen Operationen durch und markieren Sie den Antwortbuchstaben der korrekten Lösung.

### Hierzu ein Beispiel

### *Aufgabe*

1. **Der abgebildete Spielwürfel wird 90 Grad im Uhrzeigersinn gedreht.**

**Welche Vorderansicht zeigt der Würfel, nachdem er gedreht wurde?**

A      B      C      D      E

### *Antwort*

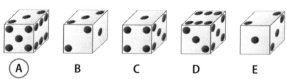

Ⓐ      B      C      D      E

Gegenprobe: Drehen Sie Lösungswürfel A 90 Grad gegen den Uhrzeigersinn.

## Spielwürfel drehen und kippen

*Bearbeitungszeit 5 Minuten*

Beantworten Sie bitte die folgenden Aufgaben, indem Sie jeweils den richtigen Buchstaben markieren.

296. Der abgebildete Spielwürfel wird nach links gekippt und 90 Grad gegen den Uhrzeigersinn gedreht.

Welche Vorderansicht zeigt der Würfel, nachdem er gedreht und gekippt wurde?

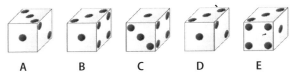

A    B    C    D    E

297. Der abgebildete Spielwürfel wird nach links gekippt und 90 Grad gegen den Uhrzeigersinn gedreht.

Welche Vorderansicht zeigt der Würfel, nachdem er gedreht und gekippt wurde?

A    B    C    D    E

298. Der abgebildete Spielwürfel wird nach rechts gekippt und 90 Grad im Uhrzeigersinn gedreht.

Welche Vorderansicht zeigt der Würfel, nachdem er gedreht und gekippt wurde?

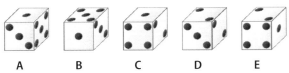

A    B    C    D    E

299. Der abgebildete Spielwürfel wird nach links gekippt und 90 Grad im Uhrzeigersinn gedreht.

Welche Vorderansicht zeigt der Würfel, nachdem er gedreht und gekippt wurde?

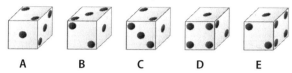

A          B          C          D          E

300. Der abgebildete Spielwürfel wird zweimal nach rechts gekippt und 90 Grad im Uhrzeigersinn gedreht.

Welche Vorderansicht zeigt der Würfel, nachdem er gedreht und gekippt wurde?

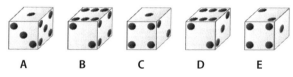

A          B          C          D          E

## Lösungen

**Zu 296.**

D

Gegenprobe: Drehen Sie Lösungswürfel D 90 Grad im Uhrzeigersinn und kippen Sie ihn nach rechts.

**Zu 297.**

C

Gegenprobe: Drehen Sie Lösungswürfel C 90 Grad im Uhrzeigersinn und kippen Sie ihn nach rechts.

**Zu 298.**

C

Gegenprobe: Drehen Sie Lösungswürfel C 90 Grad gegen den Uhrzeigersinn und kippen Sie ihn nach links.

**Zu 299.**

D

Gegenprobe: Drehen Sie Lösungswürfel D 90 Grad gegen den Uhrzeigersinn und kippen Sie ihn nach rechts.

**Zu 300.**

B

Gegenprobe: Drehen Sie Lösungswürfel B 90 Grad gegen den Uhrzeigersinn und kippen Sie ihn zweimal nach links.

# Prüfung

## Maschinen- und Anlagenführer/in

**Allgemeinwissen** ......................................................................... **196**
    Verschiedene Themen ........................................................ 196
**Fachbezogenes Wissen** .............................................................. **201**
    Branche und Beruf ............................................................ 201
    Technisches Verständnis .................................................... 206
**Sprachbeherrschung** ................................................................. **210**
    Rechtschreibung: kurze Sätze ............................................ 210
    Gleiche Wortbedeutung .................................................... 212
**Mathematik** ............................................................................... **214**
    Kettenaufgaben ohne Punkt vor Strich .............................. 214
    Prozentrechnen ................................................................ 217
    Gemischte Aufgaben ........................................................ 219
    Gemischte Textaufgaben ................................................... 221
    Maße und Einheiten umrechnen ........................................ 223
    Geometrie ........................................................................ 225
    Mengenkalkulation mit Schaubild ..................................... 228
**Logisches Denkvermögen** ........................................................ **231**
    Zahlenreihen fortsetzen .................................................... 231
    Wörter erkennen .............................................................. 235
    Sprachlogik: Analogien ..................................................... 238
    Zahlenmatrizen und Zahlenpyramiden .............................. 241
**Visuelles Denkvermögen** ......................................................... **245**
    Räumliches Grundverständnis ........................................... 245
    Visuelle Analogien ............................................................ 249

# Allgemeinwissen

*Verschiedene Themen*                                    *Bearbeitungszeit 10 Minuten*

**Die folgenden Aufgaben prüfen Ihr Allgemeinwissen.**

Zu jeder Aufgabe werden verschiedene Lösungsmöglichkeiten angegeben.

Beantworten Sie bitte die folgenden Aufgaben, indem Sie jeweils den richtigen Buchstaben markieren.

**301. Welche gehört nicht zu den Aufgaben der Europäischen Zentralbank?**

A. Versorgung der Volkswirtschaft mit Geld

B. Festlegung des Goldpreises

C. Verwaltung der offiziellen Währungsreserven

D. Devisengeschäfte

E. Keine Antwort ist richtig.

**302. Wie ist die Bundesversammlung zusammengesetzt?**

A. Ausschließlich aus Mitgliedern des Bundestages

B. Ausschließlich aus Vertretern der Länder

C. Aus Mitgliedern des Bundestages und Vertretern der Länder

D. Ausschließlich aus Politikern

E. Keine Antwort ist richtig.

**303. Welche Kulturpflanze wurde nicht aus Amerika nach Europa eingeführt?**

A. Tomate

B. Kartoffel

C. Mais

D. Karotte

E. Keine Antwort ist richtig.

**304. Was ist eine Emulsion?**

A. Eine besonders kratzfeste Beschichtung

B. Ein ätzendes Reinigungsmittel

C. Ein Gemisch zweier Flüssigkeiten

D. Eine explosive Lösung

E. Keine Antwort ist richtig.

**305. Wie nennt man die Pole eines Magneten?**

    **A.** Kathode und Anode

    **B.** Dipol

    **C.** Plus- und Minuspol

    **D.** Nord- und Südpol

    **E.** Keine Antwort ist richtig.


**306. Was wird mit einem Barometer gemessen?**

    **A.** Temperatur

    **B.** Luftfeuchtigkeit

    **C.** Luftdruck

    **D.** Kohlendioxidgehalt

    **E.** Keine Antwort ist richtig.


**307. Welcher geometrischen Form entspricht eine handelsübliche Konservendose?**

    **A.** Prisma

    **B.** Pyramide

    **C.** Zylinder

    **D.** Kegel

    **E.** Keine Antwort ist richtig.


**308. Was versteht man im EDV-Bereich unter dem Begriff „Virus"?**

    **A.** Kleine Computerprogramme, die sich an andere Programme hängen

    **B.** Hilfsprogramme

    **C.** Nützliche Systemsoftware

    **D.** Schädlingsbekämpfer

    **E.** Keine Antwort ist richtig.


**309. Was bedeutet die Abkürzung „MwSt."?**

    **A.** Mineralwasser Still

    **B.** Mehrwertsteuer

    **C.** Medienwirksamer Showtermin

    **D.** Mitwisserschaft

    **E.** Keine Antwort ist richtig.

**310. Was bedeutet dieses Piktogramm?**

A. Grelle Lichtquelle

B. Plötzliche Geräuschentwicklung

C. Mikrowellenstrahlung

D. Gefährliche elektrische Spannung

E. Keine Antwort ist richtig.

## Lösungen

**Zu 301.**

**B.** Festlegung des Goldpreises

Die grundlegenden Aufgaben der Europäischen Zentralbank bestehen in der Festlegung und Durchführung der Geldpolitik, der Durchführung von Devisengeschäften, der Verwaltung der offiziellen Währungsreserven der Mitgliedsstaaten sowie der Versorgung der Volkswirtschaft mit Geld zur Gewährung eines reibungslosen Zahlungsverkehrs.

Der Goldpreis entsteht aus dem Zusammenspiel von Angebot und Nachfrage.

**Zu 302.**

**C.** Aus Mitgliedern des Bundestages und Vertretern der Länder

Die Bundesversammlung besteht aus den Mitgliedern des Bundestages und den Abgesandten der Landesparlamente. Sie wird vom Bundestagspräsidenten einberufen und ihre einzige Aufgabe besteht in der Wahl des Bundespräsidenten.

**Zu 303.**

**D.** Karotte

Die Tomate wurde erstmals 1498 von Christoph Kolumbus aus der „neuen Welt" nach Europa gebracht, der Mais und die Kartoffel folgten im 16. Jh. Die heute bekannte Karotte bzw. Möhre ist eine Kreuzung mehrerer ursprünglicher Kulturformen aus dem Mittelmeerraum und Afghanistan.

**Zu 304.**

**C.** Ein Gemisch zweier Flüssigkeiten

Eine Emulsion ist ein fein verteiltes Gemisch zweier verschiedener, normalerweise nicht mischbarer Flüssigkeiten ohne sichtbare Entmischung. Die eine Flüssigkeit liegt dabei in kleinen Tröpfchen verteilt in der anderen vor: Typische Beispiele sind Öl-Wasser-Gemische wie in Majonäse oder zahlreichen Kosmetika.

**Zu 305.**

**D.** Nord- und Südpol

Die Pole eines Magneten nennt man auch Nord- und Südpol. In grafischen Darstellungen ist der Nordpol meist rot und der Südpol grün eingefärbt, wobei die Feldlinien – die die Richtung und Stärke des Magnetfelds veranschaulichen – am Nordpol aus- und am Südpol des Magneten eintreten.

**Zu 306.**

**C.** Luftdruck

Ein Barometer dient zur Bestimmung des Luftdrucks und findet in den unterschiedlichsten Formen und Typen vor allem in der Meteorologie Anwendung. Barometer gehören als Standardinstrumente zu nahezu jeder Wetterstation. Da der Luftdruck mit der Höhe abnimmt, dienen sie auch als Höhenmesser in Flugzeugen.

**Zu 307.**

**C.** Zylinder

Eine Konservendose besteht aus einem Mantel und zwei kreisförmigen, parallelen Flächen (Grund- und Deckfläche). In der Geometrie wird ein solcher Körper als „Zylinder" bezeichnet. Ein Prisma besitzt zwei parallele Vielecke als Grund- und Deckfläche, ein Kegel verfügt über eine kreisförmige Grundfläche und eine Spitze, eine Pyramide über eine mehreckige Grundfläche und eine Spitze.

**Zu 308.**

**A.** Kleine Computerprogramme, die sich an andere Programme hängen

Ein Virus ist im EDV-Bereich ein sich selbst verbreitendes, meist schädliches Computerprogramm, das sich ungewollt in Computer einschleust und reproduziert. Das Computervirus nutzt wie sein biologisches Vorbild die Ressourcen seines Wirtes und schadet ihm dabei häufig. Der Schaden für das Wirtssystem oder dessen Programme kann von harmlosen Störungen bis hin zum Datenverlust reichen. Es kann zu nicht kontrollierbaren Veränderungen am Status der Hardware, am Betriebssystem oder an der Software kommen. Umgangssprachlich wird die Bezeichnung „Computervirus" auch für Computerwürmer und Trojanische Pferde genutzt, zwischen denen der Übergang heute fließend und für Anwender oft nicht zu erkennen ist.

**Zu 309.**

**B.** Mehrwertsteuer

Hinter dem Kürzel „MwSt." verbirgt sich die Mehrwert- oder auch Umsatzsteuer: eine Steuer, die für den Austausch von Waren und Dienstleistungen zu entrichten ist. Die Mehrwertsteuer zählt zu den einträglichsten Einkommensquellen des deutschen Fiskus.

**Zu 310.**

**D.** Gefährliche elektrische Spannung

Das abgebildete Piktogramm warnt vor gefährlicher elektrischer Spannung. Warnzeichen kennzeichnen Hindernisse und Gefahrstellen; ihr Aussehen und ihre Anbringung werden in Deutschland durch die Unfallverhütungsvorschrift der Berufsgenossenschaften geregelt.

# Fachbezogenes Wissen

***Branche und Beruf***                               *Bearbeitungszeit 10 Minuten*

**Mit den folgenden Aufgaben wird Ihr fachbezogenes Wissen geprüft.**

Beantworten Sie bitte die folgenden Aufgaben, indem Sie jeweils den richtigen Buchstaben markieren.

311. **Worüber gibt eine pH-Wert-Analyse des Leitungswassers Aufschluss?**
   A. Darüber, ob das Wasser sauer oder basisch/alkalisch ist
   B. Darüber, ob das Wasser süß oder salzig ist
   C. Darüber, ob das Wasser bitter oder mild ist
   D. Darüber, wie alt das Wasser ist
   E. Keine Antwort ist richtig.

312. **Welche Aussage zu raumlufttechnischen Anlagen – Lüftungs- und Klimaanlagen – ist falsch?**
   A. Raumlufttechnische Anlagen regulieren die Lufttemperatur.
   B. Raumlufttechnische Anlagen regulieren die Luftfeuchtigkeit.
   C. Raumlufttechnische Anlagen führen Schadstoffe ab.
   D. Der Einbau raumlufttechnischer Anlagen in gut gedämmte Gebäude ist unnötig.
   E. Keine Antwort ist richtig.

313. **Welche Angabe bezieht sich auf einen elektrischen Widerstand?**
   A. $3\,\Sigma$
   B. $0{,}5\,A$
   C. $13\,V$
   D. $150\,\Omega$
   E. Keine Antwort ist richtig.

314. **Was zeichnet Metalle aus?**
   A. Sie leiten Wärme.
   B. Sie isolieren gegen Strom.
   C. Sie schmelzen bei geringer Hitze.
   D. Sie sind relativ weich.
   E. Keine Antwort ist richtig.

**315. Zur Gefahrenabwehr verfügen Maschinen und Anlagen über Not-Aus-Schalter. Woran erkennt man sie?**

A. Not-Aus-Schalter bestehen aus einem roten Betätigungselement auf gelbem Grund.

B. Not-Aus-Schalter geben ein gelbes Blinklicht ab.

C. An jedem Not-Aus-Schalter findet sich eine dreieckige Hinweistafel mit einem schwarzen Blitzsymbol auf gelbem Grund.

D. Grüne Hinweisschilder weisen auf den jeweils nächsten Not-Aus-Schalter hin.

E. Keine Antwort ist richtig.

**316. Eine Werkzeugmaschine läuft bei 2.800 U/min. Was bedeutet das?**

A. Die Mindestspannung der Maschine beträgt 2.800 Volt.

B. Die Drehzahl beträgt 2.800 Umdrehungen pro Minute.

C. Die Mindestdrehzahl beträgt 2.800 Umdrehungen.

D. Die Leistungsaufnahme beträgt 2.800 Volt ÷ 60 Sekunden = 47 Watt.

E. Keine Antwort ist richtig.

**317. Woraus besteht Bronze?**

A. Aus Eisen und Messing

B. Aus Gold und Silber

C. Aus Kupfer und Zinn

D. Aus Zinn und Nickel

E. Keine Antwort ist richtig.

**318. Was ist eine Baugruppe?**

A. Eine Serie gleichartiger Produkte, hergestellt in einem bestimmten Zeitraum.

B. Eine aus mehreren Einzelteilen zusammengesetzte Komponente einer (elektro-)technischen Anlage

C. Die Gesamtheit der Mitarbeiter, die an der Fertigung eines bestimmten Produkts beteiligt sind

D. Ein Verbund von Maschinen, die bei der Montage zusammenwirken

E. Keine Antwort ist richtig.

**319. Was ist ein Relais?**

    A. Der Schaltplan einer elektrischen Anlage

    B. Das Schaltpult einer computergesteuerten Anlage

    C. Ein elektromagnetischer Schalter

    D. Ein Verstärker elektrischer Signale

    E. Keine Antwort ist richtig.

**320. Warum haben die Kettenräder eines Fahrrads verschiedene Größen?**

    A. Um eine Untersetzung entstehen zu lassen

    B. Um eine Übersetzung entstehen zu lassen

    C. Um die Kettenführung zu verbessern

    D. Um die Kettenlänge zu minimieren

    E. Keine Antwort ist richtig.

## Lösungen

**Zu 311.**

A. Darüber, ob das Wasser sauer oder basisch/alkalisch ist

Vorschlag A stimmt, der pH-Wert gibt Aufschluss über den Säuregrad des Wassers. Bei einem Wert von 7,0 ist eine Flüssigkeit neutral, bei niedrigeren Werten sauer, bei höheren Werten basisch. Idealerweise sollte Leitungswasser mit pH-Werten von knapp unter 7,0 leicht sauer sein; in der Praxis werden heutzutage allerdings meist etwas höhere Werte gemessen.

**Zu 312.**

D. Der Einbau raumlufttechnischer Anlagen in gut gedämmte Gebäude ist unnötig.

Immer bessere Dämmverfahren, immer dichtere Tür- und Fensterfugen verringern heute den früher normalen Austausch von Raum- und Außenluft. Dadurch steigen die Schadstoff- und Feuchtigkeitskonzentration in der Wohnung, während der Sauerstoffgehalt sinkt. Lüftungs- und Klimaanlagen können Abhilfe schaffen – sie gewährleisten ein angenehmes Raumklima, auch und gerade in gut gedämmten Gebäuden.

**Zu 313.**

D. 150 Ω

Die Einheit des elektrischen Widerstands ist das Ohm, abgekürzt durch den griechischen Buchstaben Omega (Ω). „A" steht für „Ampere", die Einheit der Stromstärke, und „V" für „Volt", die Einheit der Spannung. Das griechische Epsilon (Σ) ist das mathematische Summenzeichen.

**Zu 314.**

A. Sie leiten Wärme.

Antwort A stimmt: Charakteristischerweise leiten Metalle nicht nur Strom, sondern auch Wärme sehr gut. Dabei sind sie grundsätzlich eher hart und schmelzen erst bei höheren Temperaturen.

**Zu 315.**

A. Not-Aus-Schalter bestehen aus einem roten Betätigungselement auf gelbem Grund.

Not-Aus-Schalter sind unverzichtbare Instrumente der Arbeitssicherheit. Durch sie kann man im Notfall einen Produktionsablauf sofort unterbrechen, um Personen-, Material- oder Maschinenschäden abzuwenden. Je nach Gerät gibt es Not-Aus-Schalter in den verschiedensten Ausführungen – vom Knopf über den Drehschalter bis hin zum schlichten Taster. Gemeinsames Erkennungsmerkmal: ein rotes Bedienelement auf gelbem Grund.

**Zu 316.**

B. Die Drehzahl beträgt 2.800 Umdrehungen pro Minute.

Die Angabe „2.800 U/min" bezieht sich auf die Drehzahl: Läuft die Maschine bei 2.800 U/min, bedeutet das, dass die Motorwelle pro Minute 2.800-mal vollständig rotiert.

**Zu 317.**

C. Aus Kupfer und Zinn

Bronze ist eine Legierung, d. h. ein metallischer Werkstoff aus mehreren Elementen. Hauptbestandteile des schon seit dem 4. vorchristlichen Jahrtausend bekannten Materials sind Kupfer und Zinn.

**Zu 318.**

B. Eine aus mehreren Einzelteilen zusammengesetzte Komponente einer (elektro-)technischen Anlage

Baugruppen sind aus mehreren Komponenten zusammengesetzte Teilmodule (elektro-)technischer Anlagen. Eine einzelne Baugruppe ist für sich noch nicht funktionsfähig; erst im Verbund mit weiteren Baugruppen oder Geräten entsteht ein ordnungsgemäß arbeitendes Ganzes. Vorteile der Modularisierung im Anlagen- und Maschinenbau: zum einen die einfache Herstellung, zum anderen die leichtere Wartung – bei Defekten an der Anlage genügt es, die fehlerhafte(n) Baugruppe(n) auszutauschen.

**Zu 319.**

**C.** Ein elektromagnetischer Schalter

Ein Relais ist ein strombetriebener, meist elektromagnetisch funktionierender Schalter. Er besteht aus zwei Stromkreisen: Schließt man den Steuerstromkreis, zieht ein Elektromagnet an einem Schalter, wodurch der Laststromkreis geschlossen wird.

**Zu 320.**

**B.** Um eine Übersetzung entstehen zu lassen

Die Kettenräder (Zahnräder) haben verschiedene Größen, damit eine Übersetzung entsteht. Das Übersetzungsverhältnis wird bestimmt durch die Anzahl der Zähne der Kettenräder, die beim Fahrrad auch „Kettenblatt" und „Ritzel" genannt werden. Je höher der Größenunterschied zwischen Kettenblatt und Ritzel ist – je größer also der Unterschied in der Anzahl ihrer Zähne ist –, desto größer ist die Kraft, die der Fahrer pro Tritt aufwenden muss und desto länger ist die pro Umdrehung des Kettenblatts zurückgelegte Strecke.

# Fachbezogenes Wissen

*Technisches Verständnis*

**Mit den folgenden Aufgaben wird Ihre praktische Intelligenz geprüft.**

Beantworten Sie bitte die folgenden Aufgaben, indem Sie jeweils den richtigen Buchstaben markieren.

321. **In welche Richtung bewegt sich das große Rad B, wenn sich das Antriebsrad A in Pfeilrichtung dreht?**

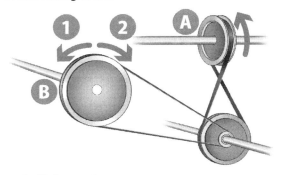

   A. In Richtung 1

   B. In Richtung 2

   C. Hin und her

   D. Gar nicht

   E. Keine Antwort ist richtig.

322. **In welche Richtung bewegt sich das große Rad, wenn sich das Antriebsrad A in Pfeilrichtung dreht?**

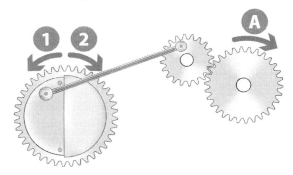

   A. In Richtung 1

   B. In Richtung 2

   C. Hin und her

   D. Gar nicht

   E. Keine Antwort ist richtig.

323. **In welche Richtung dreht sich das Rad B, wenn sich der Antriebskolben A in Pfeilrichtung dreht?**

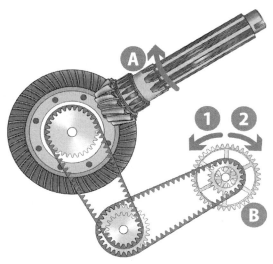

A. In Richtung 1

B. In Richtung 2

C. Hin und her

D. Gar nicht

E. Keine Antwort ist richtig.

**324. Welche der Räder drehen sich in die gleiche Richtung wie Rad 1?**

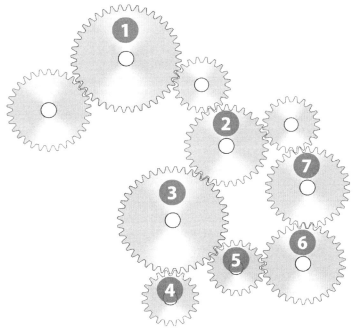

A. 3 und 7

B. 2, 4 und 6

C. 2, 4, 5 und 7

D. 3 und 6

E. Keine Antwort ist richtig.

**325. Mit welcher Sandformation lässt sich die Schubkarre am leichtesten fahren?**

A. Mit der Sandformation 1

B. Mit der Sandformation 2

C. Mit der Sandformation 3

D. Es gibt keinen Unterschied.

E. Keine Antwort ist richtig.

## Lösungen

**Zu 321.**

**B.** In Richtung 2

Werden zwei Räder durch Riemen verbunden, drehen sie sich in derselben Richtung. Anders jedoch, wenn ein Riemen gekreuzt wird – dann kommt es zu einem Wechsel des Drehsinns. Rotiert das Antriebsrad in Pfeilrichtung gegen den Uhrzeigersinn, bewegt sich das Rad darunter also im Uhrzeigersinn, ebenso wie das große Rad.

**Zu 322.**

**C.** Hin und her

Dreht sich das Antriebsrad in Pfeilrichtung, dann rotiert das Rad links davon in entgegengesetzter Richtung. Dies ist jedoch in dieser Aufgabe nicht wirklich von Bedeutung: Über die Pleuelstange am Rad unterhalb des Antriebsrads wird sowieso keine Kreisbewegung, sondern nur eine auf-/ab- bzw. links-/rechts-Bewegung an das große Rad weitergegeben. Pro Umdrehung des Antriebsrads zieht nun die Pleuelstange das große Rad einmal etwas nach rechts, bevor sie es daraufhin wieder leicht nach links schiebt – das große Rad bewegt sich also hin und her.

**Zu 323.**

**B.** In Richtung 2

Greift der Kolben wie skizziert in die Vertiefungen des Zahnkranzes, wird dieser in eine Rotation im Uhrzeigersinn versetzt. Da die Zahnräder über Ketten miteinander verbunden sind, ändert sich dieser Drehsinn anschließend nicht.

**Zu 324.**

**C.** 2, 4, 5 und 7

Wenn ein Zahnrad in ein zweites greift und seine Rotation dadurch überträgt, dann dreht sich das zweite Rad im entgegengesetzten Drehsinn. Überträgt das zweite Zahnrad seine Rotation wiederum auf ein drittes, bewegt sich dieses entgegengesetzt zum zweiten, also in der gleichen Drehrichtung wie das erste. Anders ausgedrückt: In einer Kette miteinander verbundener Zahnräder rotieren immer die jeweils übernächsten in derselben Drehrichtung. In die gleiche Richtung wie Rad 1 drehen sich demnach die Räder 2, 4, 5 und 7.

**Zu 325.**

**B.** Mit der Sandformation 2

Um die gefüllte Schubkarre mit möglichst wenig Mühe zu bewegen, sollte die Hebelwirkung möglichst groß sein. Das bedeutet: Je weiter die zu bewegende Last nach vorne rückt, desto länger wird der Hebelarm, durch den das Gewicht bewegt werden muss, und desto größer ist die entsprechende Hebelwirkung. In Schubkarre 2 ist der Sand daher am günstigsten aufgeladen.

# Sprachbeherrschung

*Rechtschreibung: kurze Sätze*                                    *Bearbeitungszeit 5 Minuten*

**Der folgende Aufgabenteil prüft Ihre Rechtschreibkenntnisse.**

Beantworten Sie bitte die folgenden Aufgaben, indem Sie jeweils den Lösungsbuchstaben des korrekt geschriebenen Antwortvorschlags markieren.

**326.**

- A. Er ist ledig und naiv.
- B. Er ist lädig und naiv.
- C. Er ist ledig und naif.
- D. Er ist lädig und naif.
- E. Keine Antwort ist richtig.

**327.**

- A. ein spezieler Bügel für Kinderbekleidung
- B. ein spezieller Bügel für Kinderbekleidung
- C. ein spezieller Bügel für Kinderbegleidung
- D. ein spezieler Bügel für Kinderbegleitung
- E. Keine Antwort ist richtig.

**328.**

- A. Die Schahle schält man besser ab.
- B. Die Schale schält man besser ab.
- C. Die Schahle schelt man besser ab.
- D. Die Schale schelt man besser ab.
- E. Keine Antwort ist richtig.

**329.**

- A. Der Schef amüsierte sich mit dem Pförtner.
- B. Der Chef amüsierte sich mit dem Pförtner.
- C. Der Chef amüssierte sich mit dem Pförtner.
- D. Der Chef amüsierte sich mit dem Förtner.
- E. Keine Antwort ist richtig.

**330.**

- A. Der plötzliche Tod überraschte alle.
- B. Der plözliche Tod überraschte alle.
- C. Der plötzliche Tot überraschte alle.
- D. Der plötzliche tod überaschte Alle.
- E. Keine Antwort ist richtig.

## Lösungen

**Zu 326.**

**A.** Er ist ledig und naiv.

Nur in Lösungsvorschlag A sind die Wörter „ledig" und „naiv" richtig geschrieben.

**Zu 327.**

**B.** ein spezieller Bügel für Kinderbekleidung

Nur in Lösungsvorschlag B sind die Wörter „spezieller" und „Kinderbekleidung" richtig geschrieben. Um eine „Begleitung" von Kindern (Antwort D) geht es hier nicht.

**Zu 328.**

**B.** Die Schale schält man besser ab.

Nur in Lösungsvorschlag B sind die Wörter „Schale" und das davon abgeleitete „schält" richtig geschrieben.

**Zu 329.**

**B.** Der Chef amüsierte sich mit dem Pförtner.

Nur in Lösungsvorschlag B sind die Wörter „Chef", „amüsierte" und „Pförtner" richtig geschrieben.

**Zu 330.**

**A.** Der plötzliche Tod überraschte alle.

Nur in Lösungsvorschlag A sind das Adjektiv „plötzliche" und das Substantiv „Tod" richtig geschrieben. Zudem schreibt man das Indefinitpronomen „alle" klein.

# Sprachbeherrschung

***Gleiche Wortbedeutung***                    *Bearbeitungszeit 5 Minuten*

**Nun wird die Fähigkeit zu logischem Denken im sprachlichen Bereich getestet.**

In dieser Aufgabe wird Ihnen jeweils ein Wort vorgegeben. Finden Sie aus den fünf Lösungsmöglichkeiten das Wort heraus, das dem vorgegebenen Begriff am nächsten kommt, und markieren Sie den zugehörigen Antwortbuchstaben.

331. **abtrünnig**

  A. abwertend

  B. lustlos

  C. negativ

  D. untreu

  E. willig

332. **Disput**

  A. Auseinandersetzung

  B. Vorschlag

  C. Einigung

  D. Knochenkrankheit

  E. Gespräch

333. **heikel**

  A. lustig

  B. interessant

  C. schwierig

  D. unklar

  E. verschieden

334. **Trubel**

  A. Verwirrung

  B. Sog

  C. Gewissen

  D. Betrieb

  E. Strömung

335. **Vagabund**

  A. Verein

  B. Obdachloser

  C. Ungewissheit

  D. Spion

  E. Nachricht

## Lösungen

**Zu 331.**

D. untreu

**Zu 332.**

A. Auseinandersetzung

**Zu 333.**

C. schwierig

**Zu 334.**

D. Betrieb

**Zu 335.**

B. Obdachloser

# Mathematik

## *Kettenaufgaben ohne Punkt vor Strich*  *Bearbeitungszeit 5 Minuten*

**Bei dieser Aufgabe geht es darum, einfache Rechnungen im Kopf zu lösen.**

Bitte benutzen Sie **keinen Taschenrechner**, die **Punkt-vor-Strich-Regel gilt hier nicht!**

Beantworten Sie bitte die folgenden Aufgaben, indem Sie jeweils den richtigen Buchstaben markieren.

336. $57 - 12 \div 9 + 12 - 3 \div 2 - 3 \times 5 + 6 \div 2 \times 3 - 3 \div 6 = ?$

    A. 9

    B. 11

    C. 12

    D. 6

    E. Keine Antwort ist richtig.

337. $27 \div 3 + 18 \div 3 \times 2 + 118 - 30 \div 2 + 3 \div 7 \div 2 + 16 = ?$

    A. 25,5

    B. 20

    C. 18

    D. 15

    E. Keine Antwort ist richtig.

338. $6 \times 5 - 12 \div 2 + 27 - 3 \div 11 + 5 \times 40 \div 2 - 50 \div 2 = ?$

    A. 55

    B. 49

    C. 86

    D. 99

    E. Keine Antwort ist richtig.

339. $18 + 7 \div 5 \times 8 + 12 \div 4 + 3 \div 4 - 2 \times 9 - 10 \times 11 = ?$

    A. 110

    B. 99

    C. 88

    D. 121

    E. Keine Antwort ist richtig.

**340.** $24 + 17 \times 2 + 3 \div 5 + 4 \div 7 \times 2 + 19 \div 5 + 1 \times 8 + 7 = ?$

    A. 63

    B. 59

    C. 47

    D. 55

    E. Keine Antwort ist richtig.

## Lösungen

**Zu 336.**

D. 6

**Zu 337.**

B. 20

**Zu 338.**

A. 55

**Zu 339.**

C. 88

**Zu 340.**

D. 55

# Mathematik

## *Prozentrechnen*                                    *Bearbeitungszeit 5 Minuten*

Bei der Prozentrechnung gibt es drei Größen, die zu beachten sind, den Prozentsatz, den Prozentwert und den Grundwert. Zwei dieser Größen müssen gegeben sein, um die dritte Größe berechnen zu können.

Beantworten Sie bitte die folgenden Aufgaben, indem Sie jeweils den richtigen Buchstaben markieren.

341. Herr Mayer möchte einen gebrauchten PKW für 12.000 € erwerben. Da Herr Mayer ein guter Kunde ist, bekommt er einen Rabatt von 8 Prozent. Wie viel Euro spart er durch den Rabatt?

    A.  500 €
    B.  960 €
    C.  1.000 €
    D.  1.200 €
    E.  Keine Antwort ist richtig.

342. Herr Müller erhält eine Gehaltserhöhung von fünf Prozent. Derzeit verdient er 3.500 €. Wie viel Euro erhält er zukünftig mehr?

    A.  120 €
    B.  140 €
    C.  160 €
    D.  175 €
    E.  Keine Antwort ist richtig.

343. Herr Mayer gewährt einem Kunden einen Sonderrabatt von fünf Prozent pro Stahlträger. Bei 16 Stahlträgern spart der Kunde einen Betrag von 52 €. Wie hoch wäre der Gesamtbetrag ohne Rabatt gewesen?

    A.  1.000 €
    B.  1.040 €
    C.  1.080 €
    D.  1.120 €
    E.  Keine Antwort ist richtig.

344. Bei der Betriebsratswahl der Max Mayer Industriegesellschaft sind von 120 Beschäftigten 80 Prozent wahlberechtigt. Wie viele Beschäftigte dürfen wählen?

    A.  63 Beschäftigte
    B.  74 Beschäftigte
    C.  85 Beschäftigte
    D.  96 Beschäftigte
    E.  Keine Antwort ist richtig.

345. Von 92 wahlberechtigten Beschäftigten haben 69 bei der Betriebsratswahl gewählt. Wie viel Prozent der wahlberechtigten Beschäftigten haben gewählt?

    A.  55 %
    B.  60 %
    C.  75 %
    D.  80 %
    E.  Keine Antwort ist richtig.

## Lösungen

**Zu 341.**

**B.** 960 €

Herr Mayer spart durch den Rabatt einen Betrag von 960 €.

$$Prozentwert = \frac{Grundwert \times Prozentsatz}{100}$$

$$Prozentwert = \frac{12.000€ \times 8}{100} = 960€$$

**Zu 342.**

**D.** 175 €

Herr Müller erhält zukünftig 175 € mehr Gehalt.

$$Prozentwert = \frac{Grundwert \times Prozentsatz}{100}$$

$$Prozentwert = \frac{3.500€ \times 5\%}{100} = 175€$$

**Zu 343.**

**B.** 1.040 €

Der Kunde hätte ohne Rabatt einen Betrag von 1.040 € zu zahlen.

$$Grundwert = \frac{Prozentwert \times 100}{Prozentsatz}$$

$$Grundwert = \frac{52€ \times 100}{5} = 1.040€$$

**Zu 344.**

**D.** 96 Beschäftigte

Die Max Mayer Industriegesellschaft hat 96 wahlberechtigte Beschäftigte.

$$Prozentwert = \frac{Grundwert \times Prozentsatz}{100}$$

$$Prozentwert = \frac{120 \times 80}{100} = 96 \, Beschäftigte$$

**Zu 345.**

**C.** 75 %

75 % der wahlberechtigten Beschäftigten haben bei der Betriebsratswahl gewählt.

$$Prozentsatz = \frac{Prozentwert \times 100}{Grundwert}$$

$$Prozentsatz = \frac{69 \times 100}{92} = 75\%$$

# Mathematik

## Gemischte Aufgaben

Beantworten Sie bitte die folgenden Aufgaben, indem Sie jeweils den richtigen Buchstaben markieren.

346. Wenn Herr Mayer mit einer Durchschnitts-geschwindigkeit von 160 km/h fährt, kann er mit einem vollen Tank von 80 Liter nur 800 km weit fahren. Wie viel Liter ver-braucht das Fahrzeug auf 100 km bei einer Durchschnittsgeschwindigkeit von 160 km/h?

   A. 8,25 Liter
   B. 7,25 Liter
   C. 10,00 Liter
   D. 9,00 Liter
   E. Keine Antwort ist richtig.

347. Durch einen verspäteten ICE hat Herr Ma-yer in einer Besprechung nur noch drei Viertel seiner Redezeit zu Verfügung. Ur-sprünglich wollte er einen Vortrag von 100 Minuten halten. Wie viel Minuten kann Herr Mayer jetzt noch vortragen?

   A. 60 min
   B. 80 min
   C. 75 min
   D. 70 min
   E. Keine Antwort ist richtig.

348. Auszubildender Müller benötigt für eine Strecke sechs Stunden, wenn er durch-schnittlich mit 120 km/h fährt. Wie schnell müsste er durchschnittlich fahren, wenn er die Strecke in fünf Stunden schaffen möchte?

   A. 124 km/h
   B. 134 km/h
   C. 144 km/h
   D. 154 km/h
   E. Keine Antwort ist richtig.

349. Bei einer Durchschnittsgeschwindigkeit von 90 km/h benötigt Herr Mayer für eine Strecke sechs Stunden. Wie schnell muss er fahren, wenn er die gleiche Strecke in fünf Stunden schaffen möchte?

   A. 100 km/h
   B. 108 km/h
   C. 112 km/h
   D. 116 km/h
   E. Keine Antwort ist richtig.

350. Auszubildender Müller verbraucht mit seinem PKW für eine Strecke von 240 km genau 16,8 l Kraftstoff. Wie hoch ist der Verbrauch auf einer Strecke von 100 km?

   A. 6 l
   B. 6,5 l
   C. 7 l
   D. 7,5 l
   E. Keine Antwort ist richtig.

## Lösungen

**Zu 346.**

C.   10,00 Liter

Das Fahrzeug hätte einen durchschnittlichen Verbrauch von 10 l auf 100 km.

80 l ÷ 800 km × 100 km = 10 l

**Zu 347.**

C.   75 min

Herr Mayer hat 75 min zu Verfügung.

100 min × 3 ÷ 4 = 75 min

**Zu 348.**

C.   144 km/h

Auszubildender Müller müsste mit einer Durchschnittsgeschwindigkeit von 144 km/h fahren.

6 h × 120 km/h = 720 km

720 km ÷ 5 h = 144 km/h

**Zu 349.**

B.   108 km/h

Herr Mayer müsste mit einer Durchschnittsgeschwindigkeit von 108 km/h fahren.

6 h × 90 km/h = 540 km

540 km ÷ 5 h = 108 km/h

**Zu 350.**

C.   7 l

Das Fahrzeug hätte einen Verbrauch von 7 l auf einer Strecke von 100 km.

16,8 l ÷ 240 km × 100 km = 7 Liter

# Mathematik

## Gemischte Textaufgaben

Beantworten Sie bitte die folgenden Aufgaben, indem Sie jeweils den richtigen Buchstaben markieren.

351. Für eine Werbeaktion werden 1.000 Werbebroschüren gedruckt. Der Preis beträgt 500 €. Da die Kundschaft sich sehr für die Broschüre interessiert, müssen noch 200 Stück nachbestellt werden. Wie hoch ist der Preis für die Nachbestellung, wenn der Stückpreis gleich bleibt?

   A. 80 €

   B. 100 €

   C. 120 €

   D. 160 €

   E. Keine Antwort ist richtig.

352. Herr Müller möchte eine Geschenkbox mit einhundert 10-Cent-Stücken und Sand befüllen. Da die Bank nicht ausreichend 10-Cent-Stücke vorrätig hat, muss Herr Müller auf 20-Cent-Stücke ausweichen. Mit wie vielen 20-Cent-Stücken kann Herr Müller die Geschenkbox befüllen, wenn sie im Wert gleich bleiben soll?

   A. 10

   B. 15

   C. 50

   D. 5

   E. Keine Antwort ist richtig.

353. Herr Müller hat für eine kleine Betriebsfeier 25 kg Obst für 65 € gekauft. Neben 12 kg Birnen hat er 13 kg Äpfel für 2,60 € das Kilo gekauft. Welchen Preis hat ein Kilogramm Birnen?

   A. 1,5 €

   B. 2,6 €

   C. 3,2 €

   D. 4,1 €

   E. Keine Antwort ist richtig.

354. In einer Wohngemeinschaft teilen drei Auszubildende die Miete nach Zimmergröße auf. Auszubildender Mark hat ein Zimmer von 25 m² und Dieter ein Zimmer von 24 m². Welchen Mietanteil muss Auszubildende Miriam zahlen, wenn die Gesamtmiete 700 € beträgt und sie eine Zimmergröße von 21 m² zur Verfügung hat?

   A. 180 €

   B. 210 €

   C. 240 €

   D. 260 €

   E. Keine Antwort ist richtig.

355. Die Stadt Maxdorf hat Grundstücke als Bauland ausgewiesen. Dadurch können in einem Gebiet 24 gleich große Bauplätze zu je 500 m² erschlossen werden. Wie viele Bauplätze könnten erschlossen werden, wenn jeder Bauplatz um 20 % kleiner ausfallen würde?

   A. 20

   B. 25

   C. 30

   D. 35

   E. Keine Antwort ist richtig.

## Lösungen

**Zu 351.**

**B.** 100 €

Die Nachbestellung kostet 100 €.

500 € ÷ 1.000 Stk. = 0,5 € pro Stück

0,5 € × 200 Stk. = 100 €

**Zu 352.**

**C.** 50

Herr Müller bräuchte fünfzig 20-Cent-Stücke.

100 Stk. × 10 Cent = 1.000 Cent

1.000 Cent ÷ 20 Cent = 50 Stück

**Zu 353.**

**B.** 2,6 €

Das Kilogramm Birnen kostet 2,6 €.

Äpfel = 13 kg × 2,60 € = 33,8 €

Birnen = 65 € − 33,8 € = 31,2 €

31,2 € ÷ 12 kg = 2,6 € pro kg Birnen

**Zu 354.**

**B.** 210 €

Auszubildende Miriam hat einen Mietanteil von 210 € zu zahlen.

21 m² + 24 m² + 25 m² = 70 m²

700 € ÷ 70 m² ÷ = 10 € pro m²

21 m² × 10 € = 210 €

**Zu 355.**

**C.** 30

Es können durch die Verkleinerung 30 Bauplätze erschlossen werden.

$$\text{Prozentwert} = \frac{\text{Grundwert} \times \text{Prozentsatz}}{100}$$

$$\frac{500 \times 80}{100} = 400\,\text{m}^2$$

24 × 500 m² = 12.000 m²

12.000 m² ÷ 400 m² = 30 Bauplätze

# Mathematik

## Maße und Einheiten umrechnen

*Bearbeitungszeit 5 Minuten*

Beantworten Sie bitte die folgenden Aufgaben, indem Sie jeweils den richtigen Buchstaben markieren.

**356. Die Entfernung zwischen zwei Orten beträgt 41,5 km. Wie viel Meter sind das?**

A. 4.150 m

B. 41.500 m

C. 415.000 m

D. 4.150.000 m

E. Keine Antwort ist richtig.

**357. Wie viele Meter sind 24,3 Dezimeter?**

A. 2,43

B. 243

C. 0,243

D. 48,6

E. Keine Antwort ist richtig.

**358. Wie viele Zentner sind 425 Kilogramm?**

A. 8,5

B. 85

C. 42,5

D. 4,25

E. Keine Antwort ist richtig.

**359. Wie viele Quadratmeter sind 6,8 Quadratkilometer?**

A. 6.800.000

B. 6.800

C. 68.000

D. 680.000

E. Keine Antwort ist richtig.

**360. Wie viele Gramm sind 21,7 Tonnen?**

A. 21.700

B. 217.000

C. 2.170.000

D. 21.700.000

E. Keine Antwort ist richtig.

## Lösungen

**Zu 356.**

B. 41.500 m

Ein Kilometer entspricht 1.000 Metern, also ergeben 41,5 Kilometer 41.500 Meter:

$41{,}5 \times 1.000 \text{ m} = 41.500 \text{ m}$

**Zu 357.**

A. 2,43

Ein Dezimeter entspricht 0,1 Metern, also ergeben 24,3 Dezimeter 2,43 Meter:

$24{,}3 \times 0{,}1 \text{ m} = 2{,}43 \text{ m}$

**Zu 358.**

A. 8,5

Ein Zentner entspricht 50 Kilogramm, also ergeben 425 Kilogramm 8,5 Zentner:

$425 \text{ kg} \div 50 \text{ kg} = 8{,}5$

**Zu 359.**

A. 6.800.000

Ein Quadratkilometer umfasst 1.000.000 Quadratmeter, also umfassen 6,8 Quadratkilometer 6,8 Mio. Quadratmeter:

$6{,}8 \times 1.000.000 = 6.800.000$

**Zu 360.**

D. 21.700.000

Eine Tonne entspricht 1.000 Kilogramm bzw. 1.000.000 Gramm, also ergeben 21,7 Tonnen 21,7 Mio. Gramm:

$21{,}7 \times 1.000.000 \text{ g} = 21.700.000 \text{ g}$

# Mathematik

## Geometrie

**In diesem Abschnitt werden Ihre Geometriekenntnisse auf die Probe gestellt.**

Beantworten Sie bitte die folgenden Aufgaben, indem Sie jeweils den richtigen Buchstaben markieren.

**361. Ein Kreis hat einen Durchmesser von 20 Metern. Wie groß ist sein Flächeninhalt? Der Flächeninhalt eines Kreises berechnet sich nach der Formel:**
$A = \pi \times r^2$.

   A.   400 m$^2$

   B.   314 m$^2$

   C.   3.256 m$^2$

   D.   3.640 m$^2$

   E.   269 m$^2$

**362. Wie groß ist die Oberfläche des abgebildeten Würfels?**

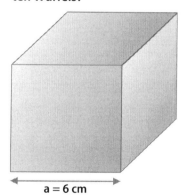

a = 6 cm

   A.   12 cm$^2$

   B.   36 cm$^2$

   C.   72 cm$^2$

   D.   216 cm$^2$

   E.   Keine Antwort ist richtig.

**363. Wie groß ist die Oberfläche des abgebildeten Quaders?**

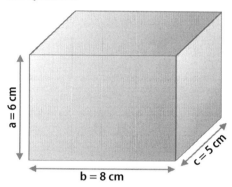

a = 6 cm    b = 8 cm    c = 5 cm

   A.   48 cm$^2$

   B.   88 cm$^2$

   C.   118 cm$^2$

   D.   236 cm$^2$

   E.   Keine Antwort ist richtig.

**364. Welches Volumen hat eine zylindrische Dose mit einem Durchmesser von 5 Zentimetern und einer Höhe von 10 Zentimetern? Der Rauminhalt von Zylindern berechnet sich nach der Formel:**
$V = \pi \times r^2 \times h$.

   A.   157,5 cm$^3$

   B.   252,75 cm$^3$

   C.   196,25 cm$^3$

   D.   250 cm$^3$

   E.   50,25 cm$^3$

365. **Alle Kanten eines Würfels ergeben zu-
sammengenommen eine Länge von
120 cm. Wie groß ist der Flächeninhalt (A)
einer Seitenfläche?**

    A. $40 \text{ cm}^2$

    B. $64 \text{ cm}^2$

    C. $100 \text{ cm}^2$

    D. $120 \text{ cm}^2$

    E. $136 \text{ cm}^2$

## Lösungen

**Zu 361.**

**B.** 314 m$^2$

Die angegebene Formel bezieht sich auf den Radius (r) des Kreises. In der Aufgabenstellung wird jedoch der Durchmesser (d) genannt, der die doppelte Länge des Radius besitzt:

$$r = \frac{d}{2} = \frac{20\,m}{2} = 10\,m$$

Nun lässt sich die Fläche durch Einsetzen berechnen:

A= π × r$^2$ = 3,14 × (10 m)$^2$ = 3,14 × 100 m$^2$ = 314 m$^2$

Der Kreis hat einen Flächeninhalt von rund 314 Quadratmetern.

**Zu 362.**

**D.** 216 cm$^2$

Der Würfel ist ein Körper mit 12 gleich langen Kanten und 8 Ecken. Seine 6 Seitenflächen sind identische Quadrate. Die Gesamt-Oberfläche eines Würfels lässt sich daher berechnen, indem man den Flächeninhalt einer Seitenfläche mit 6 multipliziert.

Flächeninhalt einer quadratischen Seitenfläche:

A = a × a = 6 cm × 6 cm = 36 cm$^2$

Gesamt-Oberfläche:

O = 6 × a$^2$ = 6 × 36 cm$^2$ = 216 cm$^2$

Die Oberfläche des abgebildeten Würfels beträgt 216 cm$^2$.

**Zu 363.**

**D.** 236 cm$^2$

Der Quader ist ein Körper, der aus 12 Kanten und 8 Ecken besteht, wobei die Kanten unterschiedlich lang sein können. Die Gesamt-Oberfläche eines Quaders setzt sich aus 6 rechteckigen Seitenflächen zusammen; die jeweils gegenüberliegenden Seitenflächen sind iden-

tisch. Um die Oberfläche eines Quaders zu berechnen, genügt es also, die drei unterschiedlichen Seitenflächen zu berechnen und mit 2 zu multiplizieren:

O = 2 (a × b) + 2 (b × c) + 2 (c × a)

O = 2 (6 cm × 8 cm) + 2 (8 cm × 5 cm) + 2 (5 cm × 6 cm) = 2 × 48 cm$^2$ + 2 × 40 cm$^2$ + 2 × 30 cm$^2$ = 96 cm$^2$ + 80 cm$^2$ + 60 cm$^2$ = 236 cm$^2$

Die Oberfläche des abgebildeten Quaders beträgt 236 cm$^2$.

**Zu 364.**

**C.** 196,25 cm$^3$

Die angegebene Formel bezieht sich auf den Radius (r) des Kreises. In der Aufgabenstellung wird jedoch der Durchmesser genannt, der die doppelte Länge des Radius besitzt:

$$r = \frac{d}{2} = 2,5\ cm$$

Nun lässt sich das Volumen der zylindrischen Dose durch Einsetzen berechnen:

V = π × r$^2$ × h

V = π × (2,5 cm)$^2$ × 10 cm = π × 6,25 cm$^2$ × 10 cm ≈ 3,14 × 62,5 cm$^3$ = 196,25 cm$^3$

Das Volumen der Dose beträgt 196,25 Kubikzentimeter.

**Zu 365.**

**C.** 100 cm$^2$

Da ein Würfel 12 gleich lange Kanten hat, lässt sich seine Kantenlänge (a) einfach berechnen, wenn die Gesamtlänge aller Kanten bekannt ist:

a = 120 cm ÷ 12 = 10 cm

Die 6 Seitenflächen eines Würfels sind quadratisch und gleich groß. Ihr Inhalt ergibt sich aus dem Quadrat der Kanten- bzw. Seitenlänge:

A = a × a = 10 cm × 10 cm = 100 cm$^2$

Eine Seitenfläche ist 100 Kubikzentimeter groß.

# Mathematik

***Mengenkalkulation mit Schaubild***                    *Bearbeitungszeit 5 Minuten*

Beantworten Sie bitte die folgenden Aufgaben, indem Sie jeweils den richtigen Buchstaben markieren.

Zur Herstellung des Fertigerzeugnisses f braucht man verschiedene Einzelteile. Das folgende Schaubild gibt Aufschluss über die benötigten Teile t, die wiederum bestimmte Elemente e beinhalten.

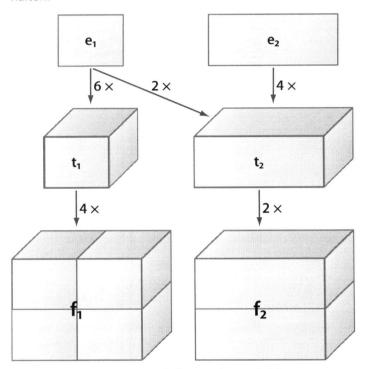

**Hinweis:** e = Elemente in Stk. | t = Teile in Stk. | f = Fertigerzeugnisse in Stk.

366. **Wie viele Elemente e werden für die Herstellung von $t_2$ insgesamt benötigt?**

    A.  3

    B.  4

    C.  5

    D.  6

    E.  Keine Antwort ist richtig.

367. **Wie viele Elemente e₁ werden für die Herstellung dieses Erzeugnisses insgesamt benötigt?**

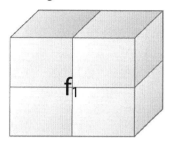

A. 6

B. 10

C. 24

D. 48

E. Keine Antwort ist richtig.

369. **Wie viele Elemente e₁ und e₂ werden für die Herstellung dieses Erzeugnisses benötigt?**

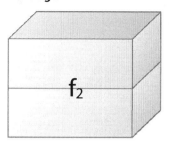

A. 4 $e_1$ und 8 $e_2$

B. 4 $e_1$ und 4 $e_2$

C. 8 $e_1$ und 4 $e_2$

D. 8 $e_1$ und 8 $e_2$

E. Keine Antwort ist richtig.

368. **Wie viele Elemente e₁ werden für die Herstellung dieses Erzeugnisses benötigt?**

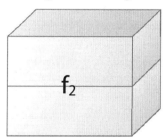

A. 2

B. 4

C. 6

D. 24

E. Keine Antwort ist richtig.

370. **Wie viele Elemente e₁ werden für die Herstellung dieses Erzeugnisses benötigt?**

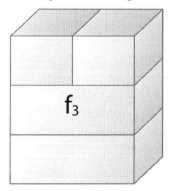

A. 4

B. 12

C. 16

D. 24

E. Keine Antwort ist richtig.

## Lösungen

**Zu 366.**

D. 6

Es werden insgesamt 6 Elemente benötigt.

$e_1 = 2$

$e_2 = 4$

**Zu 367.**

C. 24

Es werden insgesamt 24 Elemente $e_1$ benötigt.

$t_1 = 6 \times e_1$

$4 \times t_1 = 24 \, e_1$

**Zu 368.**

B. 4

Es werden insgesamt 4 Elemente $e_1$ benötigt.

$t_2 = 2 \times e_1$

$2 \times t_2 = 4 \, e_1$

**Zu 369.**

A. 4 $e_1$ und 8 $e_2$

Es werden insgesamt 4 Elemente $e_1$ und 8 Elemente $e_2$, d. h. insgesamt 12 Elemente benötigt.

$t_2 = 2 \times e_1$

$2 \times t_2 = 4 \, e_1$

$t_2 = 4 \times e_2$

$2 \times t_2 = 8 \, e_2$

**Zu 370.**

C. 16

Es werden insgesamt 16 Elemente $e_1$ benötigt.

$t_2 = 2 \times e_1$

$2 \times t_2 = 4 \, e_1$

$f_2 = 4 \, e_1$

$t_1 = 6 \times e_1$

$2 \times t_1 = 12 \, e_1$

Summe: $12 + 4 = 16 \, e_1$

# Logisches Denkvermögen

## *Zahlenreihen fortsetzen* *Aufgabenerklärung*

**In diesem Abschnitt haben Sie Zahlenfolgen, die nach festen Regeln aufgestellt sind.**

Bitte markieren Sie den zugehörigen Buchstaben der Zahl, von der Sie denken, dass sie die Reihe am sinnvollsten ergänzt.

## Hierzu ein Beispiel

### *Aufgabe*

1.

- A. 6
- B. 7
- C. 8
- D. 9
- E. Keine Antwort ist richtig.

### *Antwort*

 6

Bei dieser Zahlenreihe wird jede folgende Zahl um eins erhöht. Die gesuchte Zahl lautet somit 5 + 1 = 6 und die richtige Antwort lautet A.

## *Zahlenreihen fortsetzen*

*Bearbeitungszeit 5 Minuten*

Beantworten Sie bitte die folgenden Aufgaben, indem Sie jeweils den richtigen Buchstaben markieren.

**371.**

A. 10
B. 14
C. 18
D. 20
E. Keine Antwort ist richtig.

**372.**

A. $\dfrac{18}{4}$

B. $\dfrac{32}{6}$

C. $\dfrac{24}{4}$

D. $\dfrac{32}{4}$

E. Keine Antwort ist richtig.

**373.**

A. 80
B. 240
C. 420
D. 120
E. Keine Antwort ist richtig.

374.

A. $^{45}/_4$

B. 35

C. 30

D. 60

E. Keine Antwort ist richtig.

375.

A. 28

B. 12

C. 32

D. 16

E. Keine Antwort ist richtig.

## Lösungen

**Zu 371.**

C.  18

$-6 \mid -5 \mid -4 \mid -3 \mid -2$

**Zu 372.**

D.  $\dfrac{32}{4}$

$\times 2 \mid \times 2 \mid \times 2 \mid \times 2$

**Zu 373.**

A.  80

$\div 2 \mid \times 4 \mid \div 2 \mid \times 4 \mid \div 2$

**Zu 374.**

A.  $^{45}/_4$

$\div 4 \mid \times 3 \mid \div 4 \mid \times 3 \mid \div 4$

**Zu 375.**

A.  28

$+1 \mid +3 \mid +5 \mid +7 \mid +9$

# Logisches Denkvermögen

## *Wörter erkennen*                                    *Aufgabenerklärung*

**Die folgenden Aufgaben prüfen Ihr Sprachgefühl und Ihren Wortschatz.**

Ihre Aufgabe besteht darin, Wörter in durcheinander gewürfelten Buchstabenfolgen zu erkennen. Bitte markieren Sie den Buchstaben, von dem Sie denken, dass es der Anfangsbuchstabe des gesuchten Wortes sein könnte.

## Hierzu ein Beispiel

### *Aufgabe*

1.

- A. R
- B. S
- C. P
- D. U
- E. T

### *Antwort*

(B.) S

In dieser Buchstabenreihe versteckt sich das Wort „SPURT" und die richtige Antwort lautet B.

## Wörter erkennen

**Welches Wort versteckt sich in der Buchstabenreihe?**

Beantworten Sie bitte die folgenden Aufgaben, indem Sie den Anfangsbuchstaben des gesuchten Wortes bestimmen und den zugehörigen Lösungsbuchstaben markieren.

**376.**

| I | E | H | L | F |
|---|---|---|---|---|

A. I
B. E
C. H
D. L
E. F

**379.**

| C | H | I | M | L |
|---|---|---|---|---|

A. C
B. H
C. I
D. M
E. L

**377.**

| T | A | F | H | R |
|---|---|---|---|---|

A. T
B. A
C. F
D. H
E. R

**380.**

| R | I | T | S | N |
|---|---|---|---|---|

A. R
B. I
C. T
D. S
E. N

**378.**

| Z | U | B | E | G |
|---|---|---|---|---|

A. Z
B. U
C. B
D. E
E. G

## Lösungen

**Zu 376.**
C. H

Hilfe

**Zu 377.**
C. F

Fahrt

**Zu 378.**
C. B

Bezug

**Zu 379.**
D. M

Milch

**Zu 380.**
D. S

Stirn

# Logisches Denkvermögen

## *Sprachlogik: Analogien*

**In diesem Abschnitt wird Ihre Fähigkeit zu logischem Denken im sprachlichen Bereich geprüft.**

Pro Aufgabe werden Ihnen zwei Wörter vorgegeben, die in einer bestimmten Beziehung zueinander stehen. Eine ähnliche Beziehung besteht zwischen einem dritten und vierten Wort. Das dritte Wort wird Ihnen vorgegeben, das vierte sollen Sie in den Antworten A bis E selbst ermitteln.

## Hierzu ein Beispiel

### *Aufgabe*

1.  **dick : dünn**   wie   **lang : ?**

    A. hell
    B. dunkel
    C. schmal
    D. kurz
    E. schlank

### *Antwort*

(D.) kurz

Gesucht wird also ein Begriff, zu dem sich „lang" genauso verhält wie „dick" zu „dünn". Da „dick" das Gegenteil von „dünn" ist, muss ein Begriff gefunden werden, zu dem „lang" das Gegenteil ist. Von den Wahlwörtern kommt somit nur „kurz" in Frage; Lösungsbuchstabe ist daher das D.

## Sprachlogik: Analogien

*Bearbeitungszeit 5 Minuten*

Beantworten Sie bitte die folgenden Aufgaben, indem Sie jeweils den richtigen Buchstaben markieren.

**381. Ball : werfen** wie **Pistole : ?**

A. schießen
B. rollen
C. Handball
D. Fußball
E. laut

**382. Fußballer : Fußballplatz** wie **Schwimmer : ?**

A. Schwimmbecken
B. Wasser
C. Sport
D. Halle
E. Badehose

**383. Skala : Thermometer** wie **Ziffernblatt : ?**

A. Bild
B. Skizze
C. Uhr
D. Bildschirm
E. Tableau

**384. Spanien : König** wie **Deutschland : ?**

A. Bundeskanzler
B. Bundespräsident
C. Minister
D. Bundesrat
E. König

**385. Instrument : Musik** wie **Buch : ?**

A. Dichter
B. Malerei
C. Literatur
D. Schiller
E. Papier

## Lösungen

**Zu 381.**

**A.** schießen

Ein Ball wird geworfen, mit einer Pistole wird geschossen.

**Zu 382.**

**A.** Schwimmbecken

Der Fußballer übt seinen Sport auf dem Fußballplatz aus, der Schwimmer im Schwimmbecken.

**Zu 383.**

**C.** Uhr

Die Skala dient zum Ablesen der Temperatur am Thermometer, das Ziffernblatt hat eine entsprechende Funktion für die Uhr.

**Zu 384.**

**B.** Bundespräsident

Oberster Repräsentant Spaniens ist der König, in Deutschland übt diese Funktion der Bundespräsident aus.

**Zu 385.**

**C.** Literatur

Ein Instrument fällt in den künstlerischen Bereich der Musik, ein Buch ist dem Genre Literatur zuzuordnen.

# Logisches Denkvermögen

## Zahlenmatrizen und Zahlenpyramiden

*Aufgabenerklärung*

**Die Zahlen in den folgenden Matrizen und Pyramiden sind nach festen Regeln zusammengestellt.**
Ihre Aufgabe besteht darin, eine Zahl zu finden, die im sinnvollen Verhältnis zu den übrigen Zahlen steht.

### Hierzu ein Beispiel

*Aufgabe*

1.  **Durch welche Zahl muss das Fragezeichen ersetzt werden, damit die Zahlen in der Tabelle in einem sinnvollen Verhältnis zueinander stehen?**

| 1 | 2 | 2 |
|---|---|---|
| 3 | 2 | ? |
| 3 | 4 | 12 |

- A. 4
- B. 2
- C. 8
- D. 6
- E. Keine Antwort ist richtig.

*Antwort*

(D.) 6

Die beiden linken Zahlen jeder Reihe ergeben multipliziert die jeweils rechte Zahl. Die beiden oberen Zahlen jeder Spalte ergeben multipliziert die jeweils untere Zahl.

## *Zahlenmatrizen und Zahlenpyramiden*

*Bearbeitungszeit 5 Minuten*

Beantworten Sie bitte die folgenden Aufgaben, indem Sie jeweils den richtigen Buchstaben markieren.

386. Die weißen Zahlen in den dunkelgrauen Feldern müssen zusammen jeweils von oben nach unten, diagonal und von links nach rechts die schwarzen Zahlen in den hellgrauen Feldern ergeben.

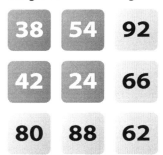

Welche Zahl im Quadrat ist falsch?

A.  80
B.  88
C.  66
D.  92
E.  62

388. In jeder Reihe und Spalte sind Zahlen durch bestimmte Rechenoperationen verknüpft. Prüfen Sie bitte alle Werte und kreuzen Sie den Antwortbuchstaben der falschen Zahl an.

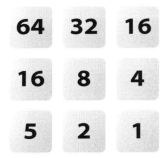

Welche Zahl im Quadrat ist falsch?

A.  16
B.  4
C.  1
D.  2
E.  5

387. In jeder Reihe und Spalte ergeben zwei Zahlen, durch eine bestimmte Rechenoperation verknüpft, jeweils die dritte Zahl.

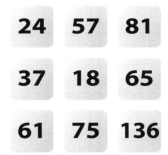

Welche Zahl im Quadrat ist falsch?

A.  61
B.  75
C.  65
D.  81
E.  136

**389.** Durch welche Zahl muss das Fragezeichen ersetzt werden, damit die Pyramide sinnvoll aufgestellt ist? Hinweis: Berücksichtigen Sie die Quersumme der einzelnen Ziffern.

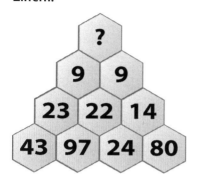

A. 9

B. 21

C. 18

D. 27

E. Keine Antwort ist richtig.

**390.** Durch welche Zahl muss das Fragezeichen ersetzt werden, damit die Pyramide sinnvoll aufgestellt ist?

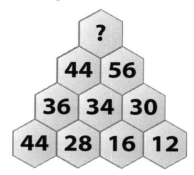

A. 42

B. 48

C. 86

D. 100

E. Keine Antwort ist richtig.

## Lösungen

**Zu 386.**

B. 88

54 + 24 = 78

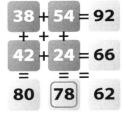

**Zu 387.**

C. 65

37 + 18 = 55 (von links nach rechts)

Es wird von links nach rechts und von oben nach unten addiert.

$$24 + 57 = 81$$
$$+ \quad + \quad +$$
$$37 + 18 = \boxed{55}$$
$$= \quad = \quad =$$
$$61 + 75 = 136$$

**Zu 388.**

E. 5

16 ÷ 4 = 4 (von oben nach unten)

Es wird von links nach rechts durch 2 dividiert und oben nach unten durch 4 dividiert.

$$64 \div 2 \ 32 \div 2 \ 16$$
$$\div 4 \qquad \div 4 \qquad \div 4$$
$$16 \div 2 \ 8 \div 2 \ 4$$
$$\div 4 \qquad \div 4 \qquad \div 4$$
$$\boxed{4} \div 2 \ 2 \div 2 \ 1$$

**Zu 389.**

C. 18

Das Fragezeichen wird durch die Zahl 18 sinnvoll ersetzt.

Die in der Pyramide höher liegenden Zahlen ergeben sich jeweils aus der Addition der Quersummen der beiden darunter liegenden, z. B. links unten: (4 + 3) + (9 + 7) = 23. So ergibt 9 + 9 = 18.

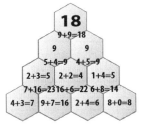

**Zu 390.**

D. 100

Das Fragezeichen wird durch die Zahl 100 sinnvoll ersetzt.

Zahlen, die auf einer Ebene der Pyramide sind, ergeben in ihrer Summe immer 100.

z. B. untere Reihe: 44 + 28 + 16 + 12 = 100

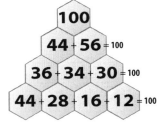

# Visuelles Denkvermögen

## *Räumliches Grundverständnis*

**In diesem Abschnitt wird Ihr visuelles Denkvermögen getestet.**

Sie sehen eine Form mit mehreren Flächen. Ihre Aufgabe besteht darin, die Anzahl der Flächen zu bestimmen.

### Hierzu ein Beispiel

*Aufgabe*

1. **Aus wie vielen Flächen setzt sich diese Figur zusammen?**

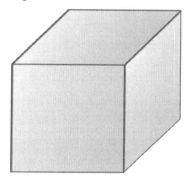

A. 6
B. 7
C. 8
D. 9
E. Keine Antwort ist richtig.

*Antwort*

(A.) 6

## *Räumliches Grundverständnis*

Beantworten Sie bitte die folgenden Aufgaben, indem Sie jeweils den richtigen Buchstaben markieren.

**391. Aus wie vielen Flächen setzt sich diese Figur zusammen?**

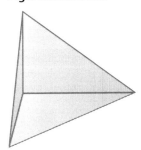

A.  1
B.  2
C.  3
D.  4
E.   Keine Antwort ist richtig.

**392. Aus wie vielen Flächen setzt sich diese Figur zusammen?**

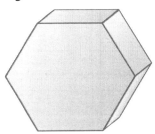

A.  6
B.  7
C.  8
D.  9
E.   Keine Antwort ist richtig.

**393. Aus wie vielen Flächen setzt sich diese Figur zusammen?**

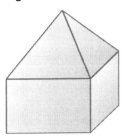

A.  7
B.  8
C.  9
D.  10
E.   Keine Antwort ist richtig.

**394. Aus wie vielen Flächen setzt sich diese Figur zusammen?**

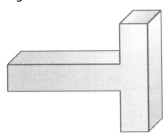

A.  9
B.  10
C.  11
D.  12
E.   Keine Antwort ist richtig.

**395. Aus wie vielen Flächen setzt sich diese Figur zusammen?**

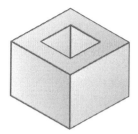

A. 9

B. 10

C. 11

D. 12

E. Keine Antwort ist richtig.

## Lösungen

**Zu 391.**

D.  4

**Zu 392.**

C.  8

Die Figur besteht aus 8 Flächen.

**Zu 393.**

C.  9

Die Figur besteht aus 9 Flächen.

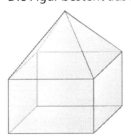

**Zu 394.**

B.  10

Die Figur besteht aus 10 Flächen.

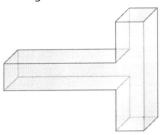

**Zu 395.**

B.  10

Die Figur besteht aus 10 Flächen.

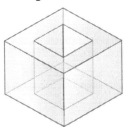

# Visuelles Denkvermögen

## Visuelle Analogien

**In diesem Abschnitt wird Ihre Fähigkeit zu logischem Denken im visuellen Bereich geprüft.**

Sie werden in jeder der folgenden Aufgaben zunächst mit zwei Figuren konfrontiert, die in einer bestimmten Beziehung zueinander stehen. Durch eine ähnliche Beziehung ist auch eine dritte mit einer vierten Figur verknüpft – diese müssen Sie jedoch aus einer Menge mehrerer Antwortmöglichkeiten selbst ermitteln.

### Hierzu ein Beispiel

*Aufgabe*

1. Gegeben ist folgende Figurenrelation:

   **Durch welche Figur wird das Fragezeichen logisch ersetzt?**

*Antwort*

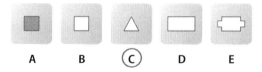

*Erklärung:*

Das Objekt wird in verkleinerter Form wiederholt.

## *Visuelle Analogien*

*Bearbeitungszeit 5 Minuten*

Beantworten Sie bitte die folgenden Aufgaben, indem Sie jeweils den richtigen Buchstaben markieren.

**396.** Gegeben ist folgende Figurenrelation:

Durch welche Figur wird das
Fragezeichen logisch ersetzt?

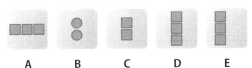

**397.** Gegeben ist folgende Figurenrelation:

Durch welche Figur wird das
Fragezeichen logisch ersetzt?

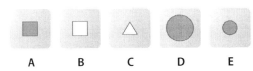

**398.** Gegeben ist folgende Figurenrelation:

Durch welche Figur wird das
Fragezeichen logisch ersetzt?

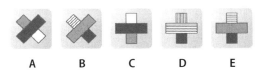

**399.** Gegeben ist folgende Figurenrelation:

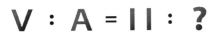

Durch welche Figur wird das
Fragezeichen logisch ersetzt?

**400.** Gegeben ist folgende Figurenrelation:

Durch welche Figur wird das
Fragezeichen logisch ersetzt?

## Lösungen

**Zu 396.**

D

Die Objekte (Kreise bzw. Vierecke) werden größer, ihre Anzahl halbiert sich, und sie werden vertikal zentriert abgebildet.

**Zu 397.**

E

Die äußere Figur (Kreis bzw. Viereck) löst sich auf, während die innere Figur dunkel und klein wird.

**Zu 398.**

E

Das Fragezeichen wird sinnvoll durch die Figur E ersetzt.

Die Figuren werden 135 Grad gegen den Uhrzeigersinn gedreht.

**Zu 399.**

C

Da die beiden Diagonalen des „V" in die Senkrechte gebracht werden, müssen auch die beiden Diagonalen des „A" in die senkrechte Position verschoben werden.

**Zu 400.**

C

Die Figur wurde um 90° im Uhrzeigersinn gedreht.

# Prüfung

## Zerspanungsmechaniker/in und Metallbauer/in

**Allgemeinwissen** .................................................. **254**
    Verschiedene Themen .................................................. 254

**Fachbezogenes Wissen** ........................................ **259**
    Branche und Beruf .................................................. 259
    Technisches Verständnis .................................................. 264

**Sprachbeherrschung** ............................................ **269**
    Richtige Schreibweise .................................................. 269
    Rechtschreibung Lückentext .................................................. 271

**Mathematik** .......................................................... **273**
    Kettenaufgaben ohne Punkt vor Strich .................................................. 273
    Prozentrechnen .................................................. 276
    Dreisatz .................................................. 278
    Gemischte Textaufgaben .................................................. 280
    Maße und Einheiten umrechnen .................................................. 283
    Geometrie .................................................. 285
    Mengenkalkulation mit Tabelle .................................................. 289

**Logisches Denkvermögen** .................................... **292**
    Zahlenreihen fortsetzen .................................................. 292
    Wörter erkennen .................................................. 296
    Sprachlogik: Oberbegriffe .................................................. 299
    Flussdiagramme .................................................. 301

**Visuelles Denkvermögen** ..................................... **305**
    Faltvorlagen .................................................. 305
    Figurenreihen fortsetzen .................................................. 310

# Allgemeinwissen

**Verschiedene Themen**                    *Bearbeitungszeit 10 Minuten*

**Die folgenden Aufgaben prüfen Ihr Allgemeinwissen.**

Zu jeder Aufgabe werden verschiedene Lösungsmöglichkeiten angegeben.

Beantworten Sie bitte die folgenden Aufgaben, indem Sie jeweils den richtigen Buchstaben markieren.

401. **Welches politische System hat die Bundesrepublik Deutschland?**

   A.  Parlamentarische Demokratie

   B.  Parlamentarische Monarchie

   C.  Militärdiktatur

   D.  Sozialismus

   E.  Keine Antwort ist richtig.

402. **Wo hat die Deutsche Bundesbank ihren Sitz?**

   A.  Karlsruhe

   B.  Berlin

   C.  Frankfurt

   D.  Düsseldorf

   E.  Keine Antwort ist richtig.

403. **Die Verfügbarkeit über genügend Zahlungsmittel in einem Unternehmen nennt man …?**

   A.  Vermögen.

   B.  Kapital.

   C.  Geld.

   D.  Liquidität.

   E.  Keine Antwort ist richtig.

404. **Wer bestimmt den Leitzinssatz im Euro-Währungsgebiet?**

   A.  Deutsche Bundesbank

   B.  Deutsche Zentralbank

   C.  Landesbanken

   D.  Europäische Zentralbank

   E.  Keine Antwort ist richtig.

**405. Wie viele Einwohner hat die Bundesrepublik Deutschland ungefähr?**

- A. Ca. 30 Mio.
- B. Ca. 50 Mio.
- C. Ca. 80 Mio.
- D. Ca. 100 Mio.
- E. Keine Antwort ist richtig.

**406. Womit atmen Fische?**

- A. Mit Wasserlungen
- B. Mit punktförmigen Organen unterhalb ihrer Schuppen
- C. Mit den Kiemen
- D. Mit speziellen Auswachsungen an den Flossen
- E. Keine Antwort ist richtig.

**407. Wie heißt der chemische Prozess, bei dem Eisen rostet?**

- A. Kondensation
- B. Oxidation
- C. Elektrolyse
- D. Homogenisierung
- E. Keine Antwort ist richtig.

**408. Unter welcher Bezeichnung ist die „Boeing 747" noch bekannt?**

- A. Antonow
- B. Tupolew
- C. Jumbo Jet
- D. Airbus
- E. Keine Antwort ist richtig.

**409. Welche Aussage zum E-Mail-Verkehr ist falsch?**

- A. E-Mail-Verkehr ist eine günstige Alternative zum herkömmlichen Briefverkehr.
- B. Die Zustellgeschwindigkeit ist ein großer Vorteil.
- C. Die Zustellgeschwindigkeit ist unwesentlich langsamer als auf dem Postweg.
- D. E-Mails können schädliche Programme enthalten.
- E. Keine Antwort ist richtig.

**410. Was bedeutet dieses Piktogramm?**

A. Sicherheitshinweise beachten

B. Gehörschutz tragen

C. Schutzhelm tragen

D. Minimale Sichtweite

E. Keine Antwort ist richtig.

## Lösungen

### Zu 401.

**A.** Parlamentarische Demokratie

Bei einer parlamentarischen Demokratie werden die wichtigsten politischen Entscheidungen von einem aus freier Volkswahl hervorgegangenen Parlament getroffen. Das Parlament leitet seine Legitimation von einer Wahl der wahlberechtigten Bürger ab, von denen als Souverän die Staatsgewalt ausgeht. Die parlamentarische Demokratie ist eine repräsentative Demokratie, bei der die gewählten Volksvertreter das Volk repräsentieren sollen.

### Zu 402.

**C.** Frankfurt

Die Deutsche Bundesbank ist die Zentralbank der Bundesrepublik. Sie hat ihren Sitz in Frankfurt am Main und ist Teil des europäischen Systems der Zentralbanken. Nachdem 1999 die Währungshoheit auf die Europäische Zentralbank überging, haben sich ihre Aufgabenbereiche wesentlich verkleinert.

### Zu 403.

**D.** Liquidität.

Verfügt ein Unternehmen über ausreichende Zahlungsmittel, um seine Verbindlichkeiten zu begleichen, bezeichnet man es als „liquide". Unterschieden wird zwischen der Barliquidität (Vermögen, das unmittelbar zur Zahlung eingesetzt werden kann), der einzugsbedingten Liquidität (Vermögen, das nicht unmittelbar zur Zahlung eingesetzt werden kann, aber eine kurzfristige Umwandlung ermöglicht wie diskontierbare Wechsel) sowie der umsatzbedingten Liquidität (Vermögen, das erst in Barmittel umgesetzt werden muss, z. B. Produkte und Wirtschaftsgüter).

### Zu 404.

**D.** Europäische Zentralbank

Der Leitzins im Währungsraum des Euro wird seit dessen Einführung von der Europäischen Zentralbank festgelegt. Man bezeichnet damit den Zinssatz, zu dem sich Geschäftsbanken von der Zentralbank Geld beschaffen können. Die Bestimmung des Leitzinses ist ein wichtiges geldpolitisches Instrument, weil er einen bedeutenden Einfluss auf den gesamten Refinanzierungsmarkt und damit auf die Liquidität des Währungsraums hat.

Weitere wichtige Leitzinssätze sind die „Repo Rate" der Bank of England und die nominale „Federal Funds Rate" der Federal Bank of Amerika.

### Zu 405.

**C.** Ca. 80 Mio.

Die Bundesrepublik Deutschland hat rund 81,796 Millionen Einwohner (Stand: 2011).

### Zu 406.

**C.** Mit den Kiemen

Durch die Kiemenatmung können Fische den im Wasser gelösten Sauerstoff aufnehmen. Aber auch manche Landlebewesen (z. B. Würmer, Krebse, Amphibienlarven, Muscheln, Schnecken) verfügen über Kiemen. Bei Würmern und Krebsen sitzen die Kiemen an ihren Extremitäten, bei manchen Muscheln und Wasserschnecken in einer „Mantelhöhle" genannten Hautfalte, Fische besitzen Kiemenspalten im Vorderdarm.

### Zu 407.

**B.** Oxidation

Wenn Eisen rostet, leidet es unter dem chemischen Prozess der Oxidation. Dazu kann es kommen, wenn das Eisen mit einer Säure in Kontakt kommt, es genügen aber schon Sauerstoff und Wasser, die das Metall angreifen und es instabil machen. Jährlich werden durch die Korrosion an Eisen- oder Stahlkonstruktionen weltweit Schäden in Millionenhöhe verursacht.

**Zu 408.**

**C.** Jumbo Jet

Die „Boeing 747" ist – aufgrund ihrer Größe angelehnt an den Elefanten „Jumbo" – auch als „Jumbo-Jet" bekannt. Produziert wird das vierstrahlige Großraumflugzeug vom US-amerikanischen Flugzeughersteller „Boeing"; seit seinem Erstflug 1969 gehört es zu den bekanntesten und meistgenutzten Flugzeugen überhaupt.

**Zu 409.**

**C.** Die Zustellgeschwindigkeit ist unwesentlich langsamer als auf dem Postweg.

Die E-Mail ist eine auf elektronischem Weg in Computernetzwerken übertragene, briefartige Nachricht. Die Zustellgeschwindigkeit ist wesentlich höher als auf dem Postweg, da E-Mails quasi direkt nach dem Versand beim Empfänger ankommen. Der E-Mail-Verkehr ist noch vor dem World Wide Web der meistgenutzte Dienst des Internets, wobei mittlerweile schätzungsweise über 90 % des weltweiten E-Mail-Aufkommens auf Spam zurückzuführen ist.

**Zu 410.**

**B.** Gehörschutz tragen

Das abgebildete Piktogramm ist ein Gebotszeichen, das zum Tragen eines Gehörschutzes auffordert. Gebotszeichen dienen allgemein zur Unfallverhütung und zum Gesundheitsschutz und richten sich nach der Unfallverhütungsvorschrift der Berufsgenossenschaften.

# Fachbezogenes Wissen

## *Branche und Beruf*

**Mit den folgenden Aufgaben wird Ihr fachbezogenes Wissen geprüft.**

Beantworten Sie bitte die folgenden Aufgaben, indem Sie jeweils den richtigen Buchstaben markieren.

**411. Ein Passivhaus ist ein Gebäude, das …?**

A. keinen eigenen Anschluss ans Strom- und Wassernetz besitzt.

B. aufgrund seiner Schattenlage zwar windgeschützt, aber sehr heizbedürftig ist.

C. dank hervorragender Dämmung keine klassische Heizung oder Kühlung benötigt.

D. an ein externes Klimasystem angeschlossen ist.

E. Keine Antwort ist richtig.

**412. Bei der unvollständigen Verbrennung fester oder flüssiger Brennstoffe entsteht besonders viel …?**

A. Ruß.

B. Kohlendioxid.

C. Hitze.

D. Schwefel.

E. Keine Antwort ist richtig.

**413. Die Normspannung des deutschen Stromnetzes beträgt …?**

A. 190 Volt.

B. 210 Volt.

C. 230 Volt.

D. 250 Volt.

E. Keine Antwort ist richtig.

**414. Wie lässt sich ein Werkstoff charakterisieren, der schon bei leichter Verformung bricht?**

A. Er ist besonders spröde.

B. Er ist besonders elastisch.

C. Er ist besonders viskos.

D. Er ist besonders zäh.

E. Keine Antwort ist richtig.

**415. Zu welcher Gruppe von Fertigungsverfahren gehören das Walzen, das Tiefziehen und das Verdrehen?**

A. Fügeverfahren

B. Umformverfahren

C. Trennverfahren

D. Beschichtungsverfahren

E. Keine Antwort ist richtig.

**416. Wie nennt man einen metallischen Stoff aus mindestens zwei Elementen?**

A. Oxid

B. Galvanisierung

C. Legierung

D. Armierung

E. Keine Antwort ist richtig.

**417. Formbar, thermisch und elektrisch leitfähig – die Rede ist von …?**

A. Metallen.

B. Hölzern.

C. Kunststoffen.

D. Polymeren.

E. Keine Antwort ist richtig.

**418. Wobei handelt es sich nicht um ein Fügeverfahren?**

A. Schweißen

B. Löten

C. Kleben

D. Sintern

E. Keine Antwort ist richtig.

**419. Welche Aussage zum Biegeumformen ist falsch?**

A. Die innere Werkstofffaser wird beim Biegen gestaucht.

B. Die äußere Werkstofffaser wird beim Biegen gestreckt.

C. Je härter das Werkstück, desto weniger Kraft wird zum Biegen benötigt.

D. Der Biegeradius muss umso größer sein, je härter der Werkstoff ist.

E. Keine Antwort ist richtig.

**420. Welche Kategorie ist für die Einteilung von Schrauben nach ihrer Kopfform nicht gebräuchlich?**

A. Rundschrauben

B. Sechskantschrauben

C. Schlitzschrauben

D. Senkschrauben mit Kreuzschlitz

E. Keine Antwort ist richtig.

## Lösungen

**Zu 411.**

C. dank hervorragender Dämmung keine klassische Heizung oder Kühlung benötigt.

Dank ihrer guten Dämmung verbrauchen Passivhäuser kaum Energie: Weder müssen sie im Sommer gekühlt noch im Winter auf klassische Art und Weise beheizt werden. Ihren Wärmebedarf stillen sie überwiegend durch „passives" Ausnutzen der Sonneneinstrahlung oder der Abwärme von Menschen und Geräten.

**Zu 412.**

A. Ruß.

Ruß ist ein schwarzer, pulverförmiger Feststoff, der fast ausschließlich aus Kohlenstoff besteht und zusammen mit Kohlenmonoxid (CO) bei unvollständigen Verbrennungsvorgängen anfällt. Je höher der Wirkungsgrad einer Heizanlage, desto vollständiger die Verbrennung – anstelle von Ruß und Kohlenmonoxid entsteht dann mehr Kohlendioxid ($CO_2$).

**Zu 413.**

C. 230 Volt.

Nicht nur in Europa, auch in vielen afrikanischen und asiatischen Staaten ist die Netzspannung gesetzlich bei 230 Volt festgelegt; leichte Schwankungen von plus/minus 10 % um den Normwert sind erlaubt. Anders in Nord-, Mittel- und Teilen Südamerikas: Hier ist eine Netzspannung von 120 Volt üblich.

**Zu 414.**

A. Er ist besonders spröde.

Ein Werkstoff, der schon bei leichter Verformung bricht, ist spröde – und damit genau das Gegenteil von zäh. Die Elastizität bezieht sich auf die Eigenschaft, nach einer Verformung in den Ausgangszustand zurückzukehren, und die

Viskosität beschreibt das Fließverhalten von Fluiden.

**Zu 415.**

B. Umformverfahren

Beim Walzen wird der Werkstoff durch Walzen gepresst, beim Tiefziehen in einen Hohlraum gedrückt bzw. gezogen und beim Verdrehen ineinander verwunden. Alle derartigen mechanischen Verfahren, bei denen das Material seine Form ändert, fallen unter den Oberbegriff „Umformverfahren".

**Zu 416.**

C. Legierung

Metallische Stoffe, die aus mindestens zwei Elementen bestehen, heißen Legierungen. Beispielsweise kann man Kupfer und Zinn zu Bronze legieren, und Kupfer und Zink werden zu Messing. Ein Oxid ist eine Sauerstoffverbindung, und beim elektrochemischen Prozess des Galvanisierens wird ein Gegenstand mit einem schützenden metallischen Überzug versehen. Unter „Armierung" versteht man im Bauwesen, wenn ein Baustoff mit zusätzlichen Materialien verstärkt wird.

**Zu 417.**

A. Metallen.

Die angegebenen Eigenschaften sind charakteristisch für Metalle. Polymere sind eine Untergruppe der Kunststoffe und leiten als solche – ebenso wie Holz – weder Wärme noch elektrischen Strom.

**Zu 418.**

D. Sintern

Zur Gruppe der Fügeverfahren zählen in der Fertigungstechnik alle Vorgänge, bei denen mehrere Bauteile dauerhaft miteinander verbunden werden: z. B. Schweißen, Löten und Kleben. Das Sintern hingegen dient der Herstellung von Bauteilen – dabei werden körnige oder pulvrige Stoffe durch Erwärmung miteinander verbunden.

**Zu 419.**

C. Je härter das Werkstück, desto weniger Kraft wird zum Biegen benötigt.

Umformverfahren bezeichnen alle Verfahren, mit denen Werkstoffe plastisch in eine andere Form gebracht werden. Beim Biegeumformen wird das zu formende Teil mechanisch in seine neue Form gebogen. Dabei werden die inneren Werkstofffasern gestaucht und die äußeren gestreckt. Je härter der Werkstoff ist, desto größer muss der Biegeradius sein – und desto mehr Kraft wird benötigt, um das Stück zu biegen. Antwort C ist also falsch.

**Zu 420.**

A. Rundschrauben

Je nach Kopfform unterscheidet man Sechskantschrauben, Zylinderschrauben mit Innensechskant, Senkschrauben mit Innensechskant, Schrauben mit Kreuzschlitz oder Schlitzschrauben. Die Kategorie „Rundschrauben" ist dagegen unüblich.

# Fachbezogenes Wissen

*Technisches Verständnis*                                     *Bearbeitungszeit 5 Minuten*

**Mit den folgenden Aufgaben wird Ihre praktische Intelligenz geprüft.**

Beantworten Sie bitte die folgenden Aufgaben, indem Sie jeweils den richtigen Buchstaben markieren.

**421. Welcher der vier Rahmen ist am stabilsten?**

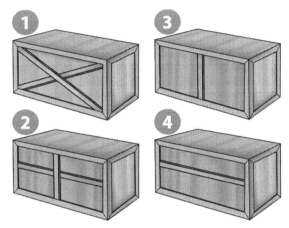

A. Rahmen 1

B. Rahmen 2

C. Rahmen 3

D. Rahmen 4

E. Keine Antwort ist richtig.

**422. Welche der Vasen 1 bis 4 fällt am leichtesten um?**

A. Vase 1

B. Vase 2

C. Vase 3

D. Vase 4

E. Keine Antwort ist richtig.

**423. In welche Richtung dreht sich Rad B?**

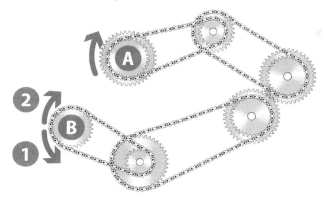

A. In Richtung 1

B. In Richtung 2

C. Hin und her

D. Gar nicht

E. Keine Antwort ist richtig.

**424. Welches Rad dreht sich am langsamsten?**

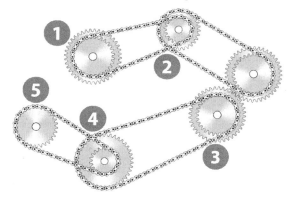

A. Rad 1

B. Rad 3

C. Rad 4

D. Rad 5

E. Keine Antwort ist richtig.

**425. Eine Kugel rollt einen gekrümmten Abhang hinunter. Wie verhalten sich ihre Beschleunigung und ihre Geschwindigkeit dabei?**

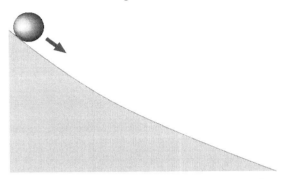

A. Die Geschwindigkeit nimmt ab, die Beschleunigung nimmt zu.

B. Die Geschwindigkeit nimmt zu, die Beschleunigung nimmt ab.

C. Geschwindigkeit und Beschleunigung nehmen zu.

D. Geschwindigkeit und Beschleunigung nehmen ab.

E. Keine Antwort ist richtig.

## Lösungen

**Zu 421.**

**A.** Rahmen 1

Die Stabilität der Rahmen hängt ab von ihrer jeweiligen Kräfteaufnahme und -verteilung, wobei ein guter Rahmen bei Belastungen gleich welcher Art und Richtung durch gute Kraftverteilung formstabil bleiben sollte. Die mittlere Stützstrebe von Rahmen 3 hilft jedoch nur bei zentral angreifenden, senkrecht wirkenden Kräften und verteilt auch dann die Kräfte schlecht weiter. Rahmen 2 wiederum verteilt waagerechte und senkrechte Kräfte schlecht, diagonale Kräfte gar nicht. Nur bei Rahmen 1 werden Kräfte, egal aus welcher Richtung sie angreifen, an sämtliche Streben des Rahmens weitergegeben, die sich so gegenseitig stabilisieren können.

**Zu 422.**

**C.** Vase 3

Die Stabilität der Gefäße hängt ab von ihrem jeweiligen Schwerpunkt und ihrer Standfläche: Ideal ist eine große Fläche bei tief sitzendem Schwerpunkt. Vase 3 erfüllt eher das Gegenteil dieser Bedingungen – ihre Masse sitzt größtenteils weit oben, ihr Boden dagegen ist vergleichsweise schmal. Sie fällt daher am leichtesten um.

**Zu 423.**

**A.** In Richtung 1

Werden zwei Zahnräder über eine Kette miteinander verbunden, bewegen sie sich in gleicher Drehrichtung. Wenn aber ein Zahnrad in ein zweites greift und seine Rotation dadurch überträgt, dreht sich das zweite Rad im entgegengesetzten Drehsinn. Im skizzierten Mechanismus kehrt sich daher der Drehsinn durch den Kontakt der beiden rechten Zahnkränze

einmal um. Rad B dreht sich demnach – entgegengesetzt zu Rad A – gegen den Uhrzeigersinn.

**Zu 424.**

**D.** Rad 5

Eine Antriebskette bewegt sich mit der gleichen Eigengeschwindigkeit um jedes der mit ihr verbundenen Zahnräder. Verbindet sie zwei gleich große Räder, laufen beide gleich schnell. Verbindet sie jedoch Räder unterschiedlicher Größe, läuft das kleinere stets schneller um die eigene Achse als das größere: Wenn sich beispielsweise ein Rad mit einem Umfang von einem Meter einmal um sich dreht, wird auch die Kette um einen Meter weiterbewegt. Überträgt sie nun diese Bewegung auf ein Rad mit einem Umfang von nur einem halben Meter, muss dieses Rad folgerichtig zweimal vollständig rotieren. Zusätzlich gilt: Ist ein Zahnrad starr an einem weiteren Zahnrad befestigt (wie z. B. Rad 2), bewegen sich beide in gleichen Zeiten um die eigene Achse, ihre Umdrehungsfrequenz ist also gleich.

Einen Größenunterschied findet man in der Skizze zunächst zwischen Rad 1 und Rad 2, das sich demnach schneller dreht. Da Rad 2 an einem größeren Rad befestigt ist, besitzen beide die gleiche Umdrehungsfrequenz. Darin entsprechen sie dem äußerst rechten Zahnrad, dem Rad, an dem Rad 3 befestigt ist, und schließlich auch Rad 3 selbst. Von Rad 3 nach 4 und besonders stark von 4 nach 5 nimmt die Geschwindigkeit durch den Größenunterschied allerdings ab. Somit rotiert Zahnrad 5 am langsamsten, noch langsamer als Rad 1.

**Zu 425.**

**B.** Die Geschwindigkeit nimmt zu, die Beschleunigung nimmt ab.

Die Geschwindigkeit der Kugel nimmt zu, solange sie abwärts rollt – also während des gesamten Zeitraums. Ihre Beschleunigung (die Veränderung der Geschwindigkeit in einem bestimmten Zeitraum) nimmt dagegen ab: Im steilsten Gefälle des Abhangs unmittelbar nach dem Start nimmt die Geschwindigkeit der Kugel am schnellsten zu, d. h. sie wird hier am stärksten beschleunigt. Je flacher der Abhang wird, desto schwächer wird die Beschleunigung.

# Sprachbeherrschung

## Richtige Schreibweise

*Bearbeitungszeit 5 Minuten*

**In diesem Abschnitt werden Ihre Rechtschreibkenntnisse geprüft.**

Wählen Sie bei jeder Aufgabe die richtige Schreibweise aus und markieren Sie den zugehörigen Buchstaben.

**426.**

- A. Cement
- B. Zement
- C. Zemment
- D. Zäment
- E. Keine Antwort ist richtig.

**427.**

- A. Akademi
- B. Ackademie
- C. Akademie
- D. Akardemie
- E. Keine Antwort ist richtig.

**428.**

- A. Vehicel
- B. Wehikel
- C. Vehikel
- D. Veehikel
- E. Keine Antwort ist richtig.

**429.**

- A. Rifalität
- B. Rivalität
- C. Rifallität
- D. Rivallität
- E. Keine Antwort ist richtig.

**430.**

- A. Kohlendioxit
- B. Kolendioxid
- C. Kohlendioksit
- D. Kohlendioxid
- E. Keine Antwort ist richtig.

## Lösungen

**Zu 426.**
B.  Zement

**Zu 427.**
C.  Akademie

**Zu 428.**
C.  Vehikel

**Zu 429.**
B.  Rivalität

**Zu 430.**
D.  Kohlendioxid

# Sprachbeherrschung

## Rechtschreibung Lückentext

*Bearbeitungszeit 5 Minuten*

**Welches Wort ergänzt die Lücke sinnvoll und ist korrekt geschrieben?**

Beantworten Sie bitte die folgenden Aufgaben, indem Sie jeweils den richtigen Buchstaben markieren.

**431. In Baden-Württemberg ist der ländliche Raum das _____ der Region.**

A. starke Rückgrat

B. starke Rückgrats

C. starkes Rückgrat

D. starkes Rückgrates

E. Keine Antwort ist richtig.

**432. Das Bild einer _____ hat sich in den letzten Jahren erheblich verändert.**

A. Sekretärs

B. Sekretärins

C. Sekretärin

D. Sekretär

E. Keine Antwort ist richtig.

**433. Auf dieser Seite haben wir für Sie verschiedene _____ zur Verfügung gestellt.**

A. Formular

B. Vormulare

C. Formularen

D. Formulare

E. Keine Antwort ist richtig.

**434. In manchen Situationen ist der schnelle Aufbau einer _____ Umgebung notwendig.**

A. sterrillen

B. sterile

C. steriles

D. sterilen

E. Keine Antwort ist richtig.

**435. Unser Nachbar ist wirklich ein sehr _____ Mensch.**

A. kolerisch

B. chollerischer

C. cholerischer

D. kolerische

E. Keine Antwort ist richtig.

## Lösungen

**Zu 431.**

A. starke Rückgrat

Der Artikel „das" erfordert hier sowohl für das Adjektiv „starke" als auch das Substantiv „Rückgrat" die Nutzung des Nominativs Singular, sodass nur Antwort A korrekt ist.

**Zu 432.**

C. Sekretärin

Hier passt nur Antwort C, da nach dem Artikel „einer" hier die weibliche Form im Genitiv zu nutzen ist.

**Zu 433.**

D. Formulare

Korrekt ist Antwort D, da das Adjektiv „verschiedene" hier mit dem Akkusativ Plural zu verwenden ist.

**Zu 434.**

D. sterilen

Das einzusetzende Adjektiv muss im gleichen Kasus wie das Hauptwort „einer Umgebung" stehen, nämlich im Genitiv Singular. Hierfür kommt nur „sterilen" in Frage. Antwort A fällt weg, da sie zwei Rechtschreibfehler enthält.

**Zu 435.**

C. cholerischer

Die Antworten A und D passen aus grammatischen Gründen nicht, B ist falsch geschrieben. Die richtige Antwort lautet also C „cholerischer".

# Mathematik

## Kettenaufgaben ohne Punkt vor Strich

*Bearbeitungszeit 5 Minuten*

**Bei dieser Aufgabe geht es darum, einfache Rechnungen im Kopf zu lösen.**

Bitte benutzen Sie **keinen Taschenrechner**, die **Punkt-vor-Strich-Regel gilt hier nicht!**

Beantworten Sie bitte die folgenden Aufgaben, indem Sie jeweils den richtigen Buchstaben markieren.

436. $30 \div 6 + 23 + 46 - 2 \div 8 \times 9 + 9 + 909 \div 3 = ?$

    A. 46

    B. 333

    C. 1.240,67

    D. 87

    E. Keine Antwort ist richtig.

437. $2 \times 2 + 2 \div 2 + 2 \times 2 - 2 + 22 \div 2 + 2 \times 2 - 2 \times 2 + 2 = ?$

    A. 58

    B. 66

    C. 28

    D. 39

    E. Keine Antwort ist richtig.

438. $84 + 14 \div 7 + 12 \div 2 \times 7 + 8 \div 3 - 5 \times 2 + 44 = ?$

    A. 75

    B. 63

    C. 100

    D. 56

    E. Keine Antwort ist richtig.

439. $9 \times 2 + 9 \div 3 \times 9 - 3 \div 6 + 15 \div 4 \times 5 + 11 \div 2 - 5 \div 6 + 78 \div 9 = ?$

    A. 9

    B. 12

    C. 11

    D. 10

    E. Keine Antwort ist richtig.

**440.** $1.550 - 26 + 12 \div 3 \times 2 \div 4 - 156 - 20 \div 16 = ?$

    A.  125

    B.  86

    C.  10

    D.  5

    E.  Keine Antwort ist richtig.

## Lösungen

**Zu 436.**
B. 333

**Zu 437.**
B. 66

**Zu 438.**
C. 100

**Zu 439.**
A. 9

**Zu 440.**
D. 5

# Mathematik

## *Prozentrechnen*

Bei der Prozentrechnung gibt es drei Größen, die zu beachten sind, den Prozentsatz, den Prozentwert und den Grundwert. Zwei dieser Größen müssen gegeben sein, um die dritte Größe berechnen zu können.

Beantworten Sie bitte die folgenden Aufgaben, indem Sie jeweils den richtigen Buchstaben markieren.

**441.** Durch seine langjährige Erfahrung im Handel erhält Herr Mayer ein gebrauchtes Fahrzeug nach Abzug von 20 Prozent Rabatt für einen Preis von 8.000 €. Wie viel hätte Herr Mayer zahlen müssen, wenn er keinen Rabatt erhalten hätte?

A. 8.800 €

B. 9.000 €

C. 10.000 €

D. 12.000 €

E. Keine Antwort ist richtig.

**442.** Herr Mayer kauft einen Sonderposten für 18.000 € und möchte diesen für 25.200 € weiterverkaufen. Wie viel Prozent Gewinn würde Herr Mayer erzielen?

A. 30 %

B. 35 %

C. 40 %

D. 50 %

E. Keine Antwort ist richtig.

**443.** Bei der letzten Betriebswahl lag die Wahlbeteiligung bei 92 % und es haben 138 Beschäftigte gewählt. Wie viele wahlberechtigte Beschäftigte hatte die Firma damals?

A. 142 wahlberechtigte Beschäftigte

B. 145 wahlberechtigte Beschäftigte

C. 147 wahlberechtigte Beschäftigte

D. 150 wahlberechtigte Beschäftigte

E. Keine Antwort ist richtig.

**444.** Herr Müller möchte einen neuen PKW für 45.000 € erwerben. Da er ein guter Kunde ist, bekommt er einen Rabatt von 15 Prozent. Für sein altes Fahrzeug bekommt er noch 4.500 € von seinem Nachbarn. Wie viel € benötigt Herr Müller zusätzlich, um das neue Fahrzeug erwerben zu können?

A. 32.500 €

B. 33.200 €

C. 33.750 €

D. 34.300 €

E. Keine Antwort ist richtig.

**445.** Herr Mayer erhält ein Gehalt von 5.000 €. Hiervon muss er ca. 19 % an Sozialversicherungsbeiträgen abführen. Wie hoch ist der Betrag, den Herr Mayer an Sozialversicherungsbeiträgen abführen muss?

A. 950 €

B. 600 €

C. 700 €

D. 900 €

E. Keine Antwort ist richtig.

## Lösungen

**Zu 441.**

**C.** 10.000 €

Herr Mayer hätte 10.000 € zahlen müssen, wenn er keinen Rabatt erhalten hätte.

$$\text{Grundwert} = \frac{\text{Prozentwert} \times 100}{\text{Prozentsatz}}$$

$$\text{Grundwert} = \frac{8.000\,€ \times 100}{80\%} = 10.000\,€$$

**Zu 442.**

**C.** 40 %

Herr Mayer würde einen Gewinn von 40 Prozent erzielen.

$$\text{Prozentsatz} = \frac{\text{Prozentwert} \times 100}{\text{Grundwert}}$$

Gewinn = 25.200 € − 18.000 € = 7.200 €

$$\text{Prozentsatz} = \frac{7.200\,€ \times 100}{18.000\,€} = 40\%$$

**Zu 443.**

**D.** 150 wahlberechtigte Beschäftigte

Die Firma hatte 150 wahlberechtigte Beschäftigte.

$$\text{Grundwert} = \frac{\text{Prozentwert} \times 100}{\text{Prozentsatz}}$$

$$\text{Grundwert} = \frac{138 \times 100}{92} =$$
$$= 150 \text{ wahlberechtigte Beschäftigte}$$

**Zu 444.**

**C.** 33.750 €

Herr Mayer benötigt zusätzlich 33.750 €.

$$\text{Prozentwert} = \frac{\text{Grundwert} \times \text{Prozentsatz}}{100}$$

$$\text{Prozentwert} = \frac{45.000\,€ \times 15}{100} = 6.750\,€$$

45.000 € − 6.750 € − 4.500 € = 33.750 €

**Zu 445.**

**A.** 950 €

Herr Mayer hat von seinem Gehalt 950 € an Sozialversicherungsbeiträgen abzuführen.

$$\text{Prozentwert} = \frac{\text{Grundwert} \times \text{Prozentsatz}}{100}$$

$$\text{Prozentwert} = \frac{5.000\,€ \times 19\%}{100} = 950\,€$$

# Mathematik

## *Dreisatz*

Beantworten Sie bitte die folgenden Aufgaben, indem Sie jeweils den richtigen Buchstaben markieren.

446. Für die Kundschaft liegen Überweisungs-vordrucke aus. Bei einem täglichen Ver-brauch von 200 Vordrucken reicht der Vor-rat für 20 Tage. Wie viele Tage würde der Vorrat reichen, wenn der tägliche Ver-brauch auf 400 steigen würde?

A. 5 Tage
B. 10 Tage
C. 15 Tage
D. 20 Tage
E. Keine Antwort ist richtig.

447. In einer Goldmine werden aus einer Tonne Erz sechs Gramm Gold gewonnen. Wie viel Tonnen Erz werden für drei kg Gold benötigt?

A. 500 t
B. 550 t
C. 600 t
D. 625 t
E. Keine Antwort ist richtig.

448. Für das Abladen eines Sattelzuges setzt Herr Mayer gewöhnlich acht Arbeiter gleichzeitig ein, die sechs Stunden benöti-gen. Wegen eines Engpasses kann Herr Mayer dieses Mal nur sechs Arbeiter für das Abladen einsetzen. Wie viel Stunden benötigen sechs Arbeiter für die gleiche Arbeit?

A. 8
B. 10
C. 12
D. 14
E. Keine Antwort ist richtig.

449. Ein Kundenauftrag erfordert unter dem Einsatz von zehn Mitarbeitern 20 Arbeits-tage. Wie lange dauert die Fertigstellung des Auftrages, wenn zwei Mitarbeiter krankheitsbedingt ausfallen?

A. 21 Tage
B. 22 Tage
C. 23 Tage
D. 25 Tage
E. Keine Antwort ist richtig.

450. Herr Mayer steht unter Zeitdruck und muss einen wichtigen Auftrag pünktlich fertig-stellen. Die Bearbeitung von 200 Blechtei-len erfordert 24 Mitarbeiter für genau 14 Tage. Wie viele Mitarbeiter muss Herr Ma-yer einsetzen, um nach 12 Tagen pünktlich fertig zu werden?

A. 25 Mitarbeiter
B. 26 Mitarbeiter
C. 27 Mitarbeiter
D. 28 Mitarbeiter
E. Keine Antwort ist richtig.

## Lösungen

**Zu 446.**

**B.** 10 Tage

Die Vordrucke würden für 10 Tage ausreichen.

$400 \div 200 = 2$

$20\,d \div 2 = 10\,d$

**Zu 447.**

**A.** 500 t

Zur Gewinnung von drei kg Gold benötigt man 500 t Erz.

$3.000\,g \div 6\,g \times 1\,t = 500\,t$

**Zu 448.**

**A.** 8

Sechs Arbeiter benötigen acht Stunden für die gleiche Arbeit.

8 Arbeiter $\times$ 6 h = 48 h

48 h $\div$ 6 Arbeiter = 8 h

**Zu 449.**

**D.** 25 Tage

Der Auftrag erfordert 25 Arbeitstage.

10 Mitarbeiter $\times$ 20 d = 200 d Gesamtzeit

200 d $\div$ 8 Mitarbeiter = 25 d

**Zu 450.**

**D.** 28 Mitarbeiter

Herr Mayer müsste 28 Mitarbeiter einsetzen, um pünktlich fertig zu werden.

24 Mitarbeiter $\times$ 14 d = 336 d Gesamtzeit

336 $\div$ 12 d = 28 Mitarbeiter

# Mathematik

## Gemischte Textaufgaben

*Bearbeitungszeit 5 Minuten*

Beantworten Sie bitte die folgenden Aufgaben, indem Sie jeweils den richtigen Buchstaben markieren.

451. Herr Müller erzielt einen Jahresumsatz von 5.000.000 €. Seine beiden Konkurrenten erwirtschaften einen Umsatz von 6.642.000 € und 3.358.000 €. Um wie viel muss Herr Müller seinen Umsatz steigern, um den gemeinsamen Umsatz der beiden Konkurrenten zu erreichen?

    A. 20 %
    B. 40 %
    C. 60 %
    D. 100 %
    E. Keine Antwort ist richtig.

452. Eine Wohngemeinschaft von drei Personen möchte einen neuen LCD-Fernseher anschaffen. Der Preis von 1.110 € soll durch drei Personen geteilt werden. Person A zahlt doppelt so viel wie Person C, Person C zahlt 300 €, der Anteil von Person B beträgt 30 % weniger als der von Person C. Wie hoch ist der Anteil von Person A?

    A. 500 €
    B. 1.110 €
    C. 600 €
    D. 400 €
    E. Keine Antwort ist richtig.

453. Der Auszubildende Max hat eine Schrittweite von 1,4 Metern. Im Sportunterricht benötigt er für eine vorgegebene Strecke genau 480 Schritte. Wie viel Schritte braucht die Auszubildende Claudia für die gleiche Strecke, wenn sie eine Schrittweite von nur 1,12 Metern hat?

    A. 500
    B. 540
    C. 600
    D. 660
    E. Keine Antwort ist richtig.

454. Der Auszubildende Max hat vormittags in der Zeit von 08:00 bis 11:00 Uhr genau 55 Kunden am Schalter bedient. Erfahrungsgemäß steigt der Kundenansturm nach der Mittagspause in der Zeit von 15:00 bis 18:00 Uhr um $\frac{1}{5}$. Wie viele Kunden wird Auszubildender Max voraussichtlich nach der Mittagspause bedienen müssen?

    A. 54
    B. 66
    C. 68
    D. 72
    E. Keine Antwort ist richtig.

455. An der Max Mayer Großhandelsgesellschaft sind neben Herrn Mayer drei weitere
Unternehmen beteiligt. Unternehmen A ist
mit sechs Prozent, Unternehmen B mit vier
Prozent und Unternehmen C mit zehn Prozent an der Max Mayer Großhandelsgesellschaft beteiligt. Das Unternehmen A gehört zu 60 % dem Unternehmen B. Wie viel
Prozent an der Max Mayer Großhandelsgesellschaft gehören insgesamt dem Unternehmen B?

A. 7 %

B. 10 %

C. 6,4 %

D. 7,6 %

E. Keine Antwort ist richtig.

## Lösungen

**Zu 451.**

**D.** 100 %

Herr Mayer müsste seinen Umsatz verdoppeln, d. h. um 100 % steigern.

6.642.000 € + 3.358.000 € = 10.000.000 € Gesamtumsatz der Konkurrenz

10.000.000 € ÷ 5.000.000 € = 2

**Zu 452.**

**C.** 600 €

Der Anteil von Person A beträgt 600 €.

2 × 300 € = 600 €

**Zu 453.**

**C.** 600

Auszubildende Claudia würde für die gleiche Strecke 600 Schritte benötigen.

480 × 1,4 m = 672 m

672 m ÷ 1,12 m = 600

**Zu 454.**

**B.** 66

Auszubildender Max wird voraussichtlich 66 Kunden bedienen.

55 + 55 × ⅕ = 55 + 11 = 66

**Zu 455.**

**D.** 7,6 %

Die Gesamtbeteiligung des Unternehmen B an der Max Mayer Großhandelsgesellschaft liegt bei 7,6 %.

$$\text{Prozentwert} = \frac{\text{Grundwert} \times \text{Prozentsatz}}{100}$$

$$\frac{6\,\% \times 60\,\%}{100} = 3,6\,\%$$

3,6 % + 4 % = 7,6 %

# Mathematik

## Maße und Einheiten umrechnen

*Bearbeitungszeit 5 Minuten*

Beantworten Sie bitte die folgenden Aufgaben, indem Sie jeweils den richtigen Buchstaben markieren.

456. **Für die Anbindung an ein modernes Schienennetz muss die alte Infrastruktur überarbeitet und eine Schienenstrecke von 265 Metern Länge gebaut werden – das sind wie viele Kilometer?**

   A. 0,265 km

   B. 2,65 km

   C. 26,5 km

   D. 265 km

   E. Keine Antwort ist richtig.

457. **Herr Müller möchte ein neues Logistikzentrum bauen lassen und benötigt hierzu eine Grundfläche von 100 m × 80 m. Wie vielen Quadratmetern entspricht das?**

   A. 800 m²

   B. 8.000 m²

   C. 80.000 cm²

   D. 800.000 cm²

   E. Keine Antwort ist richtig.

458. **Ein LKW-Laderaum ist 6,05 m lang, 2,43 m breit und 2,35 m hoch. Welches Ladevolumen hat der Lastkraftwagen? Runden Sie das Ergebnis auf zwei Nachkommastellen.**

   A. 34,55 m³

   B. 345,5 m³

   C. 3.454,85 m³

   D. 34.548,53 cm³

   E. Keine Antwort ist richtig.

459. **Im Nachbarort wird ein Gewerbegrundstück von 1,7 Hektar angeboten. Wie vielen Quadratmetern entspricht das?**

   A. 1.700 m²

   B. 11.700 m²

   C. 17.000 m²

   D. 117.000 m²

   E. Keine Antwort ist richtig.

460. **Eine Hebebühne ist 1,80 m lang und 2,40 m breit. Wie groß ist die Bühnenfläche?**

   A. 43,2 cm²

   B. 432 cm²

   C. 4.320 cm²

   D. 43.200 cm²

   E. Keine Antwort ist richtig.

## Lösungen

**Zu 456.**

A. 0,265 km

Ein Meter entspricht 0,001 Kilometern, also ergeben 265 Meter 0,265 Kilometer:

$265 \times 0,001$ km $= 0,265$ km

**Zu 457.**

B. 8.000 m$^2$

Die Grundfläche beträgt 8.000 m$^2$.

$100$ m $\times 80$ m $= 8.000$ m$^2$

**Zu 458.**

A. 34,55 m$^3$

Das Ladevolumen beträgt 34,55 m$^3$.

$6,05$ m $\times 2,43$ m $\times 2,35$ m $= 34,55$ m$^3$

**Zu 459.**

C. 17.000 m$^2$

Das Gewerbegrundstück im Nachbarort hat eine Grundfläche von 17.000 m$^2$.

$1$ ha $= 10.000$ m$^2$

$10.000$ m$^2 \times 1,7 = 17.000$ m$^2$

**Zu 460.**

D. 43.200 cm$^2$

Die Bühnenfläche beträgt 43.200 cm$^2$.

Ein Meter entspricht 100 Zentimetern, demnach ergibt sich:

Bühnenfläche $= 1,80$ m $\times 2,40$ m $= 180$ cm $\times 240$ cm $= 43.200$ cm$^2$

# Mathematik

## Geometrie

**In diesem Abschnitt werden Ihre Geometriekenntnisse auf die Probe gestellt.**

Beantworten Sie bitte die folgenden Aufgaben, indem Sie jeweils den richtigen Buchstaben markieren.

**461. Wie groß ist das Volumen des abgebildeten Würfels?**

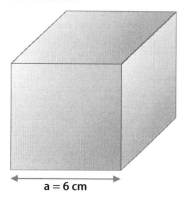

a = 6 cm

A. 12 cm³

B. 36 cm³

C. 72 cm³

D. 216 cm³

E. Keine Antwort ist richtig.

**462. Ein Versandkarton ist 12 Zentimeter lang, 6 Zentimeter breit und 5 Zentimeter hoch. Wie groß ist die Oberfläche (A) des Kartons?**

A. 280 cm²

B. 246 cm²

C. 162 cm²

D. 418 cm²

E. 324 cm²

**463. Wie groß ist das Volumen (V) des abgebildeten Quaders?**

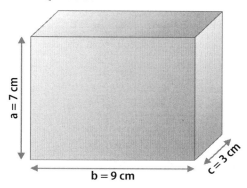

a = 7 cm

b = 9 cm

c = 3 cm

A. 127 cm³

B. 198 cm³

C. 256 cm³

D. 156 cm³

E. 189 cm³

**464. Das Volumen (V) eines Würfels beträgt 512 cm³. Welchen Flächeninhalt (A) haben seine Seitenflächen?**

A. 32 cm²

B. 206 cm²

C. Rund 171 cm²

D. Rund 164,3 cm²

E. 64 cm²

465. **Die Oberfläche eines Würfels beträgt 96 cm². Wie groß ist seine Kantenlänge (a)?**

A. 32 cm

B. 8 cm

C. 16 cm

D. 4 cm

E. 6,5 cm

## Lösungen

**Zu 461.**

**D.** 216 cm$^3$

Der Würfel ist ein Körper, der aus 12 gleich langen Kanten und 8 Ecken besteht. Wie bei einem Quader berechnet sich auch der Rauminhalt eines Würfels durch die Multiplikation von Länge, Breite und Höhe – da in diesem Fall alle drei Längen identisch sind, ergibt sich für das Volumen:

$V_{Würfel} = l \times b \times h = a \times a \times a = a^3$

$V_{Würfel} = 6\,cm \times 6\,cm \times 6\,cm = 216\,cm^3$

Das Volumen des abgebildeten Würfels beträgt 216 cm$^3$.

**Zu 462.**

**E.** 324 cm$^2$

Die gesamte Oberfläche des Kartons besteht aus 6 rechteckigen Einzelflächen, wobei jeweils gegenüberliegende Flächen gleiche Abmessungen und dementsprechend auch den gleichen Flächeninhalt besitzen. Man muss also nicht den Inhalt aller 6 Flächen einzelnen ausrechnen, sondern nur die 3 unterschiedlichen Flächeninhalte, verdoppelt sie und addiert sie schließlich:

$A = 2\,(l \times b) + 2\,(b \times h) + 2\,(l \times h)$

Durch Einsetzen ergibt sich:

$A = 2\,(12\,cm \times 6\,cm) + 2\,(6\,cm \times 5\,cm) + 2$
$(12\,cm \times 5\,cm) = 2 \times 72\,cm^2 + 2 \times 30\,cm^2 + 2 \times$
$60\,cm^2 = 144\,cm^2 + 60\,cm^2 + 120\,cm^2 =$
$324\,cm^2$

Die Gesamtoberfläche des Kartons beträgt 324 Quadratzentimeter.

**Zu 463.**

**E.** 189 cm$^3$

Das Volumen eines Quaders ergibt sich durch die Multiplikation seiner Breite, Höhe und Länge:

$V = l \times b \times h$

Durch Einsetzen ergibt sich:

$V = 7\,cm \times 9\,cm \times 3\,cm = 189\,cm^3$

Das Volumen des abgebildeten Quaders beträgt 189 Kubikzentimeter.

**Zu 464.**

**E.** 64 cm$^2$

Das Volumen eines Würfels ergibt sich aus der Multiplikation seiner Länge, Breite und Höhe – Größen, die bei einem Würfel identisch sind. Kennt man sein Volumen, kann man daraus also mühelos auf seine Kantenlänge (a) schließen:

$V = l \times b \times h = a \times a \times a = a^3$

$a = \sqrt[3]{V} = \sqrt[3]{512\,cm^3} = 8\,cm$

Da die Seitenflächen eines Würfels Quadrate sind, ergibt sich ihr Flächeninhalt aus dem Quadrat der Seiten- bzw. Kantenlänge a:

$A = a \times a = 8\,cm \times 8\,cm = 64\,cm^2$

Die Seitenflächen des Würfels haben einen Flächeninhalt von 64 cm$^2$.

**Zu 465.**

**D.** 4 cm

Die gesamte Oberfläche eines Würfels setzt sich – da seine Länge, Breite und Höhe gleich sind – aus 6 identischen Seitenflächen zusammen. Kennt man also die Gesamtoberfläche des Würfels, kann man mühelos auf den Flächeninhalt einer einzigen Seite schließen:

$$A_{Seite} = \frac{A_{gesamt}}{6} = \frac{96\,cm^2}{6} = 16\,cm^2$$

Da die Seitenflächen eines Würfels Quadrate sind, beträgt die Länge einer Seite – und zugleich die gesuchte Kantenlänge des Würfels – die Wurzel aus dem Inhalt einer Seitenfläche:

$A_{Seite} = a \times a = a^2$

$$a = \sqrt{A_{Seite}} = \sqrt{16\,cm^2} = 4\,cm$$

Die Kantenlänge des Würfels beträgt 4 Zentimeter.

# Mathematik

## *Mengenkalkulation mit Tabelle*　　　　*Bearbeitungszeit 5 Minuten*

Beantworten Sie bitte die folgenden Aufgaben, indem Sie jeweils den richtigen Buchstaben markieren.

Herr Mayer hat für das nächste Jahr die Bedarfsmengen für ein Metallblech prognostiziert. Hierfür hat er eine Tabelle angelegt.

| Max Mayer Metall GmbH | |
|---|---|
| Lagerfläche: | 2.400 m² |
| **Monat** | **Bedarfsmengen** |
| Januar | 10 Stück |
| Februar | 10 Stück |
| März | 20 Stück |
| April | 20 Stück |
| Mai | 30 Stück |
| Juni | 30 Stück |
| Juli | 40 Stück |
| August | 40 Stück |
| September | 10 Stück |
| Oktober | 14 Stück |
| November | 10 Stück |
| Dezember | 6 Stück |

**466. Wie hoch ist der prognostizierte Jahresbedarf an Metallblechen für das nächste Jahr?**

A. 160 Stück

B. 180 Stück

C. 240 Stück

D. 280 Stück

E. Keine Antwort ist richtig.

**467. Wie viel Prozent des Gesamtbedarfs an Metallblechen würden im ersten Halbjahr benötigt werden?**

A. Ein Viertel

B. Die Hälfte

C. Mehr als die Hälfte

D. Drei Viertel

E. Keine Antwort ist richtig.

468. **Wie hoch war der Bedarf an Metallblechen im Vorjahr, wenn die Max Mayer Metall GmbH bei der Prognose ein Plus von 50 % einkalkuliert hat?**

   A. 140 Stück

   B. 160 Stück

   C. 180 Stück

   D. 200 Stück

   E. Keine Antwort ist richtig.

469. **Wie viel Metallbleche würde die Max Mayer Metall GmbH im nächsten Jahr tatsächlich benötigen, wenn der Absatz um fünf Prozent zum Vorjahr gesteigert werden könnte?**

   A. 250 Stück

   B. 252 Stück

   C. 260 Stück

   D. 265 Stück

   E. Keine Antwort ist richtig.

470. **Für die Lagerung der Metallbleche werden 15 Prozent der Lagerfläche benötigt. Wie viel Quadratmeter Lagerfläche werden benötigt, wenn durch ein neues Regalsystem der Flächenbedarf auf ein Drittel reduziert werden kann?**

   A. 120 m$^2$

   B. 240 m$^2$

   C. 360 m$^2$

   D. 2.400 m$^2$

   E. Keine Antwort ist richtig.

## Lösungen

**Zu 466.**

**C.** 240 Stück

Der Bedarf an Metallblechen würde 240 Stück betragen.

$10 + 10 + 20 + 20 + 30 + 30 + 40 + 40 + 10 + 14 + 10 + 6 = 240$ Stück Jahresbedarf

**Zu 467.**

**B.** Die Hälfte

Im ersten Halbjahr würden 50 Prozent benötigt werden.

$10 + 10 + 20 + 20 + 30 + 30 + 40 + 40 + 10 + 14 + 10 + 6 = 240$ Stück Jahresbedarf.

$10 + 10 + 20 + 20 + 30 + 30 = 120$ Stück Halbjahresbedarf

$$Prozentsatz = \frac{Prozentwert \times 100}{Grundwert}$$

$$Prozentsatz = \frac{120\,Stk. \times 100}{260\,Stk.} = 50\,\%$$

**Zu 468.**

**B.** 160 Stück

Der Bedarf an Metallblechen im Vorjahr betrug 160 Stück.

$$Grundwert = \frac{Prozentwert \times 100}{Prozentsatz}$$

$$Grundwert = \frac{240\,Stk. \times 100}{150} = 160\,Stk.$$

**Zu 469.**

**B.** 252 Stück

Der Materialbedarf im nächsten Jahr würde 252 Stück betragen.

$$Prozentwert = \frac{Grundwert \times Prozentsatz}{100}$$

$$Prozentwert = \frac{240\,Stk. \times 105}{100} = 252\,Stk.$$

**Zu 470.**

**A.** 120 m²

Es würden 120 m² Lagerfläche benötigt werden.

$$Prozentwert = \frac{Grundwert \times Prozentsatz}{100}$$

$$Prozentwert = \frac{2.400\,m^2 \times 15}{100} = 360\,m^2$$

$360\,m^2 \div 3 = 120\,m^2$

# Logisches Denkvermögen

### *Zahlenreihen fortsetzen*             *Aufgabenerklärung*

**In diesem Abschnitt haben Sie Zahlenfolgen, die nach festen Regeln aufgestellt sind.**

Bitte markieren Sie den zugehörigen Buchstaben der Zahl, von der Sie denken, dass sie die Reihe am sinnvollsten ergänzt.

### Hierzu ein Beispiel

### *Aufgabe*

1.

- A. 6
- B. 7
- C. 8
- D. 9
- E. Keine Antwort ist richtig.

### *Antwort*

 A. 6

Bei dieser Zahlenreihe wird jede folgende Zahl um eins erhöht. Die gesuchte Zahl lautet somit 5 + 1 = 6 und die richtige Antwort lautet A.

## Zahlenreihen fortsetzen

*Bearbeitungszeit 5 Minuten*

Beantworten Sie bitte die folgenden Aufgaben, indem Sie jeweils den richtigen Buchstaben markieren.

471.

A. 98
B. 32
C. 45
D. 54
E. Keine Antwort ist richtig.

472.

A. $\frac{3}{7}$

B. $\frac{4}{8}$

C. $\frac{5}{8}$

D. $\frac{9}{4}$

E. Keine Antwort ist richtig.

473.

| 20 | 16 | 20 | 17 | 20 | ? |

A. 20
B. 22
C. 18
D. 12
E. Keine Antwort ist richtig.

**474.**

| 8 | 24 | 12 | 36 | 18 | ? |

A. 36

B. 38

C. 46

D. 54

E. Keine Antwort ist richtig.

**475.**

| 6 | 7 | 9 | 6 | 10 | 15 | ? |

A. 20

B. 9

C. 19

D. 11

E. Keine Antwort ist richtig.

## Lösungen

**Zu 471.**

C. 45

Vertauschung der Ziffern, 54 wird zu 45

**Zu 472.**

C. $\dfrac{5}{8}$

Zähler um eins reduzieren, Nenner um eins erhöhen.

**Zu 473.**

C. 18

$-4 \mid +4 \mid -3 \mid +3 \mid -2$

**Zu 474.**

D. 54

$\times 3 \mid \div 2 \mid \times 3 \mid \div 2 \mid \times 3$

**Zu 475.**

B. 9

$+1 \mid +2 \mid -3 \mid +4 \mid +5 \mid -6$

# Logisches Denkvermögen

## Wörter erkennen

**Die folgenden Aufgaben prüfen Ihr Sprachgefühl und Ihren Wortschatz.**

Ihre Aufgabe besteht darin, Wörter in durcheinander gewürfelten Buchstabenfolgen zu erkennen. Bitte markieren Sie den Buchstaben, von dem Sie denken, dass es der Anfangsbuchstabe des gesuchten Wortes sein könnte.

## Hierzu ein Beispiel

### Aufgabe

1.

A. R
B. S
C. P
D. U
E. T

### Antwort

(B.) S

In dieser Buchstabenreihe versteckt sich das Wort „SPURT" und die richtige Antwort lautet B.

## Wörter erkennen

*Bearbeitungszeit 5 Minuten*

**Welches Wort versteckt sich in der Buchstabenreihe?**

Beantworten Sie bitte die folgenden Aufgaben, indem Sie den Anfangsbuchstaben des gesuchten Wortes bestimmen und den zugehörigen Lösungsbuchstaben markieren.

**476.**

| D | B | N | O | E |
|---|---|---|---|---|

A. D
B. B
C. N
D. O
E. E

**479.**

| R | U | N | G | D |
|---|---|---|---|---|

A. R
B. U
C. N
D. G
E. D

**477.**

| N | S | N | O | E |
|---|---|---|---|---|

A. N
B. S
C. N
D. O
E. E

**480.**

| L | E | H | T | O |
|---|---|---|---|---|

A. L
B. E
C. H
D. T
E. O

**478.**

| S | E | W | E | P |
|---|---|---|---|---|

A. S
B. E
C. W
D. E
E. P

## Lösungen

**Zu 476.**

B.  B

Boden

**Zu 477.**

B.  S

Sonne

**Zu 478.**

C.  W

Wespe

**Zu 479.**

D.  G

Grund

**Zu 480.**

C.  H

Hotel

# Logisches Denkvermögen

## *Sprachlogik: Oberbegriffe*

*Bearbeitungszeit 5 Minuten*

**Nun wird die Fähigkeit zu logischem Denken im sprachlichen Bereich getestet.**

In jeder der folgenden Aufgaben werden Ihnen zwei Begriffe vorgegeben, zu denen Sie einen gemeinsamen Oberbegriff finden sollen.

Beantworten Sie bitte die folgenden Aufgaben, indem Sie den Lösungsbuchstaben des gesuchten Oberbegriffs markieren.

**481. Teelöffel, Messer**

A. Messgerät
B. Gabel
C. Besteck
D. Teller
E. Keine Antwort ist richtig.

**482. Auto, Fahrrad**

A. Fahrzeug
B. Laufen
C. Lastwagen
D. Geschwindigkeit
E. Keine Antwort ist richtig.

**483. Zugspitze, K2**

A. Eisenbahn
B. Berge
C. Gebirge
D. Alpen
E. Keine Antwort ist richtig.

**484. Butter, Brot**

A. Weizen
B. Milch
C. Getreide
D. Nahrungsmittel
E. Keine Antwort ist richtig.

**485. Ampere, Volt**

A. Widerstand
B. Elektrizität
C. Spannung
D. Leitung
E. Keine Antwort ist richtig.

## Lösungen

**Zu 481.**

C.  Besteck

Teelöffel und Messer sind Besteckteile.

**Zu 482.**

A.  Fahrzeug

Auto und Fahrrad sind Fahrzeuge.

**Zu 483.**

B.  Berge

Die Zugspitze ist ein europäischer Berg und der K2 ein asiatischer.

**Zu 484.**

D.  Nahrungsmittel

Butter und Brot sind Nahrungsmittel.

**Zu 485.**

B.  Elektrizität

Ampere und Volt sind Maßeinheiten aus dem Bereich der Elektrizität: In Ampere werden Stromstärken angegeben, in Volt Spannungen.

# Logisches Denkvermögen

## *Flussdiagramme*                                      *Aufgabenerklärung*

**Dieser Abschnitt prüft, wie gut Sie komplexe Abläufe strukturell nachvollziehen können. Sie erhalten dazu ein Flussdiagramm.**

Flussdiagramme sind eine gute Methode, um Handlungsprozesse mit verschiedenen Verlaufsalternativen grafisch abzubilden. Diese Darstellungsform eignet sich besonders dazu, verzweigte Abläufe zu planen, zu steuern und zu erklären.

### *Wie funktionieren Flussdiagramme?*

Ein Flussdiagramm besteht aus verschiedenen Symbolen, die beschriftet und durch waagerechte oder senkrechte Verlaufspfeile miteinander verbunden sind. Die Symbole lassen sich grob in fünf Gruppen einordnen:

¬ Rechtecke mit abgerundeten Ecken stehen für Prozessbeginn und -ende.

¬ Rauten stellen Bedingungen dar.

¬ Rechtecke symbolisieren eigene, in sich geschlossene Unterprozesse.

¬ Ovale kennzeichnen Entscheidungen oder Konsequenzen.

¬ Parallelogramme repräsentieren prozessinterne Ein- und Ausgaben (In- und Outputs).

## **Hierzu ein Beispiel**

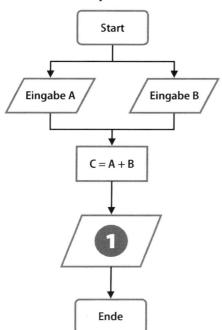

### *Aufgabe*

1.  **Durch welche der Antworten wird die Zahl 1 im Flussdiagramm sinnvoll ersetzt?**

    A. Ausgabe C

    B. Ausgabe A

    C. Ausgabe B

    D. Eingabe A

    E. Keine Antwort ist richtig.

### *Antwort*

(A.) Ausgabe C

Im abgebildeten Prozess werden zwei Variablen A und B eingegeben und zum Ergebnis C addiert. Sinnvollerweise wird dieses Ergebnis anschließend ausgegeben, d. h. zum Beispiel auf einem Monitor angezeigt.

## Flussdiagramme

Beantworten Sie bitte die folgenden Aufgaben, indem Sie jeweils den richtigen Buchstaben markieren.

### Briefversand

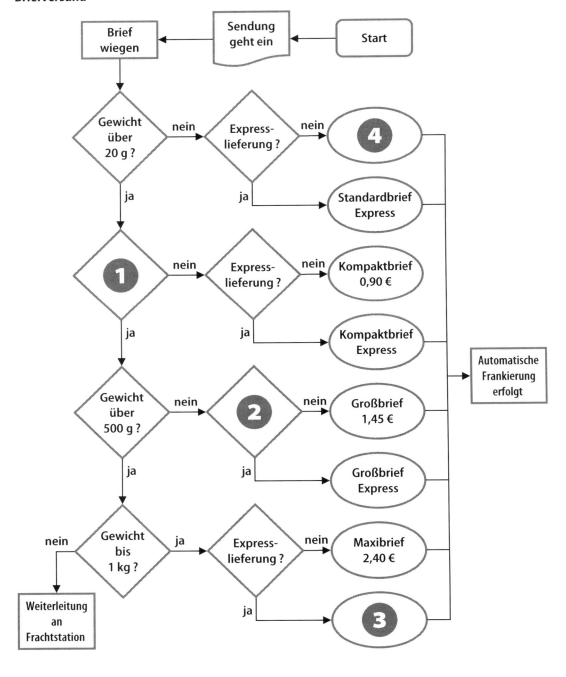

**Berücksichtigen Sie zum Lösen der Aufgaben folgende Tabelle:**

| Artikel | Standardbrief | Kompaktbrief | Großbrief | Maxibrief | Dienstleister |
|---|---|---|---|---|---|
| Gewicht | bis 20 g | bis 50 g | bis 500 g | bis 1.000 g | über 1.000 g |
| Preis | 0,60 € | 0,90 € | 1,45 € | 2,40 € | 4,10 € |

**486. Durch welche der Antworten wird die Zahl 1 im Flussdiagramm sinnvoll ersetzt?**

A. Gewicht über 2 kg?

B. Weiterleitung an Frachtstation

C. Expresslieferung?

D. Gewicht über 50 g?

E. Kompaktbrief 0,90 €

**487. Durch welche der Antworten wird die Zahl 2 im Flussdiagramm sinnvoll ersetzt?**

A. Gewicht über 2 kg?

B. Weiterleitung an Frachtstation

C. Expresslieferung?

D. Gewicht über 500 g?

E. Großbrief 1,45 €

**488. Durch welche der Antworten wird die Zahl 3 im Flussdiagramm sinnvoll ersetzt?**

A. Gewicht über 2 kg?

B. Maxibrief 2,40 €

C. Expresslieferung?

D. Gewicht über 500 g?

E. Maxibrief Express

**489. Durch welche der Antworten wird die Zahl 4 im Flussdiagramm sinnvoll ersetzt?**

A. Standardbrief Express

B. Maxibrief 2,40 €

C. Standardbrief 0,60 €

D. Gewicht über 20 g?

E. Automatische Frankierung erfolgt

**490. Wie muss eine Sendung mit einem Gewicht von 1.350 g frankiert werden?**

A. Die Sendung muss als Kompaktbrief mit 0,90 € frankiert werden.

B. Die Sendung muss als Großbrief mit 2,40 € frankiert werden.

C. Die Sendung muss als Maxibrief mit 1,45 € frankiert werden.

D. Die Sendung muss als Päckchen mit 4,10 € frankiert werden.

E. Die Sendung wird an die Frachtstation weitergeleitet.

## Lösungen

**Zu 486.**

D. Gewicht über 50 g?

Gesucht wird eine Bedingung, B und E fallen also weg. Die vorausgehende Bedingung unterscheidet zwischen Sendungen mit einem Gewicht von bis zu 20 g und schwereren Sendungen. Laut Tabelle ist der nächst höhere Gewichtsbereich der des Kompaktbriefs mit bis zu 50 g. Die Lösung lautet demnach D.

**Zu 487.**

C. Expresslieferung?

Die Unterscheidung nach Gewicht wurde bereits getroffen, der Brief wiegt zwischen 51 g und 500 g – dadurch entfallen A und D. Da eine Raute eine Bedingung anzeigt, können auch B und E nicht stimmen. Übrig bleibt C: Wie bei allen anderen Gewichtsklassen gibt es auch hier die Möglichkeit der Expresslieferung.

**Zu 488.**

E. Maxibrief Express

Wie sich aus den vorausgehenden Bedingungen ergibt, ist der Brief zwischen 501 g und 1.000 g schwer (Maxibrief) und soll per Express verschickt werden. Somit kommt nur Lösung E in Frage.

**Zu 489.**

C. Standardbrief 0,60 €

Es handelt sich um einen Standardbrief (bis zu

20 g), der nicht per Express verschickt wird. Richtig ist also Lösung C.

**Zu 490.**

E. Die Sendung wird an die Frachtstation weitergeleitet.

Aus dem Flussdiagramm und der Tabelle lässt sich ablesen: Briefsendungen mit einem Gewicht von mehr als 1.000 g werden an die Frachtstation abgegeben.

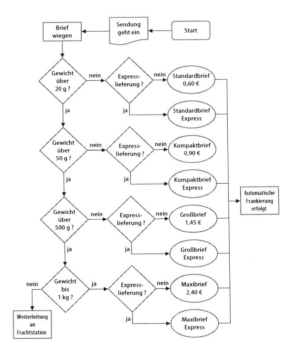

*Lösungshinweis:*

Das Diagramm zeigt die Ablauforganisation des Briefversands. Eingehende Briefe werden zunächst gewogen: Abhängig von ihrem Gewicht werden sie als Standardbrief (bis 20 g), Kompaktbrief (21 g–50 g), Großbrief (51 g–500 g) oder Maxibrief (501 g–1.000 g) eingestuft. Für jeden Brieftyp kann nun entschieden werden, ob er als Expressbrief mit beschleunigter Beförderung verschickt werden soll. Schließlich werden die Briefe entsprechend frankiert. Ist die Sendung schwerer als 1 kg, wird sie an die Frachtstation weitergeleitet und fällt aus dem hier dargestellten internen Ablauf heraus.

# Visuelles Denkvermögen

## *Faltvorlagen*                                            *Aufgabenerklärung*

In diesem Abschnitt wird Ihr visuelles Denkvermögen getestet.

Sie sehen eine Faltvorlage. Finden Sie heraus, welche der fünf Figuren A bis E daraus hergestellt werden kann.

## Hierzu ein Beispiel

### *Aufgabe*

1. Diese Faltvorlage ist die Außenseite eines Körpers.

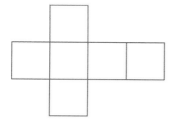

Welcher der Körper A bis E kann aus der Faltvorlage gebildet werden?

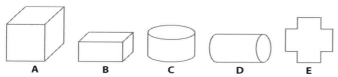

### *Antwort*

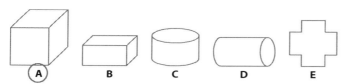

## *Faltvorlagen*

Beantworten Sie bitte die folgenden Aufgaben, indem Sie jeweils den richtigen Buchstaben markieren.

**491. Diese Faltvorlage ist die Außenseite eines Körpers.**

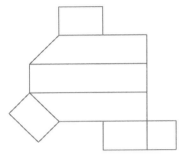

**Welcher der Körper A bis E kann aus der Faltvorlage gebildet werden?**

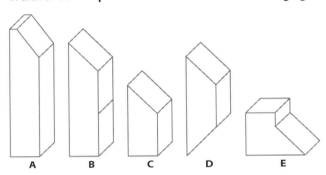

A      B      C      D      E

**492. Diese Faltvorlage ist die Außenseite eines Körpers.**

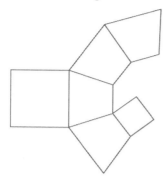

Welcher der Körper A bis E kann aus der Faltvorlage gebildet werden?

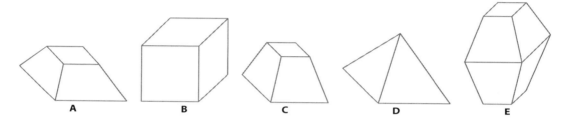

**493. Diese Faltvorlage ist die Außenseite eines Körpers.**

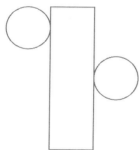

Welcher der Körper A bis E kann aus der Faltvorlage gebildet werden?

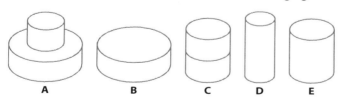

**494.** Diese Faltvorlage ist die Außenseite eines Körpers.

Welcher der Körper A bis E kann aus der Faltvorlage gebildet werden?

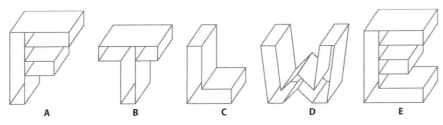

|  A  |  B  |  C  |  D  |  E  |

**495.** Diese Faltvorlage ist die Außenseite eines Körpers.

Welcher der Körper A bis E kann aus der Faltvorlage gebildet werden?

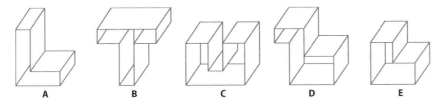

|  A  |  B  |  C  |  D  |  E  |

## Lösungen

**Zu 491.**

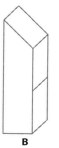

B

**Zu 492.**

C

**Zu 493.**

E

**Zu 494.**

C

**Zu 495.**

E

*Lösungshinweis:*

Falls Sie nicht durch das Zusammenfalten des Körpers im Geiste auf die richtige Lösung kommen, hilft folgende Strategie: Gleichen Sie die Anzahl der Flächen der Faltvorlage mit der Anzahl der Flächen der Lösungsmöglichkeiten ab. Zusätzlich können Sie die Flächenanordnung der Faltvorlage mit der Anordnung der Außenflächen der vorgeschlagenen Körper abgleichen, z. B.: Auf eine große quadratische Fläche folgt eine schmale rechteckige Fläche, an die sich eine dreieckige Fläche anschließt usw.

# Visuelles Denkvermögen

*Figurenreihen fortsetzen*                                   *Aufgabenerklärung*

**Dieser Abschnitt prüft Ihre Fähigkeit zu logischem Denken im visuellen Bereich.**

Pro Aufgabe wird Ihnen eine Muster- bzw. Figurenreihe vorgestellt. Die einzelnen Elemente sind darin logisch so angeordnet, dass sich ein systematischer Zusammenhang zwischen den einzelnen Abbildungen ergibt. Welches der zur Auswahl gestellten Muster führt die abgebildete Reihe logisch fort?

## Hierzu ein Beispiel

*Aufgabe*

1. **Sie sehen drei Abbildungen mit verschiedenen Mustern.**

**Welches der folgenden Muster setzt die Reihe logisch fort?**

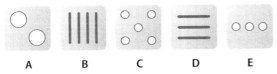

   A       B       C       D       E

*Antwort*

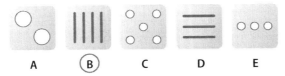

   A      (B)      C       D       E

*Erklärung:*

Die Abbildungen zeigen eine steigende Anzahl senkrechter Striche – Abbildung B setzt diese Reihe logisch fort.

## Figurenreihen fortsetzen

Beantworten Sie bitte die folgenden Aufgaben, indem Sie jeweils den richtigen Buchstaben markieren.

**496. Sie sehen drei Abbildungen mit verschiedenen Mustern.**

**Welches der folgenden Muster setzt die Reihe logisch fort?**

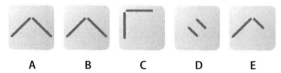

    A       B       C       D       E

**497. Sie sehen drei Abbildungen mit verschiedenen Mustern.**

**Welches der folgenden Muster setzt die Reihe logisch fort?**

    A       B       C       D       E

**498. Sie sehen drei Abbildungen mit verschiedenen Mustern.**

**Welches der folgenden Muster setzt die Reihe logisch fort?**

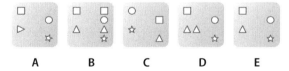

    A       B       C       D       E

**499.** Sie sehen drei Abbildungen mit verschiedenen Mustern.

Welches der folgenden Muster setzt die Reihe logisch fort?

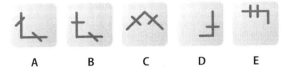

    A        B        C        D        E

**500.** Sie sehen drei Abbildungen mit verschiedenen Mustern.

Welches der folgenden Muster setzt die Reihe logisch fort?

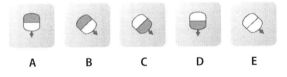

    A        B        C        D        E

## Lösungen

**Zu 496.**

**D**

Das Fragezeichen wird sinnvoll durch die Figur D ersetzt.

In jeder Figur stehen die Linien parallel zueinander.

**Zu 497.**

**D**

Das Fragezeichen wird sinnvoll durch die Figur D ersetzt.

Jede folgende Figur enthält ein Element mehr als ihr Vorgänger.

**Zu 498.**

**E**

Das Fragezeichen wird sinnvoll durch die Figur E ersetzt.

Bei allen abgebildeten Formationen nimmt die Anzahl der gezeigten Objekte – Viereck, Kreis, Dreieck, Stern – stetig um eins ab, wobei Vierecke und Dreiecke innerhalb der Abbildungen von rechts nach links, Kreise und Sterne von links nach rechts entfernt werden.

**Zu 499.**

**E**

Das Fragezeichen wird sinnvoll durch die Figur E ersetzt.

In jeder Figur wird eine von zwei Linien von zwei parallel laufenden kurzen Strichen gekreuzt.

**Zu 500.**

**C**

Das Fragezeichen wird sinnvoll durch die Figur C ersetzt.

Jede Figur ist im Vergleich zu ihrem Vorgänger um 135 Grad im Uhrzeigersinn gedreht, wobei die Lage der grauen Fläche stets wechselt.

# Anhang

**Lösungen** ........................................................ **316**

    Prüfung 1 · Industriemechaniker/in ..................................... 316
    Prüfung 2 · Fachkraft für Metalltechnik,
    Konstruktionsmechaniker/in, Werkzeugmechaniker/in und
    Feinwerkmechaniker/in ....................................................... 317
    Prüfung 3 · Mechatroniker/in ............................................. 318
    Prüfung 4 · Maschinen- und Anlagenführer/in ............................ 319
    Prüfung 5 · Zerspanungsmechaniker/in und Metallbauer/in ... 320

**Die Rechtschreibung** ....................................... **321**

**Tabelle: Maße und Einheiten** ........................... **352**

# Lösungen

## Prüfung 1 · Industriemechaniker/in

| Frage | Antwort | Frage | Antwort | Frage | Antwort |
|---|---|---|---|---|---|
| 1. | C | 41. | D | 81. | B |
| 2. | C | 42. | B | 82. | D |
| 3. | A | 43. | B | 83. | D |
| 4. | B | 44. | D | 84. | A |
| 5. | C | 45. | B | 85. | A |
| 6. | D | 46. | B | 86. | C |
| 7. | D | 47. | C | 87. | D |
| 8. | C | 48. | B | 88. | C |
| 9. | A | 49. | D | 89. | D |
| 10. | D | 50. | C | 90. | D |
| 11. | B | 51. | D | 91. | B |
| 12. | C | 52. | C | 92. | C |
| 13. | C | 53. | B | 93. | C |
| 14. | D | 54. | A | 94. | C |
| 15. | B | 55. | B | 95. | C |
| 16. | D | 56. | A | 96. | C |
| 17. | B | 57. | C | 97. | B |
| 18. | B | 58. | C | 98. | D |
| 19. | B | 59. | C | 99. | D |
| 20. | B | 60. | B | 100. | D |
| 21. | C | 61. | B | | |
| 22. | A | 62. | A | | |
| 23. | B | 63. | D | | |
| 24. | B | 64. | C | | |
| 25. | A | 65. | A | | |
| 26. | D | 66. | B | | |
| 27. | C | 67. | D | | |
| 28. | A | 68. | B | | |
| 29. | C | 69. | B | | |
| 30. | D | 70. | A | | |
| 31. | D | 71. | D | | |
| 32. | B | 72. | D | | |
| 33. | A | 73. | D | | |
| 34. | B | 74. | E | | |
| 35. | C | 75. | B | | |
| 36. | B | 76. | C | | |
| 37. | B | 77. | B | | |
| 38. | D | 78. | B | | |
| 39. | C | 79. | A | | |
| 40. | B | 80. | B | | |

*Prüfung 2 · Fachkraft für Metalltechnik, Konstruktionsmechaniker/in, Werkzeugmechaniker/in und Feinwerkmechaniker/in*

| Frage | Antwort | Frage | Antwort | Frage | Antwort |
|---|---|---|---|---|---|
| 101. | B | 141. | C | 181. | C |
| 102. | C | 142. | D | 182. | E |
| 103. | D | 143. | C | 183. | D |
| 104. | C | 144. | D | 184. | B |
| 105. | B | 145. | C | 185. | D |
| 106. | C | 146. | C | 186. | E |
| 107. | C | 147. | D | 187. | C |
| 108. | D | 148. | D | 188. | A |
| 109. | D | 149. | C | 189. | A |
| 110. | A | 150. | C | 190. | E |
| 111. | B | 151. | B | 191. | D |
| 112. | A | 152. | C | 192. | C |
| 113. | D | 153. | D | 193. | C |
| 114. | C | 154. | D | 194. | C |
| 115. | D | 155. | B | 195. | D |
| 116. | D | 156. | D | 196. | B |
| 117. | B | 157. | B | 197. | B |
| 118. | B | 158. | E | 198. | D |
| 119. | C | 159. | B | 199. | D |
| 120. | C | 160. | E | 200. | B |
| 121. | A | 161. | D | | |
| 122. | C | 162. | D | | |
| 123. | B | 163. | E | | |
| 124. | D | 164. | C | | |
| 125. | D | 165. | C | | |
| 126. | A | 166. | D | | |
| 127. | B | 167. | B | | |
| 128. | B | 168. | B | | |
| 129. | A | 169. | B | | |
| 130. | D | 170. | B | | |
| 131. | A | 171. | B | | |
| 132. | D | 172. | B | | |
| 133. | A | 173. | C | | |
| 134. | D | 174. | A | | |
| 135. | C | 175. | B | | |
| 136. | B | 176. | E | | |
| 137. | A | 177. | B | | |
| 138. | A | 178. | C | | |
| 139. | D | 179. | D | | |
| 140. | A | 180. | C | | |

## Prüfung 3 · Mechatroniker/in

| Frage | Antwort | Frage | Antwort | Frage | Antwort |
|---|---|---|---|---|---|
| 201. | D | 241. | C | 281. | A |
| 202. | D | 242. | C | 282. | D |
| 203. | C | 243. | B | 283. | C |
| 204. | C | 244. | C | 284. | C |
| 205. | D | 245. | D | 285. | A |
| 206. | A | 246. | C | 286. | A |
| 207. | D | 247. | D | 287. | B |
| 208. | D | 248. | C | 288. | B |
| 209. | D | 249. | C | 289. | B |
| 210. | C | 250. | C | 290. | C |
| 211. | D | 251. | C | 291. | A |
| 212. | D | 252. | B | 292. | A |
| 213. | B | 253. | C | 293. | C |
| 214. | C | 254. | D | 294. | D |
| 215. | B | 255. | C | 295. | D |
| 216. | D | 256. | B | 296. | D |
| 217. | A | 257. | C | 297. | C |
| 218. | D | 258. | B | 298. | C |
| 219. | A | 259. | E | 299. | D |
| 220. | D | 260. | D | 300. | B |
| 221. | A | 261. | C | | |
| 222. | D | 262. | B | | |
| 223. | B | 263. | C | | |
| 224. | C | 264. | C | | |
| 225. | D | 265. | C | | |
| 226. | A | 266. | A | | |
| 227. | B | 267. | B | | |
| 228. | D | 268. | C | | |
| 229. | D | 269. | C | | |
| 230. | C | 270. | A | | |
| 231. | E | 271. | C | | |
| 232. | A | 272. | D | | |
| 233. | D | 273. | B | | |
| 234. | C | 274. | B | | |
| 235. | B | 275. | C | | |
| 236. | C | 276. | D | | |
| 237. | C | 277. | C | | |
| 238. | C | 278. | D | | |
| 239. | B | 279. | C | | |
| 240. | D | 280. | B | | |

## Prüfung 4 · Maschinen- und Anlagenführer/in

| Frage | Antwort | Frage | Antwort | Frage | Antwort |
|-------|---------|-------|---------|-------|---------|
| 301. | B | 341. | B | 381. | A |
| 302. | C | 342. | D | 382. | A |
| 303. | D | 343. | B | 383. | C |
| 304. | C | 344. | D | 384. | B |
| 305. | D | 345. | C | 385. | C |
| 306. | C | 346. | C | 386. | B |
| 307. | C | 347. | C | 387. | C |
| 308. | A | 348. | C | 388. | E |
| 309. | B | 349. | B | 389. | C |
| 310. | D | 350. | C | 390. | D |
| 311. | A | 351. | B | 391. | D |
| 312. | D | 352. | C | 392. | C |
| 313. | D | 353. | B | 393. | C |
| 314. | A | 354. | B | 394. | B |
| 315. | A | 355. | C | 395. | B |
| 316. | B | 356. | B | 396. | D |
| 317. | C | 357. | A | 397. | E |
| 318. | B | 358. | A | 398. | E |
| 319. | C | 359. | A | 399. | C |
| 320. | B | 360. | D | 400. | C |
| 321. | B | 361. | B | | |
| 322. | C | 362. | D | | |
| 323. | B | 363. | D | | |
| 324. | C | 364. | C | | |
| 325. | B | 365. | C | | |
| 326. | A | 366. | D | | |
| 327. | B | 367. | C | | |
| 328. | B | 368. | B | | |
| 329. | B | 369. | A | | |
| 330. | A | 370. | C | | |
| 331. | D | 371. | C | | |
| 332. | A | 372. | D | | |
| 333. | C | 373. | A | | |
| 334. | D | 374. | A | | |
| 335. | B | 375. | A | | |
| 336. | D | 376. | C | | |
| 337. | B | 377. | C | | |
| 338. | A | 378. | C | | |
| 339. | C | 379. | D | | |
| 340. | D | 380. | D | | |

## Prüfung 5 · Zerspanungsmechaniker/in und Metallbauer/in

| Frage | Antwort | Frage | Antwort | Frage | Antwort |
|-------|---------|-------|---------|-------|---------|
| 401. | A | 441. | C | 481. | C |
| 402. | C | 442. | C | 482. | A |
| 403. | D | 443. | D | 483. | B |
| 404. | D | 444. | C | 484. | D |
| 405. | C | 445. | A | 485. | B |
| 406. | C | 446. | B | 486. | D |
| 407. | B | 447. | A | 487. | C |
| 408. | C | 448. | A | 488. | E |
| 409. | C | 449. | D | 489. | C |
| 410. | B | 450. | D | 490. | E |
| 411. | C | 451. | D | 491. | B |
| 412. | A | 452. | C | 492. | C |
| 413. | C | 453. | C | 493. | E |
| 414. | A | 454. | B | 494. | C |
| 415. | B | 455. | D | 495. | E |
| 416. | C | 456. | A | 496. | D |
| 417. | A | 457. | B | 497. | D |
| 418. | D | 458. | A | 498. | E |
| 419. | C | 459. | C | 499. | E |
| 420. | A | 460. | D | 500. | C |
| 421. | A | 461. | D | | |
| 422. | C | 462. | E | | |
| 423. | A | 463. | E | | |
| 424. | D | 464. | E | | |
| 425. | B | 465. | D | | |
| 426. | B | 466. | C | | |
| 427. | C | 467. | B | | |
| 428. | C | 468. | B | | |
| 429. | B | 469. | B | | |
| 430. | D | 470. | A | | |
| 431. | A | 471. | C | | |
| 432. | C | 472. | C | | |
| 433. | D | 473. | C | | |
| 434. | D | 474. | D | | |
| 435. | C | 475. | B | | |
| 436. | B | 476. | B | | |
| 437. | B | 477. | B | | |
| 438. | C | 478. | C | | |
| 439. | A | 479. | D | | |
| 440. | D | 480. | C | | |

# Die Rechtschreibung

## *Die wichtigsten Regeln der deutschen Rechtschreibung*

### Allgemeines

Ohne ein gewisses Regelwerk wäre es uns als Sprechern schwer möglich, klar zu kommunizieren. Daher hat jede Sprache ihre festen Ausdrücke, Begriffe, Regeln etc. Hätte jeder Sprecher eine eigene Art der gesprochenen Sprache – oder der Schriftsprache –, so würde es unzweifelhaft zu großen Komplikationen kommen und die Sprache wäre nicht Mittel der Verständigung. Die Grammatik einer Sprache bildet also für die Sprecher den notwendigen Rahmen, um sich so ausdrücken zu können, dass andere Mitglieder der Sprachgemeinschaft verstehen können. Wenn es sich um die Schriftsprache handelt, ist die Grammatik ganz besonders wichtig, da hinter einem geschriebenen Text immer ein Autor steht; jedoch hört man den Autor nicht sprechen, sondern liest **nur** einen Text.

Schon im Einstellungstest spielt die Rechtschreibekompetenz eine Rolle, daher werden wir hier eingehend die wichtigsten Regeln der deutschen Rechtschreibung darstellen. Wir richten uns natürlich nach dem aktuellsten Stand, also nach den mit der Rechtschreibreform von 2006 festgelegten Vorgaben.

Im Voraus sollen einschlägige Begriffe kurz erläutert werden, die zum Verstehen der nachfolgenden Abschnitte unbedingt notwendig sind.

| Fachbegriff | Erklärung |
|---|---|
| **Adjektiv** | **Eigenschaftswort:** Mit dem Adjektiv werden Substantiven (Hauptwörtern) Eigenschaften zugewiesen. Die Adjektive verändern die Form nach Geschlecht, Zahl und Fall: z. B. *neu, richtig, hässlich*. |
| **Adverb** | **Umstandswort:** Sie geben den Umstand einer Situation/eines Ereignisses an, zudem sind sie nicht veränderbar: z. B. *jetzt, später, direkt*. |
| **Artikel** | **Geschlechtswort:** Mit den Artikeln wird im Deutschen das Geschlecht signalisiert, die Artikel sind Substantiven zumeist vorangestellt. Formveränderung nach Geschlecht, Zahl und Fall: z. B. *der* Mann, *die* Frau, *das* Haus, *die* Autos. |
| **Beugen** | **Veränderung:** Mit diesem Begriff wird das Verändern von Verben (*Konjugation*) und Substantiven, Artikeln, Pronomen, Adjektiven (*Deklination*) beschrieben. Vgl. Konjugation und Deklination. |

| Fachbegriff | Erklärung |
|---|---|
| Deklination | **Beugung:** Wenn Substantive, Artikel, Pronomen oder Adjektive verändert werden, dann spricht man von der Deklination: z. B. in dem Haus stinkt es → in *den Häusern* im Marbachweg stinkt es (Substantiv); die Frau besitzt dieses Haus → *der Frau* gehört dieses Haus (Artikel); ihre Mutter besitzt dieses Haus → das ist das Haus *ihrer Mutter* (Pronomen), dieser Wein ist teuer → das ist der *teure Wein* (Adjektiv). |
| Infinitiv | **Grund- oder Nennform:** Wenn Numerus (Zahl) und Person eines Wortes undefiniert sind, steht das Wort im Infinitiv. Man spricht auch von der Nennform, da die Wörter so im Wörterbuch auftreten und demnach so genannt werden: z. B. *gehen, schwimmen, fliegen.* |
| Konjugation | **Beugung:** Wenn Verben verändert werden, dann werden sie konjugiert. Infinitiv: *gehen, schwimmen, fliegen.* Konjugierte Form: Sie *geht*, ihr *schwimmt*, der Spatz *fliegt.* |
| Konjunktion | **Bindewörter:** Diese Wörter haben die Aufgabe, einzelne Satzteile miteinander zu verbinden. Es handelt sich hierbei um unveränderliche Wörter, die weder dekliniert noch konjugiert werden können. Leicht möglich ist eine Verwechslung mit Adverbien. Zur Unterscheidung sollte man schauen, ob das Bindewort auch allein vor dem Verb stehen kann. Ist dies der Fall, handelt es sich um ein Adverb; andernfalls haben wir es mit einer Konjunktion zu tun. Beispiele sind: *und, oder, weil, dass.* |
| Konjunktiv | **Möglichkeitsform:** Die Möglichkeitsform wird mit Verben gebildet. Es wird hiermit ausgedrückt, dass ein/e Ereignis/Geschehen/Situation erwünscht, möglich oder nicht wirklich sei: z. B. sie *habe* (schmunzelte sie) den Kuchen selbst gebacken; *Wäre* sie doch hier, *könnte* sie mir helfen; gern *käme* ich mit (aber ich habe keine Zeit). |
| Konsonant | **Mitlaut:** Konsonanten sind Hemmnis überwindende Laute, Beispiele sind *r, t* oder *q*. Es handelt sich hierbei um Laute, nicht um Buchstaben. I. d. R. werden die Buchstaben, mit denen die Konsonanten schriftlich ausgedrückt werden können, als Konsonantenbuchstaben bezeichnet. |
| Partizip | **Mittelwort:** Bei den Mittelwörtern unterscheidet man eine Gegenwarts- (*Partizip I*) und eine Vergangenheitsform (*Partizip II*). Für die Gliederung der Partizipien ist also die Zeitform entscheidend. Zudem ist festzustellen, dass die Partizipien wie Adjektive dekliniert werden können: z. B. *lachend, bangend, träumend* (*Partizip I*) oder für die Vergangenheitsform (*Partizip II*) *gelacht, gebangt, geträumt.* |

| Fachbegriff | Erklärung |
| --- | --- |
| **Präposition** | **Verhältniswort:** Mit den Präpositionen (z. B. *auf*, *in*, *zu*) kann das Verhältnis/die Beziehung zwischen Wörtern gekennzeichnet werden. Die Präpositionen sind nicht beugbar, zudem bestimmen sie das Geschlecht des folgenden Substantivs: z. B. Er steht *auf* der Straße, Das Kind geht *in* den Kindergarten, Wir gehen heute *zu* Oma und Opa. |
| **Pronomen** | **Fürwort:** Das Pronomen kann entweder als Begleiter oder Vertreter eines Substantivs auftreten. Ein Pronomen verändert die Form nach Fall, Geschlecht und Zahl. Beispiele sind: *er*, *sie*, *dieser* Hund, *meine* Dienstwaffe. |
| **Substantiv** | **Hauptwort/Nomen:** Die Nomen haben ein festes Geschlecht, man kann ihnen einen Artikel zuweisen und sie verändern die Form nur nach Zahl und Fall: z. B. die *Polizei*, der *Diebstahl*, das *Hauptkommissariat*, das *Gerichtsverfahren* (Sing.); die *Polizeien*, die *Diebstähle*, die *Hauptkommissariate*, die *Gerichtsverfahren* (Pl.); *Wessen* Fall ist das? Der Fall *der* Polizei (Genitiv/2. Fall); *Wem* obliegt es, zu ermitteln? *Der* Polizei (Dativ/ 3. Fall). |
| **Substantivierung** | **Nominalisierung/Hauptwortbildung:** Aus Adjektiven und Verben können im Verfahren der Substantivierung Nomen gebildet werden: z. B. ich *rede* ohne Probleme → das *Reden* macht mir keine Probleme; wir *gehen* jeden Tag zur Arbeit → Das *Gehen* am Morgen ist eine Freude; kann ich von dir *abschreiben*? → ich habe nicht gelernt, nur *Abschreiben* könnte mir jetzt noch helfen. |
| **Verb** | **Tätigkeitswort:** Das Verb wird verwendet, um eine Tätigkeit, ein Geschehen, einen Zustand oder einen Vorgang zu bezeichnen. Verben sind in ihrer Form nach Zahl und Person veränderbar, zudem können sie in allen Zeitformen verwendet werden: z. B. *stehen* (ich stehe, ich stand, ich werde stehen); *schwimmen* (Du schwimmst, Du schwammst, Du wirst schwimmen); *verfolgen* (er verfolgt, er verfolgte, er wird verfolgen). |
| **Vokal** | **Selbstlaut:** Bei der Bildung von Vokalen kann der Luftstrom, der zum Sprechen notwendig ist, ungehemmt ausströmen. Beispiele sind *a*, *e* und *o*. In der Regel werden die Buchstaben, mit denen die Vokale schriftlich ausgedrückt werden können, als Vokalbuchstaben bezeichnet. |
| **Numerale** | **Zahlwort:** Das Numerale wird angewendet, um entweder eine Zahl zu bezeichnen oder eine Menge: z. B. *ein*, *neuntel*, *hunderte*, *viel*, *etwas*. |

## 1. Sprechen und Schreiben – Laute und Buchstaben

Wenn wir sprechen, nutzen wir die gesprochene Sprache. Schreiben wir, so bedienen wir uns der Schriftsprache. Letztere bezeichnet nichts weiter als ein Zeichensystem, mit welchem die gesprochene Sprache, in Textform, festgehalten werden kann.

Die Schriftsprache des Deutschen basiert auf einer Buchstabenschrift, verwendet werden lateinische Buchstaben – im Russischen hingegen werden kyrillische Buchstaben (!) verwendet. Wir unterscheiden zudem zwischen Schreib- und Druckschrift, in beiden Formen existieren Klein- und Großbuchstaben. Wenn Fremdwörter verwendet werden, können auch Buchstaben Anwendung finden, die in dem für die deutsche Sprache vorgesehenen Buchstabenbestand nicht vorliegen (z. B. Č č, É é, Œ œ).

Jedem Sprachlaut entspricht ein einfacher Buchstabe oder eine bestimmte Buchstabenfolge. Es handelt sich um ein Zuordnungsverhältnis (vgl. [a] → a (h*a*t) [a:] → a (R*a*t) [ai] → ei (R*ei*be)), das hier jedoch nicht weiter vertieft werden soll. Wer sich genauer mit der Zuordnung von Lauten und Buchstaben auseinandersetzen möchte, kann im Internet oder im Duden nachschlagen.

*Interessante Links finden Sie hier:*

¬ http://www.canoo.net/services/GermanSpelling/Amtlich/LautBuchst/index.html
¬ http://www.duden.de/deutsche_sprache/sprachwissen/rechtschreibung/
   neuregelung/laute_und_buchstaben.php

Zum Laut-Buchstaben-Verhältnis ist noch festzuhalten, dass in einigen Fällen die Zuordnung auch distinktiv ist, also bedeutungsunterscheidend. Beispiele sind in diesem Fall: ein Bild m*a*len bzw. den Kaffee m*a*hlen; einen Schüler etwas le*h*ren bzw. den Mülleimer le*e*ren. Diese Ausnahmen sollten auswendig gelernt werden, um missverständliche Verwechslungen zu vermeiden. Schreibt man, man wolle einen Schüler etwas le*e*ren, denkt der Leser, man wolle mit dem Schüler wie mit dem Mülleimer verfahren, was ja augenscheinlich nicht der Fall ist. **Hier also aufgepasst!**

Für die Fremdwörter, die in einem späteren Abschnitt ausführlich behandelt werden, gilt: entweder wird die originale, fremdsprachliche Schreibweise verwendet, oder aber eine eingedeutschte Version. Wird aus einer Fremdsprache zitiert, dann muss die Originalschreibweise verwendet werden (z. B.: „Barack Obama betonte während des Wahlkampfes immer, alles sei möglich. Sein Slogan war das heute schon fast Abgedroschene: Yes we can!"). Das gleiche gilt für international festgelegte Termini (z. B. City).

Für Eigennamen ist die Schreibweise zumeist amtlich festgelegt. Beispiele können Städtenamen sein: im Englischen wird Shanghai mit einem (sh) geschrieben, im Deutschen als Schanghai hingegen mit einem (sch).

Im folgenden Abschnitt wollen wir nun auf Vokale und Konsonanten eingehen, um so die Laut-Buchstaben-Zuordnung strukturiert erläutern zu können.

### a) Vokale

Bei den Vokalen wird zwischen kurzen und langen Vokalen unterschieden. In der gesprochenen Sprache ist der Unterschied (also kurz oder lang) distinktiv und macht Verstehen möglich. In der geschriebenen Sprache gibt es auch Möglichkeiten, einen kurzen von einem langen Vokal zu unterscheiden.

### Die kurzen Vokale

Es gilt: *Ein Vokal ist dann als kurzer Vokal zu kennzeichnen, wenn nach dem Vokal nur **ein** Konsonant folgt. Ist dies der Fall, so wird die Kürze des Vokals durch die Verdopplung des Konsonanten angezeigt:* z. B. Ra*tt*e, Wo*ll*e, Ka*mm* etc.

Ausnahmen bilden hier nur die Konsonanten K und Z. Statt (kk) schreibt man (ck), statt (zz) schreibt man (tz). Vgl. in diesem Zusammenhang: Ma*ck*e, Fra*tz*e, Gla*tz*e, Schla*ck*e etc.

Ausnahmen bilden die Regel, heißt es ja. So gibt es **acht Gruppen**, in denen die oben angeführte Regel nicht wirksam ist. *Hier erfolgt keine Buchstabenverdopplung nach betontem Vokal*, auch wenn dies logisch aus dem oben angeführten Grundsatz abgeleitet werden müsste. Im Folgenden sollen die acht Gruppen ausgeführt werden:

a. Bei einsilbigen Fremdwörtern (z. B. aus dem Englischen) folgt kein Doppelkonsonant nach betontem Vokal: z. B. B*u*s, Cl*u*b, J*o*b etc. Jedoch werden die verbalen Ableitungen (z. B. clu*bb*en, jo*bb*en) mit doppeltem Konsonanten geschrieben.

b. Bei einigen mehrsilbigen Fremdwörtern folgt kein Doppelkonsonant nach betontem Vokal: z. B. R*o*boter, A*n*anas, Hot*e*l etc.

c. Bei Wörtern mit unklarer Wortkomposition oder Wortteilen, die autonom nicht auftreten, folgt kein Doppelkonsonant nach betontem Vokal: z. B. H*i*mbeere, I*m*bissstube, Wa*l*nuss etc.

d. Bei Wörtern, die auf die Endung (-ik) oder (-it) auslaufen folgt kein Doppelkonsonant nach betontem Vokal: z. B. Dynam*i*t, Prof*i*t, Robot*i*k, Kybernet*i*k etc.

e. Bei Wörtern, die z. B. auf die un-produktiven Suffixe (Endungen) (-d), (-st), (-t) auslaufen, folgt kein Doppelkonsonant nach betontem Vokal: z. B. Ra*n*d (jedoch re*nn*en), Ger*ü*st, Gesch*ä*ft (jedoch scha*ff*en) etc.

f. Bei einigen Verbformen folgt kein Doppelkonsonant nach betontem Vokal: sie h*a*t (sie hatte), ich b*i*n etc.

g. Bei einsilbigen Wörter, die grammatische Funktion haben, folgt kein Doppelkonsonant nach betontem Vokal: z. B. b*i*s, d*e*s (jedoch de*ss*en), w*a*s etc.

h. Bei den folgenden Ausnahmen folgt kein Doppelkonsonant nach betontem Vokal: Dritt*e*l, Mitt*a*g, den*n*och.

Zudem gibt es **vier Gruppen**, in welchen der Konsonant verdoppelt wird, obwohl kein betonter kurzer Vokal vorausgeht. Bei diesen Gruppen handelt es sich um die Folgenden:

i. Bei Fremdwörtern, in denen das scharfe s vorkommt, verdoppelt man den Konsonanten, obwohl kein kurzer betonter Vokal vorausgeht: z. B. Ka*ss*ette, Karu*ss*ell etc.

j. Bei einigen Wörtern, die auf die Endung (tz) auslaufen, verdoppelt man den Konsonanten, obwohl kein kurzer betonter Vokal vorausgeht (erinnere in diesem Fall, dass (-tz) für (zz) als Doppelkonsonant funktioniert!): z. B. Berlin-Steglitz, Kiebitz etc.

j. Bei einer gewissen Zahl von Fremdwörtern, die nicht näher klassifiziert werden, verdoppelt man den Konsonanten, obwohl kein kurzer betonter Vokal vorausgeht: z. B. Patisserie, Batterie, Grammatik etc.

k. Bei Wörtern, die auf das Suffix (-in), (-nis), (-as), (-is), (-os) und (-us) enden, verdoppelt man in **erweiterten Formen** den Konsonanten, obwohl kein kurzer betonter Vokal vorausgeht: z. B. Königin → Königinnen, Rhinozeros → Rhinozerosse etc.

*Die langen Vokale*

Ein Vokal ist immer dann als langer Vokal zu bezeichnen, wenn *auf einen betonten Vokal im Wortstamm kein Konsonant folgt*. Wenn **nur ein** Konsonant folgt, kann es sich um einen kurzen oder langen Vokal handeln.

Folgt auf einen *betonten einfachen langen Vokal* ein *unbetonter kurzer Vokal* (unmittelbar oder in erweiterten Formen), so wird der lange Vokal, auf der Buchstabenebene, durch das Anhängen eines (**h**) sichtbar verlängert. So wird hier die Länge der Vokale gekennzeichnet: z. B. befahren, Schuhe (aber Schule), drohen etc.

In diesem Fall folgt das (**h**) auch auf den Diphthong [**ai**], in Beispielen wie: Weiher (aber Schleier), leihen (aber Leier) etc.

Wenn auf einen betonten langen Vokal die Konsonanten [**l**], [**m**], [**n**] oder [**r**] folgen, muss einer Vielzahl von Fällen – problematischerweise nicht in der Mehrzahl der Fälle – nach dem Vokal ein (**h**) folgen.

**Beispiele:**

Folgt kein weiterer Konsonant, dann verlängert das (**h**) den Vokal z. B. in den folgenden Fällen: Bahre, Befehl, Huhn, Möhre, Bühne, Sohn etc.

Zudem gilt diese Regel für die Wörter ahnden und fahnden, auch wenn hier auf den Konsonant ein weiterer Konsonant folgt.

**Zusatz:** Es gilt zu beachten, dass hier das (**h**) als bedeutungsunterscheidende Einheit benutzt wird. So können gleichlautende Wörter auf der schriftlichen Ebene unterschieden werden. Wir müssen hier gleichlautende Paare wie: lehren (Mathematik) und leeren (den Mülleimer), mahlen (Kaffee) und malen (ein Bild) oder währen (d.h. dauern) und wären (sie wären die Richtigen) beachten.

Ausnahmen bilden die folgenden (!) Wörter: Blume, Blüte, Glut, Nadel.

Für Fremdwörter gilt, dass in der Regel kein (**h**) auf lange Vokale folgt. Ausnahmen bilden hier z. B. Allah und Shah.

Wenn man für die Vokale [**a:**], [**e:**] und [**o:**] die Länge ausdrücken will, so kann in einer begrenzten Zahl von Wörtern dies durch die Verdopplung der Vokale (aa), (ee) und (oo) geschehen: z. B. Waage (aber Sage), Leere (aber Lehre) und Boot etc.

Für den langen Vokal [i:] muss festgehalten werden, dass in nur wenigen deutschen und eingedeutschten Wörtern dieser Laut in der Schriftsprache durch den Buchstaben (i) dargestellt wird.
Dies gilt z. B. für: Bibel, Fibel, Igel, dir, mir etc.

Im Gegensatz zu der gerade angeführten Regel, dass in wenigen Fällen ein [i:] durch den Buchstaben (i) dargestellt werden kann, existiert eine weitere Regel: *ein langes* [i:] *wird in den fremdsprachi-
gen Endungen* (-ie), (-ier) *und* (-ieren) *durch die Buchstaben* (ie) *repräsentiert*. Vgl. Patisserie, Juwelier,
protestieren.

Ausnahmen bilden z. B. Saphir, Souvenir oder Vampir.

In wenigen Einzelfällen kann die Länge des Vokals [i:] auch zusätzlich durch ein (h) gekennzeichnet
werden. Dann schreibt man (-ih) oder aber (-ieh).

(-ih) wird in den folgenden Fällen geschrieben: ihm, ihn, ihr, ihnen, ihrer, ihres, Ihre;

(-ieh) wird in den folgenden Fällen geschrieben: fliehen, wiehern, Vieh, ziehen.

## b) Umlaute

Die Umlaute stellen lautliche Veränderungen eines Vokals dar. So gibt es zu den Vokalen (a), (o),
und (u) Umlautentsprechungen (ä), (ö) und (ü).

Für ein kurzes [ɛ] schreibt man immer dann (ä) statt (e), wenn es eine Grundform mit (a) gibt. Das
trifft zu für die Beispiele: Fälle (von Fall), Kälte (von kalt) und Bälle (von Ball). Zudem gilt für langes
[e:] und [ɛ:] – in der Aussprache sind die beiden kaum zu unterscheiden – es wird immer dann (ä)
geschrieben, wenn eine Grundform mit (a) vorhanden ist. So in den folgenden Fällen: quälen (von
Qual), schälen (von Schale). Ausnahmen bilden die Wörter Bär, Ähre, oder sägen.

In einigen wenigen Wörtern, wird (ä) ohne Grund geschrieben, es handelt sich hier um Ausnahmen.
Dies gilt z. B. für: ätzend, Dämmerung, Lärm, März, Schärpe, Schärfe u. a.

In einigen Wörtern die eigentlich mit (ä) geschrieben werden **müssten** – wenn man die Regel be-
folgt: wenn in der Grundform ein (a) vorkommt, ist die Erweitung ein (ä) – schreibt man aus-
nahmsweise (e) statt (ä). Dies gilt z. B. für Worte wie: Eltern (von alt bzw. die Älteren), schwenken
(von Schwank), gedenken (von Gedanke).

Der Diphthong [ɔɪ] wird graphisch immer dann (-äu) geschrieben statt (-eu), wenn es eine Grundform gibt, die mit (-au) geschrieben wird. So z. B. in den Fällen: Gebäude (von Bau), versäuern (von
sauer) und Bäuerin (von Bauer). Hinzu kommen einige Ausnahmen, für welche die Regel nicht wirksam ist, für die wir aber trotzdem (-äu) statt (-eu) schreiben: räuspern, Säule, täuschen etc.

Der Diphthong [ai] in der Regel (-ei) geschrieben, wird in einigen Wörtern – hierbei handelt es sich
um Ausnahmen – als (-ai) statt (-ei) geschrieben. Dies trifft beispielsweise zu für die Fälle: der/die
Waise (im Unterschied zu die Art und Weise), Hai, Kai (wo Boote anlegen) oder Mai.

Wenn auf (-ee) und (-ie) die Beugungsendungen (-e), (-en), (-er), (-es) oder (-ell) folgen, so fällt ein (e)
weg. Beispiele sind: die Fee, die Feeen, die Feen bzw. die Idee, die Ideeen, die Ideen, bzw. die Industrie, industrieell, industriell.

### c) Konsonanten

Die Konsonanten sind das Gegenstück zu den Vokalen. Hierbei handelt es sich um solche Laute, die bei der Artikulation ein Hindernis überwinden müssen. Aus diesem Grund werden sie auch Hemmnis überwindende Laute oder Mitlaute genannt. Bei der Aussprache wird der austretende Luftstrom behindert, die hierbei entstehenden Luftwirbelungen werden dann als Konsonant hörbar. Auf der Buchstabenebene werden die Zeichenentsprechungen oft auch als Konsonanten bezeichnet. Der Vollständigkeit halber sollten wir in diesem Fall jedoch eher von Konsonantenbuchstaben sprechen.

Die Verhärtung der Konsonanten [d], [b], [g], [v] und [z] wird am Silbenende und vor anderen Konsonanten innerhalb der Silbe in der Schriftsprache nicht berücksichtigt. Dies zeigen die folgenden Beispiele: Hausbrand (statt Hausbrant), Lob und belobigen (statt Lop), Trieb (aber Prinzip), Fahrrad (statt Fahrrat), Sieg und siegen (statt Siek), naiv (statt naif) und Preis (statt Preiß) etc. Die Schreibung kann einfach erschlossen werden, wenn man sich die Ableitungen der einzelnen Wörter anschaut. So wie oben in der Klammer angeführt.

Nicht bei allen Wörtern kann eine Ableitung durchgeführt werden, jedoch verwendet man trotzdem die oben angeführten Konsonanten. Dies trifft zu für: Jugend, ab, Flug etc.

Der Laut [ç] wird schriftlich immer als (g) festgehalten, wenn die erweiterten und abgeleiteten Formen mit einem [g] gesprochen werden. Dies trifft zum Beispiel zu für: ewig (vgl. ewiges Leben), König (vgl. königliches Recht), heilig (vgl. die Heiligen). Um den Unterschied deutlich zu machen: unglaublich (vgl. unglaubliche Schönheit).

Eine mit der Rechtschreibreform eingeführte Regel, die häufig zu Verwirrung führt, bezieht sich auf die Schreibung der S-Laute. Hierbei handelt es sich um (-s), (-ss) und (-ß). Es gilt: das scharfe [s] wird nach einem *langen Vokal* oder einem *Diphthong* als (-ß) geschrieben, wenn *kein weiterer Konsonant* folgt. Von dieser Regel betroffen sind Beispiele der folgenden Art: Straße, Fleiß, Schweiß, außen etc. Die einzige Ausnahme bildet hier das Wörtchen aus.

Wenn die Vokallänge in eine gebeugten oder abgeleiteten Version wechselt, dann schreibt man (-ss) statt (-ß). Vgl. fließen aber Fluss, wir wissen und er weiß etc.

Schreibt man in Großbuchstaben, so musste man bis vor kurzem für ein (-ß) in der Großschreibung (-SS) verwenden. Seit 2008 gibt es im Deutschen nun die Möglichkeit, das große Eszett zu verwenden.

Wenn auf (-s), (-ss), (-ß), (-x) oder (-z) im Adjektivstamm die Endung (-st) der 2. Person Singular (Du) oder die Endung (-ste) des Superlativs folgt, fällt das Endungs-(s) weg. Das trifft z. B. zu für die Beispiele: reisen (Du reist), hassen (Du hasst), groß (der/das/die größte) u. a.

Der Laut [ʃ] wird in der Regel schriftsprachlich als (-sch) dargestellt. Wenn aber dieser Laut am Anfang des Wortstamms auftritt, vor einem [p] oder [t], dann wird ein (-s) zur Darstellung verwendet. Es handelt sich hierbei um Worte wie: spielen (statt schpielen), Stündlich (statt schtündlich), Spannung (statt Schpannung).

Der Laut [ŋ] wird geschrieben als (-ng). Tritt dieser Konsonant im Wortstamm vor [k] und [g] auf, so schreibt man (-n) statt (-ng). Dies gilt z. B. für: Dank, sinken, Enkel.

Für den Laut [f] wird in der schriftlichen Darstellung (-v) verwendet, wenn es sich um die Vorsilbe *ver-* handelt; das gleiche gilt am Wortanfang einiger weiterer Wörter. **Beispiele:** *ver*trauen, *V*orfall, *V*orurteil, *V*ogel, *V*erhandlung etc. Weitere Ausnahmen sind die Wörter Ner*v* und Fre*v*el, wo das (-v) als Darstellung des [f] auch in der Wortmitte auftreten kann.

Für den Laut [v] gilt ähnliches, hier gibt es eine Entsprechung mit dem (-w). In einigen Fremdwörtern und in eingebürgerten Entlehnungen wird das (-v) anstelle des (-w) verwendet. Dies trifft in den folgenden Fällen zu: *V*irus, *V*ariable, Re*v*isionist, Passi*v*ität (aber passi*v*) etc.

Der Doppellaut [ks] wird normalerweise graphisch als (-x) dargestellt. Es gibt jedoch eine Zahl von Wortstämmen, in denen man (-chs) oder (-ks) anwendet. So z. B. bei: se*chs*, we*chs*eln, schla*ks*ig, Wa*chs* etc. In diesen Fällen wird die Lautverbindung [ks] nach dem Stammwort geschrieben. D. h.: Du le*gst* dich nieder (von le*gen*), Du stin*kst* nach Schweiß (von stin*ken*), wir hä*cks*eln den Baum zu Rindenmulch (wegen ha*cken*).

## 2. Fremdwörter

Da die meisten Sprachgemeinschaften nicht isoliert von einander koexistieren, sondern einander beeinflussen, gibt es in jeder Sprache aus anderen Sprachen übernommene Begriffe oder Wörter. Hier sprechen wir dann von Fremdwörtern, oft wird auch von Fremd- und Lehnwörtern gesprochen: Letztere sind grammatikalisch integriert, Erstere nicht. Da jedoch in der Sprachwissenschaft diese Trennung abgelehnt wird, wollen wir diese Wörter als *Entlehnungen* oder *Lehnwörter* bezeichnen.

Es gibt eine Vielzahl von Entlehnungen (Fremdwörtern), die im Deutschen häufig benutzt werden und schon in die deutsche Schreibung eingegangen sind. Ein Beispiel wäre das Telefon, das auf die griechischen Termini tele (fern, weit) und phone (Stimme) zurückgeht. Viele Wörter, die aus dem Griechischen entlehnt sind, werden auch heute noch mit den Diphthongen (-*th*), (-*ph*), (-*rh*) oder mit dem griechischen (*y*) geschrieben. Beispiele sind *Th*eater, *Rh*etorik, *Ph*legma, *Gy*mnastik etc. Jedoch gibt es ebenso Wörter, die an die neue deutsche Rechtschreibung angepasst wurden bzw. eingedeutscht sind. Diese eingedeutschten Entlehnungen sind jedoch nicht verpflichtend, man kann selbst entscheiden, ob man *Th*unfisch oder *T*unfisch, Grafik oder Gra*ph*ik, Del*f*in oder Del*ph*in schreibt. Weit extremer sind schon die schriftsprachlichen Anpassungen von Wörtern wie Mayon*na*ise – was eingedeutscht jetzt als Majon*ä*se geschrieben werden kann – oder Ke*tch*up – was wir heute auch Ke*tsch*up schreiben können.

Hier sollen jetzt noch einige spezifische Regeln für die Benutzung von Fremdwörtern aufgeführt werden.

I.    Englische Entlehnungen (Fremdwörter) bekommen, wenn sie auf (-y) enden und im Englischen Plural auf (-ies) enden, ein (-s) als Endung angehängt. Die gilt z. B. für: das Bab*y* bzw. die Bab*y*s; die Lad*y* bzw. die Lad*y*s; die Cit*y* bzw. die Cit*y*s etc.

II. Für Entlehnungen (Fremdwörter) wird entweder die originale, fremdsprachliche, Schreibweise verwendet, oder aber eine eingedeutschte Version. Wird aus einer Fremdsprache zitiert, dann muss die Originalschreibweise verwendet werden (z. B. „Barack Obama betonte während des Wahlkampfes immer alles sei möglich. Sein Slogan war das heute schon fast Abgedroschene: Yes we can.“). Das gleiche gilt für international festgelegte Termini (z. B. City).

III. Für Eigennamen ist die Schreibweise zumeist amtlich festgelegt. Beispiele können Städtenamen sein: im Englischen wird Shanghai mit einem (sh) geschrieben, im Deutschen als Schanghai hingegen mit einem (sch).

**Zusatz:** Im Allgemeinen kann festgestellt werden, dass keine einheitliche Regelausweisung für fremdsprachliche Entlehnungen möglich ist. Aus diesem Grund sollte im Zweifelsfall immer ein Wörterbuch konsultiert werden.

### 3. Zusammen oder getrennt? Wortgruppen und Zusammensetzungen

Die Zusammen- bzw. Getrenntschreibung bezieht sich auf Texteinheiten (Wörter und Wortgruppen), die in unmittelbarer Nähe zueinander liegen. Grundsätzlich gilt: Wortgruppen werden getrennt geschrieben, Zusammensetzungen hingegen werden häufig zusammengeschrieben.

Auch in diesem Bereich sind mit der Rechtschreibreform einige der alten Regeln verfallen, neue haben sich dazu gesellt. Wir wollen auch hier ein wenig Ordnung in das Grammatikchaos bringen. Nacheinander sollen Verben, Adjektive, Substantive und andere Wortarten auf die Zusammen- bzw. Getrenntschreibung hin untersucht werden.

#### a) Verben

Neben der grundsätzlichen Unterscheidung zwischen Wortgruppen (**zur Zeit Goethes**) und Zusammensetzungen (**zurzeit**) muss bei den Verben auch noch die Ebene trennbar und untrennbar mit bedacht werden.

Die *untrennbaren Zusammensetzungen* haben einen Verbstamm, dem ein Substantiv-, Adjektiv- oder Partikelstamm vorangestellt ist. Man erkennt sie zudem daran, dass die Reihenfolge statisch und nicht veränderbar ist: z. B. handhaben, langweilen, überleben etc.

Bei den *trennbaren Zusammensetzungen* (für Verben) wird in einem Hauptsatz in den nach Person und Numerus bestimmten Verbformen das Präfix abgetrennt und hinter das Verb an den Schluss des Satzes gestellt (z. B. *heimfahren: Wir fahren jetzt heim*). Sie werden nicht immer zusammengeschrieben, die Reihenfolge ihrer Einzelteile ist dynamisch, kann wechseln: z. B. hinzukommen, er kommt hinzu, sie wollen hinzukommen etc.

I. **Untrennbare Zusammensetzungen:** Untrennbare Zusammensetzungen können auf der Verbebene aus Zusammensetzungen mit Substantiven, Adjektiven, Präpositionen und Adverbien gebildet werden. Diese werden zusammengeschrieben.

*Substantiv + Verb:* schlafwandeln, bruchrechnen, sonnenbaden.

*Adjektiv + Verb:* vollbringen, tiefgefrieren, erstveröffentlichen.

*Präposition/Adverb + Verb:* übersetzen, durchqueren, wiederholen.

**Zusatz:** In manchen Fällen kann es sowohl eine Zusammen- als auch eine Getrenntschreibung geben. Beispiele sind: danksagen und Dank sagen, gewährleisten und Gewähr leisten, brustschwimmen und Brust schwimmen etc.

II. **Trennbare und untrennbare Zusammensetzungen:** Wenn Partikel, Adjektive, Substantive oder Verben als Verbzusatz eingesetzt werden, können so trennbare Zusammensetzungen gebildet werden. Nur in den Infinitivformen, den Partizipien und in Nebensatzkonstruktionen (wenn das Verb am Ende steht) werden sie zusammengeschrieben.

**Dies gilt für:**

¬ Zusammensetzungen mit **Verbpartikeln**, die wie Präpositionen sind (vgl. *abreisen, wir reisen ab, abreisend*); mit Verbpartikeln, die wie Adverbien sind – insbesondere mit solchen, die Richtung, Ort und Zeit angeben (*auseinandergehen, wir gehen auseinander, auseinandergehend*); mit Verbpartikeln, die nicht als freie Wörter vorkommen könnten (*abhandenkommen, sie sind uns abhanden gekommen, abhandenkommend*).

¬ Zusammensetzungen mit **Adjektiv** im ersten Teil werden zusammengeschrieben, wenn durch Verb und Adjektiv eine neue Bedeutung entsteht, die nicht durch jedes Einzelteil bestimmt werden kann (*festnageln, krankschreiben, freisprechen*). Sie können zusammen oder getrennt geschrieben werden, wenn ein einfaches Adjektiv eine Eigenschaft als Resultat des Verbvorgangs bezeichnet (*kleinschneiden bzw. klein schneiden, blank putzen bzw. blankputzen*). In allen anderen Kombinationen mit einem Adjektiv wird getrennt geschrieben, insbesondere wenn die Adjektive morphologisch komplex oder erweitert sind (z. B. bewusstlos schlagen, schachmatt setzen etc.).

¬ Für Zusammensetzungen mit Substantiven im ersten Wortteil gilt, dass Sie nur im Infinitiv, in Partizipform oder im Nebensatz zusammengeschrieben werden (*teilnehmen, wir werden teilnehmen, ich nahm teil, teilnehmend*).

¬ Verbindungen, die aus zwei Verben bestehen, werden getrennt geschrieben (vgl. *laufen gehen, lesen lernen, schreiben üben*). Wenn mit den Verben *bleiben* und *lassen* kombiniert wird, kann man zusammenschreiben, das gleiche gilt für die Zusammensetzung kennenlernen bzw. kennen lernen.

**Zusatz:** Alle Verbindungen, die mit *sein* gebildet werden, sind getrennt zu schreiben: *zusammen sein, verliebt sein, kriminell sein* etc.

*b) Adjektive*

Zusammensetzungen können, wenn der zweite Bestandteil adjektivistisch ist, zusammen mit einem Substantiv, einem Adjektiv, einem Verb oder anderen Wörter gebildet werden. Diese werden dann **zusammengeschrieben**, wenn:

I. der erste Bestandteil durch eine Wortgruppe ersetzt werden könnte. z. B. *milieubedingt* (durch das Milieu bedingt), *geschlechtsreif* (für den Geschlechtsakt reif), *lernbegierig* (begierig zu lernen);

II. beide Wortbestandteile nicht autonom vorkommen könnten. z. B. *großspurig, einfach, blauäugig* etc.;

III. es sich um gleichrangige Adjektive handelt, z. B. *blaugrau, grünweiß, nasskalt, taubstumm* etc.;

**IV.** das Verb, mit dem das Partizip gebildet wird, mit dem ersten Teil zusammengeschrieben wird, beispielsweise: *wehklagend, teilnehmend, herunterfallend* etc.;

**V.** durch den ersten Wortbestandteil die Bedeutung verstärkt oder abgeschwächt wird, wie in den folgenden Fällen: *bitterböse, todernst, leichenblass* etc.;

**VI.** mehrteilige Kardinalzahlen unter einer Million und normale Ordinalzahlen gemeint sind: der *dreizehntausendste* Besucher, *siebzehn, vierundzwanzig* etc.;

Für den Fall, dass die Zusammensetzung auch als syntaktische Fügung verstanden wird, kann der Schreibende selbst entscheiden, ob er **Zusammenschreibung** oder **Getrenntschreibung** bevorzugt. Dies gilt für die folgenden Fälle:

**I.** für Zusammensetzungen, die zu adjektivistisch nutzbaren Partizipien werden, z. B. *Rat suchen – ratsuchend; alleinerziehend – allein erziehend* etc.;

**II.** für Zusammensetzungen mit einem unflektierten Adjektiv als graduierter Bestimmung. Beispiele sind: *eng verwandt* bzw. *engverwandt; allgemein gültig* bzw. *allgemeingültig; schwer krank* bzw. *schwerkrank* etc.;

**III.** Verbindungen, die durch das Wort **nicht** und Adjektive zustande kommen. z. B. *nichtöffentlich* bzw. *nicht öffentlich; nichtumweltfreundliches* Auto bzw. *nicht umweltfreundliches* Auto; eine *nicht modische* Hose bzw. eine *nichtmodische* Hose etc.

### c) Substantive

Für den Fall, dass Substantive gemeinsam mit anderen Substantiven, Adjektiven, Verbstämmen, Partikeln oder Pronomen eine Zusammensetzung bilden, schreibt man sie **zusammen**. Dies trifft immer dann zu, wenn:

**I.** ein substantivistisches Erstglied vorliegt. z. B.: *Türstopper, Ballpumpe, Fahrradschloss* etc. Das ganze funktioniert auch mit Eigennamen: *Berlinfahrt, Goethehaus, Polizeiobermeister* etc.;

**II.** ein adjektivistisches Erstglied vorliegt. z. B.: *Hochbahn, Neustadt, Schnellzug* etc.;

**III.** ein verbales Erstglied vorlegt. z. B.: *Spülmaschine, Kochtopf, Stricknadel, Schreibschrift* etc.;

**IV.** ein pronominales Erstglied vorliegt. z. B.: *Niemandsland, Ichsucht* etc.;

**V.** Elemente unflektierter Wortarten auftreten. z. B.: *Nichtraucher, Selbstverständnis, Eigennutz* etc.;

**VI.** es sich um mehrteilige Substantivierungen handelt. z. B.: *Holzholen, Inkrafttreten, Gefallenwollen* etc.

Für Ableitungen geographischer Eigennamen, die auf (-er) enden, gilt, dass sie von dem Substantiv getrennt geschrieben werden. z. B.: *Frankfurter Hof, Westfälischer Frieden, Berliner Bär* etc.

### d) Andere Wortarten

Es gibt sowohl Adverbien, Konjunktionen, Präpositionen als auch Pronomen, die aus mehreren Elementen entstanden sind. Diese werden dann zusammengeschrieben, wenn Wortart, Wortform oder Bedeutung der Einzelteile nicht mehr direkt erkennbar ist.

**I.** Für Adverbien der folgenden Art trifft dies zu: *bergauf, tagsüber, derzeit, irgendwo, heimwärts* etc.

**II.** Für Konjunktionen der folgenden Art gilt es ebenfalls: *indem, inwiefern, sooft* etc.

**III.** Präpositionen der folgenden Art sind betroffen: *inmitten, zufolge, anhand* etc.

**IV.** Ebenso trifft dies zu für Pronomen dieser Art: *irgendein, irgendwer, irgendwas* etc.

Weiterhin getrennt geschrieben wird in den Fällen, in denen Wortart, Wortform oder Bedeutung deutlich zu erkennen sind. Dabei handelt es sich um die folgenden Fälle:

**I.** Fügungen adverbialer Verwendung, z. B.: sich *zu Lande* bewegen, einen Weg *zu Fuß gehen*, ein Lied *zu Ende singen* etc.

**II.** Mehrteilige Konjunktionen, z. B.: *ohne das* Messer zu nehmen, *außer dem* Hund, *mit dessen* Einverständnis etc.

**III.** Fügungen in präpositionaler Verwendung, z. B.: *zur Zeit* Hegels, *zu Zeiten* Hegels etc.

**IV.** Bei Zusammensetzungen aus *so, wie, zu* + Adjektiv, Adverb oder Pronomen, z. B.: der Lehrer hat es *zu oft* gesagt, *wie viel* Geld habe ich dir gegeben, *so teuer* kann es nicht sein.

Der Schreibende kann in den folgenden Fällen selbst entscheiden, ob Zusammen- oder Getrenntschreibung bevorzugt werden:

**I.** Wenn es um Fügungen in adverbialer Verwendung geht, z. B.: zu Rande kommen bzw. zurande kommen; zu Schulden kommen lassen bzw. zuschulden kommen lassen; infrage stellen bzw. in Frage stellen etc.

**II.** Wenn es sich um die Konjunktion *sodass* bzw. *so dass* handelt.

**III.** Wenn wir von Fügungen in präpositionaler Verwendung sprechen, z. B.: *auf Grund* bzw. *aufgrund*; *an Stelle* bzw. *anstelle*; *zu Gunsten* bzw. *zugunsten* etc.

## 4. Mit oder ohne? – Der Bindestrich

Mit dem Bindestrich können Texte und speziell einzelne Zusammensetzungen gegliedert und geordnet werden. So können für den Lesenden die Einzelteile hervorgehoben und verdeutlicht werden. Ein Bindestrich kann in den folgenden Fällen verwendet werden: **(I.)** bei Zusammensetzungen, die keine Eigennamen beinhalten und **(II.)** bei Zusammensetzungen, die Eigennamen als Bestandteil inkorporieren.

**I. Zusammensetzungen ohne Eigennamen:** Bei solchen Zusammensetzungen setzt man den Bindestrich: **(1.)** wenn Ziffern, Einzelbuchstaben und Abkürzungen zusammentreffen; **(2.)** wenn Suffixe mit einem Einzelbuchstaben verbunden werden; **(3.)** bei Verbindungen aus Ziffern und Suffixen; **(4.)** in substantivistischen Aneinanderreihungen, insbesondere bei Infinitiven mit mehr als zwei Gliedern; **(5.)** wenn in Zusammensetzungen Wortgruppen mit Bindestrich auftreten; gleiches gilt für unübersichtliche Zusammensetzungen aus gleichrangigen, nebengeordneten Adjektiven und **(6.)** zur Hervorhebung von Einzelteilen, beim Zusammentreffen von drei gleichen Buchstaben, zur Vermeidung von Missverständnissen und zur Gliederung von unübersichtlichen Zusammensetzungen.

**Beispiele:**

**1. a.** 12-*T*onner, 1-silbig, 50-*p*rozentig

**b.** E-*M*ail, O-*B*eine, x-*b*eliebig

**c.** Handball-*EM*, dpa-*M*eldung, Kfz-*M*echaniker

**2. a.** der x-*te* Wurf, das x-*te* Mal etc

**3. a.** die 68er-Generation, in den 80er-Jahren, eine 100stel-Sekunde

**4. a.** das Entweder-oder, das Teils-teils, das Walkie-Talkie

   **b.** das An-den-Haaren-Herbeiziehen, das Am-Hungertuch-Nagen

**5. a.** der Dipl.-Ing.-Phil., der D-Zug-Wagon, das 2-Euro-Stück, der Hals-Nasen-Ohren-Arzt, die Sommer-Herbst-Kollektion

   **b.** das wissenschaftlich-technische Gespräch, das deutsch-französische Abkommen, meine manisch-depressive Tante

**6. a.** das Nach-Denken, der Ich-Erzähler, es ist deine Hoch-Zeit – keine Beerdigung

   **b.** die Dann-Negation, der Kaffee-Ersatz, der See-Elefant

   **c.** Drucker-Zeugnis und Druck-Erzeugnis

   **d.** die Küchenwaren-Ausstellungsmesse, der Arbeitnehmerverbands-Vorschlag

**II. Zusammensetzungen mit Eigennamen:** Es gibt einige Fälle, in denen der Bindestrich unverzichtbar ist und eingesetzt werden muss. Dann gibt es andere Fälle, in denen ein Bindestrich gesetzt werden **kann**. **(1.)** Zusammensetzungen werden immer dann mit Bindestrich geschrieben, wenn sie aus zwei Eigennamen bestehen oder zumindest ein Bestandteil ein Eigenname ist. Wenn es sich **(2.)** um Ableitungen handelt, in denen der zweite Bestandteil ein Eigenname ist, wird ebenfalls ein Bindestrich verwendet. **(3.)** Man benutzt den Bindestrich bei Ableitungen mit vielen Eigennamen, mehrteiligen Eigennamen sowie Eigennamen und Titeln. **(4.)** Alle mehrteiligen Zusammensetzungen, die einen Eigennamen als ersten Bestandteil haben, werden mit Bindestrich geschrieben. **(5.)** Man kann einen Bindestrich setzen, wenn es sich um Zusammensetzungen handelt, deren erster Teil ein Eigenname ist, der besonders hervorgehoben werden soll; oder wenn der zweite Teil der Zusammensetzung ebenfalls eine Zusammensetzung ist. Ebenfalls **kann** man **(6.)** einen Bindestrich setzen, wenn ein geographischer Name durch ein folgendes Substantiv näher bestimmt ist.

**Beispiele:**

**1. a.** Frau Müller-Schulze, Blumen-Rissper; Bäcker-Wülfler;

   **b.** Flughafen Rhein-Main, Nordrhein-Westfalen, Neu-Brandenburg (bzw. Neubrandenburg);

**2. a.** nordrhein-westfälisch; neu-brandenburgisch, baden-württembergisch;

**3. a.** das sankt-gallische Schloss, die hegelianisch-marxistische Philosophie, der kaiserlich-preußische Schlossgarten;

   **b.** die New-Yorker (bzw. New Yorker) Metro, das Bad-Homburger Palais;

**4. a.** Konrad-Adenauer-Gymnasium, Rhein-Main-Gebiet, Johann-Wolfgang-Goethe-Universität;

   **b.** Oder-Neiße-Grenze, Dortmund-Ems-Kanal, Ingeborg-Bachmann-Preis;

**5. a.** Bachs Matthäus-Passion, Stalin-freundlich, Polizei-Kodex;

   **b.** Goethe-Jubiläumsausgabe, Fort-Knox-Goldreserven, Schiller-Wohnhaus in Weimar

**6. a.** Kölner Dom bzw. Kölner-Dom, Frankfurter Römer bzw. Frankfurter-Römer, Münchener Freiheit bzw. Münchener-Freiheit.

## 5. Groß- und Kleinschreibung

All denen, die sich schriftlich ausdrücken, ist klar, dass nicht jedes Wort großgeschrieben werden kann. Ebenso wenig ist es möglich, jedes Wort kleinzuschreiben. Das klingt alles schon wieder sehr verwirrend. Wir wollen versuchen, den Kuddelmuddel ein bisschen zu entzerren, indem wir hier die Regeln der Groß- und Kleinschreibung erläutern.

Großgeschriebene Wörter, also solche, bei denen der Anfangsbuchstabe großgeschrieben wird, können auftreten bei: *Überschriften* und *Titeln*, am *Satzanfang*, bei *Substantiven* oder *substantivierten Wörtern*, bei *Eigennamen*, in bestimmten festen *nominalen Wortgruppen* und in der *Anrede*. Es gibt jedoch in diesem Zusammenhang nicht nur Regeln der Großschreibung, sondern auch solche, die die Kleinschreibung festlegen. Hier soll auf beides eingegangen werden.

### a) Am Anfang von Texteinheiten großschreiben

**I.** Grundsätzlich gilt: Das erste Wort in einer Überschrift, einem Werktitel, einer Anschrift etc. wird **groß**geschrieben, z. B.: *Der Alte*, *Vom Winde verweht*, *Jenseits von Afrika*, *Die Räuber* etc.

Ebenso verhält es sich mit offiziellen Titeln, Gesetzen, Verträgen u. a. Beispiele sind: *Demokratische Verfassung*, *Hessisches Landesrecht*, *Polizeiliche Dienstvorschrift* etc.

Das gleiche gilt für die Datums-, Adress-, Anrede- und Grußzeilen in Briefen oder anderen offiziellen Dokumenten.

**Beispiel:**

Max Mustermann
Musterstraße 1
60123 Musterort

Sehr geehrter Herr Meier,

nachdem wir schon telefonisch korrespondiert haben, sende ich Ihnen hier nun den … ich hoffe, dass Sie … und dann ….

Bitte melden Sie sich, wenn Sie eine Entscheidung getroffen haben.

Mit freundlichen Grüßen
Max Mustermann

**II.** Ein Wort wird natürlich immer dann **groß**geschrieben, wenn es **am Anfang eines Ganzsatzes** steht. Dies gilt für ausnahmslos alle Fälle(!), z. B. für: *I*ch gehe heim.; *A*n einer Straße stehen zwei Frauen und warten.; *W*er will noch Eis?

Wenn ein Satz, der auf einen **Doppelpunkt** folgt, als **Ganzsatz** verstanden wird, dann muss am Satzanfang **groß**geschrieben werden. Ist dies nicht der Fall, muss kleingeschrieben werden. z. B: Sehen Sie hier*: D*ie Löwenmutter säugt ihre Kinder. bzw. Achtung*: D*ie U-Bahn fährt ein!

Wenn es sich um das **erste Wort der wörtlichen Rede** handelt, wird dies ebenso **groß**geschrieben, z. B.: Die Mutter sprach*: „K*ommt herein Kinder, das Essen ist fertig!" Ein anderes Beispiel wäre: Am Ende des Verhörs sagte der Kommissar*: „S*ind Sie sicher, dass Sie alles gesagt haben?"

**III.** Wenn auf die wörtliche Rede ein **Begleitsatz**, **Zusatz** oder ein **Teil des Satzes** folgt, dann wird immer nach den Abführungszeichen **klein**geschrieben. Dies gilt in den folgenden Fällen: „Steh auf!", *sagte der Polizist.*; bzw. „Hör mir gut zu!", *flüsterte der Charmeur.*; bzw. „Hände hoch und Geld raus!", *schrie der Gangster den schlotternden Bankangestellten an.*

Für den Fall, dass in **Parenthesen** *(grammatisch selbstständigen Einschüben)* keine andere Regel vorliegt, wird das erste Wort **klein**geschrieben, z. B. hier: Der alte Mann – *g*anz runzlig war seine Stirn und an den Händen konnte man die jahrelange Feldarbeit ablesen – seufzte und setzte sich auf die Bank. Ein anderes Beispiel wäre: An einem Sommertag, *u*ngefähr vor zwei Jahren, traf ich Marie zum ersten Mal. Und ein drittes Beispiel: Der Dieb leugnete – *s*o eine Unverfrorenheit! –, er habe nichts mit dem Diebstahl zu tun, es müsse eine Verwechslung vorliegen.

Stehen am Anfang eines Ganzsatzes **Zahlen**, **Apostrophe** oder **Auslassungspunkte**, dann wird dies als Satzanfang verstanden. Die Schreibung verändert sich nicht, z. B.: Sie blickte an die Decke, wirkte verträumt … *u*nd gab keine Antwort.; bzw. *23 l*ange Tage saß er allein auf dieser Insel fest.

In solchen Fällen, in denen ein Satz durch eine an den Anfang gestellte Ziffer, einen Paragrafen oder einen Buchstaben gegliedert wird, wird das folgende Wort großgeschrieben. Die Gliederungszeichen sind nicht Teil des Ganzsatzes.

**Beispiele:**

(1) Der junge Goethe und die Frauen …

§ 29. Jeder Mitarbeiter muss sich verpflichten, die Firmeninterna nicht nach außen zu kommunizieren.

(a) Langsame Läufer
(b) Schnelle Läufer
(c) Kriechende Tiere

### b) *Groß- und Kleinschreibung bei Substantiven und Desubstantivierungen*

**I.** Substantive werden i. d. R. immer **großgeschrieben**, sie dienen als Bezeichnung für Lebewesen, Gegenstände und abstrakte Begriffe. Beispiele sind: der *G*arten, die *M*ütter, der *H*und, ein *H*aus etc.

Im Weiteren gilt die Großschreibung auch für:

a. nichtsubstantivistische Wörter, die zu Anfang einer durch Bindestriche kombinierten Zusammensetzung stehen, welche den Charakter eines Substantivs trägt, z. B.: deine Schwester hat aber extreme *O*-Beine, das war eine *Ad*-hoc-Entscheidung, ich möchte gern das *In*-den-Tag-leben genießen etc.;

b. Substantive, die als Teil einer Bindestrichzusammensetzung auftreten, z. B.: das *100-Meter-Schwimmen*, der *20-Kilometer-Lauf*, das *Aus-der-Haut-Fahren* etc.;

c. fremdsprachliche Substantive, wenn sie nicht im Zitat auftreten, z. B.: der *Drink*, der *Run* auf die Sonderangebote, die *Chicken Wings* etc.;

d.  solche Substantive, die als Teil fester Gefüge auftreten und mit anderen Teilen nicht zusammengeschrieben werden, z. B.: in *Bezug* auf, von *Grund* auf, in *Kauf* nehmen, *Modell* sitzen, *Ernst* machen, *Schuld* tragen etc. Handelt es sich um fremdsprachliche Entleihungen, dann wird die Kleinschreibung angewendet: de *jure* Regierung, a *cappella* Konzert, wir haben sie in *flagranti* erwischt etc.;

e.  die Zahlsubstantive, z. B.: das *Dutzend*, die *Milliarden*, das *Tripel* etc.;

f.  die Zeitangaben, die auf die Adverbien vorgestern, gestern, heute, morgen, übermorgen folgen. Z. B.: gestern *Mittag*, morgen *Früh*, morgen *Abend* etc.

II.  Die **Kleinschreibung** muss immer dann angewendet werden, wenn solche Wörter verwendet werden, die formgleich auch als Substantive vorkommen, jedoch in diesem Zusammenhang **keine substantivistischen** Merkmale aufweisen. Das trifft zu für:

a.  Wörter, die prädikativ verwendet werden, z. B.: mir wird *angst*, das Spiel der Mannschaft war *klasse*, Du bist *schuld* an diesem Unheil etc.;

b.  zusammengesetzte Verben, deren erster Bestandteil in getrennter Stellung stehen kann, z. B.: Das Spiel *findet* morgen *statt* (stattfinden), Sie nehmen daran *teil* (teilnehmen), Es tat ihm wirklich *leid* (leidtun) etc.;

c.  Konjunktionen, Adverbien und Präpositionen die auf (-s) und (-ens) enden, z. B.: *abends*, *morgens*, *seitens*, *andernfalls*, *bestens* etc.;

d.  die vorliegenden Präpositionen: *laut*, *statt*, *dank*, *kraft*, *wegen*, *trotz*, *an … statt*, *von … wegen*, *zeit*, *um … willen*;

e.  folgende Zahlwörter: ein *bisschen*, ein *wenig*, ein *paar*;

f.  Bruchzahlen, die vor eine Maßangabe oder Uhrzeit stehen, z. B.: eine *hundertstel* Sekunde, ein *viertel* Meter, eine *halbe* Stunde etc. In allen anderen Fällen werden die Bruchzahlen großgeschrieben (das *Drittel*, die *Hundertstel*, das *Dreiviertel*).

### c)  Groß- und Kleinschreibung bei Substantivierungen

I.  Für den Fall, dass andere Wörter (z. B. Verben oder Adjektive) als Substantive gebraucht werden – man spricht dann auch von einer Substantivierung –, müssen diese Wörter großgeschrieben werden.

Fraglich ist nur, wie Substantivierungen erkannt werden können?! Wir sprechen von einer Substantivierung immer dann, wenn wir **(1)** vor dem Wort einen Artikel (das Inkrafttreten), ein Pronomen (mein Inkrafttreten) oder Zahlwort (wenig Inkrafttreten) finden; wenn **(2)** ein adjektivistisches Attribut voran- oder nachgestellt ist, welches auf das Substantiv Bezug nimmt (das langsame Inkrafttreten) oder wenn **(3)** das Wort kasusbestimmt ist (So soll *Gleiches* nicht mit *Gleichem* vergolten werden).

a.  Werden **Adjektive** substantiviert, so werden sie großgeschrieben: alles *Gute*, ich esse gern *Saures* und *Salziges*, in der *Ferne* erlebten wir nicht nur *Angenehmes*, ich wollte das *Richtige* und tat das *Falsche*, bezahlen sie die Miete bitte zum *Ersten* des Monats, ich habe *Unzählige* getroffen, im *Großen* und *Ganzen* ein voller Erfolg etc.

b.  Werden **Verben** substantiviert, so werden sie großgeschrieben: das *Trinken*, hörst Du das *Tropfen*?, sehen Sie dies *Plätschern*?, etc.

c. Werden **Pronomen** substantiviert, so werden sie großgeschrieben: ich biete dir das *Du* an, Du hast dieses gewisse *Etwas*, Es geht um *Alles*, Sie stehen vor dem *Nichts* etc.

d. Werden **Grundzahlen als Bezeichnung von Ziffern** substantiviert, so werden sie großgeschrieben: Jetzt gibt es voll auf die *Zwölf*, die Uhr schlug *Elf*, ich setzte mich auf alle *Viere* etc.

e. Werden **Adverbien**, **Präpositionen**, **Konjunktionen** oder **Interjektionen** substantiviert, so werden sie großgeschrieben: Was ein *Durcheinander*, das ist ein ewiges *Hin* und *Her*, hier gab es kein *Entweder* und auch kein *Oder*, da war das neidische *Oh* seiner Freunde etc.

**II.** Es gibt einige Fälle – die wir im Anschluss anfügen wollen –, in denen wir die Kleinschreibung anwenden, auch wenn es sich formal um Substantivierungen handeln würde. Dies gilt für:

a. **Adjektive**, **Partizipien** und **Pronomen**, die sich auf ein vorangestelltes oder folgendes Substantiv beziehen: die *aufmerksamste* und *schönste* Schülerin der ganzen Schule, alte Hüte sind meist angenehmer zu tragen als *neue*, dort lagen all die T-Shirts: Es gab *blaue*, *braune*, *grüne* und *schwarze* etc.;

b. **Superlative** die mit **-am** gebildet werden und die mit dem Fragewort **Wie?** entschlüsselt werden können: diese Schere schneidet am *besten* (wie schneidet sie?), eine Boeing fliegt am *effektivsten* (wie fliegt sie?), diese Schuhe sind wirklich am *schönsten* (wie sind sie?) etc.;

c. **feste Verbindungen** aus Präpositionen und nichtdeklinierten Adjektiven ohne Artikel: *von weitem* sah man den Turm, *ohne weiteres* kommen sie hier nicht herein, *binnen kurzem* werden wir wieder hier sein etc.;

d. **Pronomen**, auch wenn sie stellvertretend für Substantive funktionieren: Hier hat sich schon *mancher* verlaufen, sie nehmen *alles* zu ernst, *weniger* ist oft *mehr* etc.;

e. folgende **Zahladjektive** inkl. ihrer Flexionsformen: *viel*, *wenig*, *andere*, *eine*. Beispielsweise: ich habe schon *viele* wie dich gesehen, du bist zu *wenig* zu gebrauchen etc.;

f. die Kardinalzahlen unter einer Million: wenn *drei* schreien, schreit bald der Vierte auch, wenn *zwei* sich streiten freut sich der Dritte, kannst du nicht bis *drei* zählen?

### d) Groß- und Kleinschreibung bei Eigennamen

Eigennamen sind Bezeichnungen für Personen, Orte, Zeiten, Institutionen usw. Bei vielen Eigennamen handelt es sich um abgeleitete, zusammengesetzte oder einfache Substantive, zudem gibt es auch mehrteilige Eigennamen, die teilweise auch nichtsubstantivistische Elemente haben.

**I.** In der Regel schreibt man **Eigennamen** groß: *Peter*, *König von Spanien*, *Amerika*, *Ostsee*, *Bundestag* etc.

a. In **zusammengesetzten Eigennamen** werden alle Wörter, ausgenommen von Artikeln, Präpositionen und Konjunktionen, großgeschrieben, z. B.: der *Alte Fritz*, *Hänschen Klein*, der *König* von *Spanien*, das *Kap* der *Guten Hoffnung*, *Sächsische Schweiz*, die *Russländische Föderation*, die *Frankfurter Straße*, das *Rote Meer*, der *Kleiner Bär*, das *Rote Rathaus* (in Berlin), der *Schiefe Turm* (von Pisa), der *Friedenspreis* des *Deutschen Buchhandels*, die *Grüne Partei*, die *Dresdner Bank*, die *Frankfurter Allgemeine*, der *Nahe Osten*, der *Dreißigjährige Krieg* etc.

b. **Ableitungen** geographischer Eigennamen, die auf *-er* enden, schreibt man groß: die *Münchener* Freiheit, der *Frankfurter* Römer, der *Kölner* Dom etc.

II. Kleingeschrieben werden die **Ableitungen** von Eigennamen, die auf -(i)sch enden, wenn man **nicht** mit einem **Apostroph** den Eigennamen kennzeichnet: *Darwin`sche* Theorie bzw. *darwinsche* Theorie; das *kopernikanische* Weltbild etc.

### e) *Groß- und Kleinschreibung bei festen Verbindungen aus Adjektiv und Substantiv*

I. Für Wortgruppen, die als substantivistisch gekennzeichnet werden können und eine feste Verbindung darstellen, aber keine Eigennamen sind, gilt: die Adjektive werden in diesen Verbindungen kleingeschrieben z. B.: das *neue* Jahr, die *höhere* Philosophie, das *avantgardistische* Kino, der *bunte* Hund etc.

II. In bestimmten substantivistischen Wortgruppen werden die auftretenden Adjektive großgeschrieben, auch wenn es sich nicht um Eigennamen handelt. Dies trifft zu für:

a. Amts- bzw. Funktionsbezeichnungen, Ehrenbezeichnungen, Titel, kulturell konventionalisierte Wortgruppen, z. B.: der *Heilige* Vater, die *Heilige* Jungfrau, die *Königliche* Hoheit, der *Künstlerische* Direktor, der *Technische* Direktor, der *Regierende* Ministerpräsident/Bürgermeister etc.

b. Einzelne Kalendertage, z. B.: der *Heilige* Abend, der *Erste* Mai, das *Neue* Jahr, der *Internationale* Kindertag etc.

c. Bezeichnungen aus der zoologischen und botanischen Fachsprache zur Klassifizierung von Arten, Rassen etc., z. B.: die *Schwarze* Witwe, das *Fleißige* Lieschen, der *Gemeine* Nagekäfer, etc.

d. Einige andere Verbindungen, die in anderen Fachsprachen Anwendung finden, z. B.: die *Rote* Karte, der *Graue* Star, die *Erste* Hilfe etc.

### f) *Groß- und Kleinschreibung bei Anrede und dazugehörigen Pronomina*

I. In offiziellen Schreiben – beispielsweise in Bewerbungsschreiben, Anfragen oder allgemeinen Korrespondenzen – werden das Anredepronomen *Sie* und das dazugehörige Possessivpronomen *Ihr* (inkl. aller Flektionsformen) immer großgeschrieben, z. B.: Ich möchte *Sie* bitten, mir eine Antwort zukommen zu lassen!; Ich bewerbe mich auf einen Ausbildungsplatz in *Ihrem* Betrieb!; Besteht *Ihrerseits* noch Bedarf einer Ergänzung?

II. (a.) Die Anredepronomen *du* und *ihr*, inklusive der Possessivpronomen *dein* und *euer* sowie des Reflexivpronomens *sich* werden **klein**geschrieben. (b.) Will man in Briefen die **Höflichkeitsform** wahren, so können die Pronomina auch **groß**geschrieben werden.

**Beispiele:**

a. Kannst *du* mir helfen?, Haben sie *dir* schon gesagt, wie es um *deine* Bewerbung steht?, Kannst *du* abschätzen, wann *ihr euch* treffen wollt?

b. Mein lieber Freund, ich wollte *dir/Dir* schon lange schreiben, habe jedoch nie die Zeit gefunden. Wie geht es *dir/Dir*, wie läuft *dein/Dein* Leben, geht es *euch/Euch* gut?

## 6. Zeichensetzung – Interpunktion

Durch die Zeichensetzung, auch Interpunktion, wird jeder Satz, jeder Text nachvollziehbar und deutlich. Ein Text wird mittels der Zeichen gegliedert. Die Satzzeichen erfüllen für AUTOR und LESER eines Textes gleichermaßen eine Funktion: Der Autor kann mittels der Interpunktion Absichten zum Ausdruck bringen, Betonungen setzen und zudem stilistisch hervorheben, was er sagen möchte. Der Leser kann das Geschriebene besser nachvollziehen, da ein Text durch die Zeichensetzung überschaubar wird.

Die verschiedenen Zeichen – also Punkt, Ausrufezeichen, Fragezeichen, Komma, Doppelpunkt, Semikolon, Gedankenstrich, Klammern, Anführungszeichen, Apostroph, Ergänzungsstrich und Auslassungspunkte – haben eine je eigene Funktion, auf die wir im folgenden Abschnitt eingehen wollen.

### a) Satzzeichen, die das Ende eines Satzes kennzeichnen

### Der Punkt

Mit dem Punkt wird der Schluss von Ganzsätzen gekennzeichnet, hierfür können auch Frage- und Ausrufezeichen verwendet werden, jedoch muss dann entweder eine Frage oder ein Ausruf vorliegen. Ist dies nicht der Fall, handelt es sich um einen **neutralen** Ganzsatz, dann wird der Punkt als Satzabschluss verwendet. Dies gilt für einteilige sowie für mehrteilige Sätze.

**Beispiele:**

Bald ist Sommer.

Wenn es dich interessiert, solltest du mitkommen.

**Zusatz:** Zudem kann der Punkt auch anderweitig eingesetzt werden, denn nur als bloßes Kennzeichen für den Abschluss eines Satzes. So beispielsweise nach ausgesprochenen Abkürzungen (etc. *et cetera*; z. B. *zum Beispiel;* u. a. *unter anderem*), wenn Zahlen in einer Aufzählung verwendet werden (der 23. Mai 2005 statt der dreiundzwanzig*ste* Mai 2005) und dreimal hintereinander gesetzt als Auslassungszeichen. D.h. wenn z. B. in einem Zitat an einer Stelle Wörter oder Satzteile weggelassen werden, kann das Auslassungszeichen (...) eingefügt werden. Es sollte in Klammern stehen, um deutlich zu machen, dass es sich um **ein** Zeichen handelt.

**Achtung:** Kein Punkt wird verwendet, wenn es sich um freistehende Zeilen handelt, d.h. im Titel von Büchern, Texten oder Aufsätzen; in der Anschrift-, Datums-, Unterschrift- oder Grußzeile bei Briefen, nach Auslassungspunkten, in Überschriften (...).

### Das Ausrufezeichen

Neben dem Punkt gibt es noch weitere Satzzeichen, mit denen das Ende eines Ganzsatzes gekennzeichnet werden kann. So kann beispielsweise das Ausrufezeichen verwendet werden, wenn einem Satz (bzw. einer Aussage) besonderer Nachdruck verliehen werden soll. Will man schriftlich einen Ausruf, eine Behauptung, einen Wunsch etc. äußern, so bedient man sich des Ausrufezeichens. Die erste nachgewiesenermaßen grammatikalische Verwendung des Ausrufezeichens in der deutschen Schriftsprache findet sich in einer Lutherbibel aus dem 18. Jahrhundert.

**Beispiele:**

Die Zeit ist rum, geben Sie jetzt bitte den Test ab!

Frag deine Mutter bitte, ob sie morgen zum Essen kommt!

Achtung! Zurücktreten!

Gute Nacht, mein Kind!

**Zusatz:** In besonderen Fällen, wenn man einem Satz explizite Betonung schenken will, kann man ein Ausrufezeichen auch am Ende eines freistehenden Satzes einfügen (in einem Buch, Aufsatz oder Zeitungsartikel z. B. *Der Kampf um die Zukunft!*).

Ebenso kann man mit dem Ausrufezeichen in der Anrede eines Briefes etc. eine Betonung setzen (*Sehr geehrte Damen und Herren!* **bzw.** *Sehr geehrte Frau Dr. Müller!*).

Das Ausrufezeichen steht auch in den Ausrufesätzen am Satzende, welche in Form einer Frage auftreten (*Wie viele Stunden soll ich noch hier warten!*). In einigen Fällen können Ausrufe- und Fragezeichen auch nacheinander gesetzt werden, um einen Ausrufesatz gleichzeitig als Fragesatz zu kennzeichnen (*Verstehst Du das nicht?!*).

Will man innerhalb eines Satzes ein bestimmtes Wort oder eine gewisse Aussage zusätzlich betonen und keine orthographischen Hilfsmittel wie Fett- oder Kursivschreibung verwenden, dann ist es möglich, ein Ausrufezeichen in Klammern einzufügen **(!)** und somit die Betonung deutlich zu machen (*Man verdächtigte ihn nach dem ersten Banküberfall in Mainz, in den umliegenden Städten 15 (!) weitere Bankhäuser ausgeraubt zu haben.*).

### Das Fragezeichen

Neben dem Punkt und dem Ausrufezeichen ist das Fragezeichen das dritte Interpunktionszeichen, welches am Ende von ganzen Sätzen stehen kann. Dieses Satzzeichen kennzeichnet den Ganzsatz dann als Frage.

**Beispiele:**

Wie lange dauert es noch, bis wir in Frankreich sind?

Hast du den Hund gesehen?

Kannst Du morgen um 12.00 Uhr bei mir sein?

**Achtung:** In besonderen Fällen, wenn man einem Satz explizite Betonung schenken will, kann man ein Fragezeichen auch am Ende eines freistehenden Satzes einfügen (in einem Buch, Aufsatz oder Zeitungsartikel z. B. *Der Kampf um das Klima?*).

**Zusatz:** In einigen Fällen können Ausrufe- und Fragezeichen auch nacheinander gesetzt werden, um einen Ausrufesatz gleichzeitig als Fragesatz zu kennzeichnen oder einen Fragesatz gleichzeitig als Ausruf zu kennzeichnen (*Was fällt dir denn, ein mich so zu beschimpfen?!*).

Will man innerhalb eines Satzes ein bestimmtes Wort oder eine gewisse Aussage als fraglich klassifizieren, dann ist es möglich, ein Fragezeichen in Klammern einzufügen **(?)** und somit die Fragwürdigkeit einer Aussage/Tatsache deutlich zu machen (*Das Mädchen soll ausgesagt haben, dass sie den Ring nicht gestohlen, sondern gefunden (?) hat.*).

### b) Satzzeichen, die innerhalb von Ganzsätzen Verwendung finden

### Das Komma:

Kommaregeln stellen für viele ein großes Problem dar. Mit der neuen Rechtschreibreform sind viele alte Regeln verfallen, dies gilt auch für das Komma. Wir wollen diesem Abschnitt eine größere Aufmerksamkeit schenken, da das Komma das wichtigste Satzzeichen ist. Mit dem Komma wird innerhalb von Sätzen Struktur zugewiesen. Ein falsch gesetztes Komma kann die ganze Aussage eines Satzes umdrehen und die Bedeutung verschieben. In den folgenden Unterpunkten wollen wir die Kommasetzung abhandeln.

I. **Gleichrangige Wörter, Wortgruppen und nebengeordnete Teilsätze:** Für die angeführten Fälle gilt, dass ein Komma immer gesetzt werden muss, um die Satzteile voneinander abzugrenzen. Wörter (**1.**), Wortgruppen (**2.**) und nebengeordnete Teilsätze (**3.**) können so voneinander unterschieden werden.

Beispiele:

1. a. Meine Mutter versprach mir, während der Ferien ins Schwimmbad zu gehen, einen Ausflug zu machen, in den Süden zu fahren.
   b. Woher, wohin, wofür?
   c. Die Lehrerin ärgerte sich häufig über Tim, Jonas, Malte und Paul.
   d. Am Morgen, Mittag und Abend sollen sie die Tabletten einnehmen.
2. a. Die Zuschauer nahmen Platz, das Licht ging aus, der Vorhang öffnete sich, der Film begann.
   b. Der Bankräuber log, er wisse von nichts, er sei nicht vor Ort gewesen, er habe zudem auch keine Waffe.
   c. Ich dachte nach, versuchte zu erinnern, konnte ihren Namen aber nicht im Wirrwarr meiner Gedanken finden.
   d. Wenn es stimmt, wenn du dir sicher bist, wenn alle Zweifel ausgeräumt werden können, dann brauchst du dich nicht zu sorgen.

**Zusatz:** Es wird **kein** Komma zwischen gleichrangigen Wörtern, Wortgruppen und nebengeordneten Teilsätzen eingesetzt, wenn diese durch *und, oder, beziehungsweise/bzw., sowie, entweder … oder, nicht … noch, sowohl … als (auch), sowohl … wie (auch), weder … noch* verbunden sind.

Beispiele:

1. a. Meine Mutter versprach mir, während der Ferien *sowohl* ins Schwimmbad zu gehen *und* einen Ausflug zu machen *als auch* in den Süden zu fahren.
   b. Woher *und* wohin *und* wofür?
   c. Die Lehrerin ärgerte sich häufig über Tim *und* Jonas *sowie* Malte *und* Paul.
   d. *Sowohl* am Morgen *als auch* am Mittag *und* am Abend sollen sie die Tabletten einnehmen.
2. a. Die Zuschauer nahmen Platz *und* das Licht ging aus *und* der Vorhang öffnete sich *und* der Film begann.
   b. Der Bankräuber log *und* sagte, er wisse von nichts; er sei *weder* vor Ort gewesen *noch* habe er eine Waffe.

   c.   Ich dachte nach *und* versuchte zu erinnern, konnte ihren Namen aber nicht im Wirrwarr meiner Gedanken finden.

   d.   Wenn es stimmt *und* wenn du dir sicher bist *oder* wenn alle Zweifel ausgeräumt werden können – dann brauchst du dich nicht zu sorgen.

**II. Selbstständige Sätze:** Werden selbstständige Sätze aneinandergereiht und durch die Wörter *und, oder, beziehungsweise/bzw., entweder … oder, nicht … noch, weder … noch* getrennt, so steht es dem Schreibenden selbst zu, ein Komma zu setzen. Es **kann** verwendet werden, um dem Ganzsatz eine deutliche Gliederung zu geben.

**Beispiele:**

1. Der Bankräuber ist *entweder* ins Ausland geflohen*(,) oder* er versteckt sich im Land.

2. Am Abend aßen wir Muscheln*(,) und* meine Frau konnte nicht genug bekommen von dem Blick aufs Meer.

3. Ihr solltet uns besuchen kommen*(,) bzw.* wir könnten uns im Allgäu treffen.

4. Das Haus brannte vollständig aus*(,) und* die Polizei begann mit den Ermittlungen am Folgetag.

**III. Nebensätze:** Grundsätzlich werden Nebensätze immer mit einem Komma vom Hauptsatz abgetrennt. Es handelt sich um eine neben der Hauptaussage formulierte zweite und damit zusätzliche Aussage. Wenn Nebensätze eingeschoben werden, dann klammert man sie in paarigen Kommata ein. Nebensätze können **(1.)** am Anfang des Ganzsatzes stehen, **(2.)** eingeschoben werden, **(3.)** am Ende des Ganzsatzes folgen.

**Beispiele:**

1. a.   Obschon wir Sonne erwartet hatten, fuhren wir auch bei Regen in die Berge.

   b.   Ist dir der Berg zu steil, kannst du mit der Gondel fahren und oben warten.

2. a.   Die Waffe, die der Bankräuber bei sich trug, war eine Walther PPK.

   b.   Die Vermutung, der Mann habe die Frau wissentlich geschlagen, erwies sich als falsch.

3. a.   Wir fuhren auch bei Regen in die Berge, obschon wir Sonne erwartet hatten.

   b.   Du kannst mit der Gondel fahren und oben warten, wenn dir der Berg zu steil ist.

**1. Zusatz:** Für formelhafte Nebensätze gilt, dass man das Komma nicht notwendigerweise setzen **muss**. Man **kann** es ebenso weglassen:

**Beispiele:**

1. a.   Wenn nötig*(,)* schicken wir ihnen ein weiteres Exemplar.

2. a.   Du solltest*(,)* wenn möglich*(,)* auf der Stelle kommen.

**2. Zusatz:** Mit dem Setzen des Kommas kann der Schreibende zudem auch verdeutlichen, welche Wörter einem Nebensatz zugeordnet werden sollen.

**Beispiele:**

1. a.   Ich freue mich auch, wenn wir uns morgen treffen.

   b.   Ich freue mich, auch wenn wir uns morgen treffen.

2. a.   Die Lehrerin ärgerte sich so, dass sie vor Wut ganz rot wurde.

   b.   Die Lehrerin ärgerte sich, so dass sie vor Wut ganz rot wurde.

**3. Zusatz:** Vergleiche, die mit *als* oder *wie* in Verbindung mit einem Wort oder einer Wortgruppe auftreten, sind **keine** Nebensätze!

**Beispiele:**

1. a.    Früher *als* sonst ging er nach Hause.

   b.    Der Thomas ist viel schneller *als* seine Freunde.

2. a.    *Wie* im letzten Sommer blühten auch heute die Rosen besonders schön.

   b.    Der Vater kam *wie* immer am Freitag früh von der Arbeit und ging dann zum Sport.

**IV. Infinitivgruppen:** Um Infinitivgruppen mit einem Komma abzugrenzen, muss eine der folgenden Voraussetzungen erfüllt sein. Man setzt ein Komma wenn: (**1.**) die Infinitivgruppe mit den Wörtern *um, ohne, statt, anstatt, außer, als* eingeleitet wird; (**2.**) die Infinitivgruppe von einem Substantiv abhängt; (**3.**) die Infinitivgruppe von einem Korrelat (Platzhalter, Stellvertreter) oder einem Verweiswort abhängt.

**Beispiele:**

1. a.    Wir sollten die Tür öffnen, *um* frische Luft hereinzulassen.

   b.    Der Junge will Zigaretten kaufen, *ohne* zu bedenken, dass er noch zu jung ist.

   c.    Sven sollte zur Arbeit gehen, *anstatt* im Bett zu liegen und auf krank zu machen.

   d.    Jeder Schüler, *außer* der kleinen Maria, will ins Schwimmbad.

   e.    Sie wusste sich nicht anders zu helfen, *als* die Polizei zu verständigen.

2. a.    Er wurde beim *Versuch*, den Tresor zu knacken, vom Sicherheitsdienst überführt.

   b.    Die Mafiabande fand ihren *Plan*, einen Geldtransporter auszurauben, sehr intelligent.

3. a.    Peter liebt es sehr, am Sonntag Fußball zu spielen.

   b.    Am Sonntag Fußball zu spielen, das liebt Peter sehr.

**V. Zusätze und Nachträge:** Für Zusätze und Nachträge kann die grundsätzliche Regel aufgestellt werden, dass sie immer mit Komma abgegrenzt werden. Treten sie als Einschübe auf, so werden sie mit paarigen Kommata eingeklammert. Dies gilt (**1.**) für Parenthesen (Einschübe), (**2.**) für Substantivgruppen, (**3.**) für Orts-, Wohnungs-, Zeit- und Literaturangaben **ohne** Präposition, (**4.**) für Erläuterungen, (**5.**) für angekündigte Wörter oder Wortgruppen, (**6.**) für Infinitivgruppen und (**7.**) für Partizip- und Adjektivgruppen.

**Beispiele:**

1. a.    Die Forderung von fünf Millionen, um das noch einmal zu betonen, halten wir für utopisch und daher nicht machbar.

2. a.    Frankfurt ist die Geburtsstadt Johann Wolfgang von Goethes, des Dichterfürsten. **Bzw.** Johann Wolfgang von Goethe, der Dichterfürst, wurde in Frankfurt geboren.

3. a.    Peter Müller, Darmstadt, Leipzigerstraße 23(,) hat diesen Tisch im Internet angeboten.

   b.    Das Seminar wird Freitag, den 17. Juli, 10:45(,) beginnen.

   c.    In der Zeitschrift Die Polizei, Heft 5, S. 134(,) finden sie den angegebenen Text.

4. a.    Am liebsten esse ich Kartoffeln, insbesondere als Kartoffelpuffer.

   b.    Wir treffen uns am Wochenende, das heißt am Samstagabend.

   **c.** An der Veranstaltung nahmen viele europäische, insbesondere französische Ärzte teil.

**5. a.** Er, der Müller, weiß, wie das Mehl zu mahlen ist.

   **b.** Sie, die Malerin, weiß, wie das Bild auszusehen hat.

   **c.** Genau so, mit einem Lächeln auf den Lippen, empfing mich die Gastgeberin.

   **d.** Du und ich und Peter, wir wissen genau, wie man mit solch einer Situation umzugehen hat.

**6. a.** Sie stand, statt zu helfen, nur da und schaute zu.

   **b.** Diese Jungen, ohne jegliches Benehmen, wollten den Hund am Schwanz ziehen.

**7. a.** Suche Aushilfe, höflich und gepflegt, für kleinen Blumenladen.

   **b.** Der Sommer, heiß und trocken, führte zu einer Dürre.

   **c.** Die Sträflingsgruppe, zur Arbeit bereit, versammelte sich auf dem Gefängnishof.

**Zusatz:** Für die Zusätze und Nachträge gilt, dass es häufig im Ermessen des Schreibenden liegt, ob etwaige Zu- und Nachträge mit Komma gekennzeichnet werden oder nicht. Dies gilt für Gefüge mit Präpositionen (**1.**), für Gefüge mit dem Wort *wie* (**2.**), für Infinitiv-, Partizip- und Adjektivgruppen (**3.**), für Eigennamen, die auf einen Titel, eine Berufsbezeichnung etc. folgen (**4.**).

**Beispiele:**

**1. a.** Die Frau hatte(,) bedauerlicherweise(,) ihren Schirm vergessen und wurde nass.

**2. a.** Etwaige Ausgaben(,) wie Fahrt- oder Verpflegungskosten(,) werden Ihnen zurückerstattet.

**3. a.** Die Sträflingsgruppe war(,) zur Arbeit bereit(,) auf dem Gefängnishof versammelt.

**4. a.** Der Dichterfürst(,) Johann Wolfgang von Goethe(,) wurde in Frankfurt geboren.

**VI. Anreden, Ausrufe, Ausdrücke einer Stellungnahme:** Auch für (**1.**) Anreden, (**2.**) Ausrufe oder (**3.**) Ausdrücke einer Stellungnahme (z. B. Bejahung oder Verneinung) gilt, dass, wenn sie hervorgehoben werden sollen, sie mit einem Komma angezeigt werden müssen. Handelt es sich um Einschübe, so werden diese in paarige Kommata gesetzt.

**Beispiele:**

**1. a.** Liebe Genossinnen und Genossen, ich möchte euch alle herzlich begrüßen.

   **b.** Kinder, nun hört auf zu streiten!

**2. a.** Oh Gott, wie sollen wir das nur wieder aufräumen!

   **b.** Ach ja, ich wusste das schon zu Beginn!

**3. a.** So sehe ich es, wirklich.

   **b.** Ja, ich würde dir zustimmen.

### *Der Doppelpunkt*

Der Doppelpunkt wird grundsätzlich dazu verwendet anzuzeigen, dass etwas Weiterführendes folgt. Dies gilt (**1.**), wenn es sich um wiedergegebene Äußerungen handelt und der Begleitsatz vorgestellt ist, (**2.**) wenn Aufzählungen, Angaben, Erklärungen gemacht werden und (**3.**) wenn etwas vorher Gesagtes zusammengefasst werden soll oder Schlussfolgerungen daraus gezogen werden.

**Beispiele:**

1. **a.** Sie fragte: „Haben wir denn heute schon Mittwoch?"

   **b.** Der Pressesprecher des HSV erklärte: „Wir werden keine Neuinvestitionen in dieser Saison stemmen können."

2. **a.** Im Krieg haben die Familien viel verloren: ihre Brüder, Schwestern, Väter und Kinder, ihre Häuser, ihre Arbeit und den Mut.

   **b.** Wir haben im vergangenen Jahr eine Asienrundreise gemacht. Dabei waren wir in: Thailand, Vietnam, Japan, Laos, China, Taiwan und Südkorea.

3. **a.** Nach der eingehenden Lektüre des Buches kann ich nur sagen: Von diesem Auto hätte man mehr erwarten können.

   **b.** Ein Messer, eine Machete, zwei Schusswaffen, 20 g Kokain und eine ganze Kiste voll gestohlener DVD Mobiltelefone: All das fand die Polizei bei dem Verdächtigen aus Stuttgart.

### Das Semikolon

Dieses Satzzeichen, häufig auch Strichpunkt genannt, ist in seiner Funktion eine Mischung aus Komma (Strich) und Punkt. Mit dem Semikolon können gleichrangige Teilsätze oder Wortgruppen getrennt werden, ähnlich wie mit dem Komma. Jedoch ist der Grad der Abgrenzung hier größer als beim Komma und kleiner als beim Punkt. Das Semikolon liegt also zwischen Punkt und Komma. **(1.)** Dieses Zeichen kann verwendet werden, um gleichrangige längere Hauptsätze (mit Nebensatz) zu trennen. Außerdem können **(2.)** gleichrangige Wortgruppen *gleicher Struktur* in einer Aufzählung mit dem Semikolon getrennt werden.

**Beispiele:**

1. **a.** Wie immer kam mein Partner zu spät; zur falschen Zeit am falschen Ort zu sein, war eine seiner wenig lobenswerten Fähigkeiten.

   **b.** Wir müssten bald entscheiden, welchen Flug wir buchen wollen; nehmen wir den späten, dann haben wir zwar einen Tag weniger Zeit, aber es wird auch günstiger werden.

2. **a.** Im Restaurant wurden verschiedene Speisen angeboten. Es gab Suppen, Salate und Vorspeisenteller; Fisch-, Fleisch- und Sojagerichte; Pasta, Pizza und Pommes; Desserts, Eis und Kuchen.

   **b.** Am Wahlabend gab es die Möglichkeit für Bündnisse zwischen Liberalen, Christdemokraten und Grünen; Sozialdemokraten, Grünen und Sozialisten; Liberalen, Sozialdemokraten, Grünen und Sozialisten.

### Der Gedankenstrich

Der Gedankenstrich wird ähnlich wie der Doppelpunkt verwendet, zudem können in manchen Fällen auch Semikolon und Gedankenstrich ähnlich verwendet werden. So kündigt man **(1.)** mit dem Gedankenstrich an, dass etwas Weiterführendes oder etwas Unerwartetes folgen wird. Zudem kann dieses Zeichen **(2.)** auch zwischen zwei Ganzsätzen verwendet werden, um deutlich zu machen, dass ein Absatz folgt, ein neues Thema beginnt. **(3.)** Zusätze oder Nachträge können ebenfalls mit dem Gedankenstrich gekennzeichnet werden. In diesem Zusammenhang werden Ausrufe-

oder Fragezeichen – wenn es sich bei den Nachträgen oder Zusätzen um Ausrufe oder Fragen handelt – in die paarigen Gedankenstriche gesetzt.

**Beispiele:**

1. a. Die Menge tobte und dann plötzlich – eisige Stille.

   b. Ich öffnete die Tür, aus der Wohnung erklang ein Röcheln. Ich spitzte die Ohren, lauschte und dann – ein Schrei und gleich darauf Stille.

2. a. Diese Frage kann letztendlich nicht beantwortet werden! – Kommen wir nun zum nächsten Punkt.

   b. Herr Müller, würden Sie bitte auf die Bühne kommen! – Ja, ich bin schon auf dem Weg.

3. a. An diesem Tag – zwischen Halbfinale und Endspiel – war überall eine angenehme Anspannung zu spüren.

   b. Mein Onkel – der alte Umweltfreund – trennt seinen Müll schon seit dreißig Jahren.

### Die Klammern

Allgemein werden Klammern (**1.**) verwendet, um Zusätze oder Nachträge anzufügen. In diesem Sinne können (**2.**) neben ganzen Sätzen, auch größere Textstellen auf diese Art eingeschlossen und so als eigenständige Texteinheiten ausgewiesen werden. Verwendet man in diesem Zusammenhang (**3.**) Satzzeichen, beispielsweise um einen Ausruf oder eine Frage zu kennzeichnen, so müssen diese vor der abschließenden Klammer gesetzt werden.

**Beispiele:**

1. a. An diesem Tag (irgendwann im Winter) schien die Sonne wie an einem Tag im Mai.

   b. Dieses Buch (das wohl wichtigste Werk des Autors) wurde in über 70 Sprachen übersetzt.

2. a. Die politische Freiheitsbewegung der Iraner forderte in den vergangenen Tagen viele Opfer. Diejenigen, die auf der Straße für Freiheit demonstrieren, haben den Wunsch nach einer besseren Gesellschaft. (Das zeigen zumindest die massenhaften Aufrufe im Internet, die die Weltgesellschaft erinnern, dass die Menschen im Iran heute internationaler Solidarität bedürfen. Und das zeigen auch die wütenden Ausrufe der Demonstranten. Die anschuldigenden Rufe an die „politischen und religiösen Diktatoren".) Aber die politischen Führer, die sich auf die religiöse Demokratie berufen, wollen dieser Forderung nach Freiheit nicht nachkommen.

3. a. Du hattest mir ein Buch geliehen (zum Glück!), das ich dir jetzt wiedergeben möchte.

   b. Wenn ich mich an die Schulzeit erinnere (sind seitdem wirklich schon siebenundzwanzig Jahre vergangen?), dann wird mir ganz warm ums Herz!

### Die Anführungszeichen

Will man in einem Text aus einem anderen Text zitieren, d. h. das gesprochene/geschriebene Wort einer berühmten Persönlichkeit wiedergeben bzw. eine Textstelle aus einem Zeitungsartikel anführen oder auf das Protokollierte eines Verbrechers verweisen, dann bedient man sich der Anführungszeichen.

Mit den Anführungszeichen wird (**1.**) das wörtlich Wiedergegebene eingeschlossen. Dabei ist (**2.**) zu beachten, dass zum Zitierten gehörige Satzzeichen vor dem abschließenden Anführungszeichen gesetzt werden, wohingegen jene, die zum Begleitsatz gehören, danach folgen. Weiter ist (**3.**) wichtig, dass sowohl Begleit- als auch Zitatsatz Frage- und Ausrufezeichen behalten. Der Schlusspunkt wird beim zitierten Satz weggelassen, wenn der Satz am Anfang oder in der Mitte des Ganzsatzes steht. Wenn (**4.**) nach dem zitierten Satz der Begleitsatz (ganz oder teilweise) folgt, wird nach dem abschließenden Anführungszeichen ein Komma gesetzt; wird in den zitierten Satz ein Begleitsatz eingeschoben, so muss dieser mit paarigen Kommas angezeigt werden. Wenn (**5.**) in einem zitierten Satz ein anderes Zitat auftritt, dann wird dieses durch halbe Anführungszeichen gekennzeichnet. Zudem können (**6.**) mit Anführungszeichen auch einzelne Wörter innerhalb eines Satzes gekennzeichnet werden, um zu zeigen, dass man sich auf einen Text, eine Überzeugung etc. bezieht.

**Beispiele:**

1. a.  „Dieser Tag ist ein großer Tag für uns", sagte der Präsident.
   b.  „Wissen Sie, wo ich den Bäcker finde?", fragte die alte Dame.
2. a.  „Komm bitte zum Eingang, Peter!", sagte die Mutter und fluchte.
   b.  „Wo finde ich denn den Herrn Oberbürgermeister?", fragte der Mafiosi grinsend den Wachmann.
3. a.  „Morgen bin ich bei Dir!", versicherte der Freund.
   b.  Der Mann fragte: „Haben Sie Ihren Ausweis bei sich?", und blinzelte durch das dünne Glas den Wartenden an.
4. a.  „Wo sind wir hier?", fragte das Mädchen ihren Vater.
   b.  „Wo", fragte das Mädchen ihren Vater, „sind wir hier?"
5. a.  Wie Hoffmann (2004) feststellt: „Der Autor dieses Textes stellt unmissverständlich richtig: ‚Jesus war auch eine historische Person' und nicht nur die Figur in der Bibel."
   b.  Der Radiosprecher sagte: „Die deutsche Post hatte schon im letzten Jahr deutlich gemacht: ‚Wir wollen die Briefbeförderungsbedingungen korrigieren', was sie bis jetzt jedoch nicht wahrmachen konnte."
6. a.  In der Schule haben wir Brechts „Die Dreigroschenoper" gelesen und es hat mir gut gefallen.
   b.  In der „Frankfurter Rundschau" habe ich heute den Artikel „Ohne Moos nix los" gelesen.

### *Der Apostroph*

Der Apostroph wird verwendet, um anzuzeigen, dass in einem Wort einzelne oder mehrere Buchstaben ausgelassen werden. Es gibt Fälle, in denen der Apostroph gesetzt werden muss, und solche, in denen es dem Schreibenden frei steht, einen Apostroph zu setzen. Ein Apostroph **muss** in den folgenden Fällen immer gesetzt werden: (**1.**) Wenn bei Eigennamen, die in der Grundform auf einen S-Laut enden (z. B. Hans oder Ines), kein Artikel, Possessivpronomen und dergleichen beigefügt wird, muss im Genitiv der Apostroph angehängt werden. (**2.**) Wenn Wörter mit Auslassungen geschrieben werden, die andernfalls schwer lesbar sind, wird ein Apostroph angehängt und (**3.**)

wenn Wörter im Wortinnern Auslassungen aufweisen, muss dies ebenfalls durch einen Apostroph gekennzeichnet werden.

**Beispiele:**

1. **a.**   Hans' Mutter stand an der Tür und wartete auf ihren Jungen.

   **b.**   Ines' kleine Schwester heulte, weil sie auf die Nase gefallen war.

2. **a.**   In wen'gen Tagen ist schon Weihnachten, 's ist doch einfach schön an Weihnachten, oder?!

3. **a.**   Treffen wir uns also am Mittwoch in D'dorf (Düsseldorf)?

   **b.**   Ja, dort können wir uns treffen. Ich komme dann aus M'gladbach (Mönchengladbach) direkt zu Dir nach D'dorf.

**Zusatz:** Ein Apostroph **kann** gesetzt werden, wenn die gesprochene Sprache andernfalls in geschriebener Form nicht nachvollziehbar wäre. Dies gilt z. B. für: der Käpt'n der Flotte; wir fuhren mit'm Rad nach Holland; Bitte, nehmen S' (= Sie) doch Platz etc.

### Der Ergänzungsstrich

Dieses Zeichen zeigt an, dass in einer Aufzählung gleiche Bestandteile ausgelassen werden, die sinngemäß ergänzt werden müssten.

**Beispiele:**

Textilgroß- und Textileinzelhandel bzw. Textilgroß- und -einzelhandel

Nah- und Fernverkehr

Einkaufstasche und -wagen

### Die Auslassungspunkte

Werden einzelne oder mehrere Wörter (es können auch ganze Sätze sein) in einem Text ausgelassen, dann wird dies durch Auslassungspunkte (...) gekennzeichnet.

**Beispiele:**

Du alter E..., geh doch zum T...! (Du alter Esel, geh doch zum Teufel!)

In Grimms Märchen Rapunzel heißt es (**ganzer** Text): „Rapunzel hatte lange prächtige Haare, fein wie gesponnenes Gold. Wenn sie nun die Stimme der Zauberin vernahm, so band sie ihre Zöpfe los, wickelte sie oben um einen Fensterhaken, und dann fielen die Haare zwanzig Ellen tief herunter, und die Zauberin stieg daran hinauf."

In Grimms Märchen Rapunzel heißt es (Text **mit Auslassungen**): „Rapunzel hatte lange prächtige Haare *(...)*. Wenn sie nun die Stimme der Zauberin vernahm, so band sie ihre Zöpfe los, wickelte sie oben um einen Fensterhaken, und dann fielen die Haare *(...)* herunter, und die Zauberin stieg daran hinauf."

II.   Wenn die Auslassungspunkte am Ende eines Satzes stehen, dann wird der Schlusspunkt weggelassen. Dies trifft zu für z. B.: Häufig beginnen Märchen mir dem Satz: „Es war einmal ..."

*Der Schrägstrich*

Mit einem Schrägstrich (/) kann verdeutlicht werden, dass die so zusammengefassten Wörter zusammengehören.

**Beispiele:**

Die Schülerinnen/Schüler der Klasse 7a.

Bitte zahlen Sie die Rechnung für die Monate März/April/Mai/Juni im Voraus.

**Zusatz:** Zudem können mit dem Schrägstrich Adressen etc. gegliedert und Verhältnisangaben gekennzeichnet werden.

**Beispiele:**

Leipziger Straße 23/1.OG. links/Müller

0175/2345623

100 *km/h*

## 7. Die Worttrennung am Zeilenende

Beim Schreiben eines Textes kommt man häufig an das Ende einer Zeile. In diesem Fall ist es möglich, das folgende Wort in die nächste Zeile zu verschieben. Will man jedoch ökonomisch schreiben und den vorhandenen Platz optimal nutzen, so kann am Zeilenende auch getrennt werden. Trennbar sind jedoch nur, das ist wichtig zu bemerken, die mehrsilbigen Wörter.

I. **Mehrsilbige Wörter:** Grundsätzlich gilt die Regel, dass mehrsilbige Wörter am Zeilenende getrennt werden können. Trennsilben sind in diesem Zusammenhang meist identisch mit den Silben, die auch beim langsamen Lesen auftreten würden.

**Beispiele:**

1. **a.** Po-li-zei

   **b.** Ver-brecher

   **c.** Über-fall

**1. Zusatz:** Einzelne Vokale am Wortanfang oder Wortende werden nicht getrennt: z. B. Abend (aber: Som-mer-abend), Bio (aber: Bio-müll).

**2. Zusatz:** Es sollen solche Trennungen vermieden werden, die zu Verwirrung oder Unklarheit führen könnten: z. B. A*n-a*lphabet statt Ana*l-p*habet; Spre*ch-e*rziehung statt Spreche*r-z*iehung; Ur-*i*nstinkt statt Urin-*s*tinkt.

II. **Zusammengesetzte und präfigierte (mit Präfix versehene) Wörter:** Diejenigen Wörter, die als Zusammensetzung auftreten oder mit einem Präfix versehen sind, werden zwischen den einzelnen Elementen getrennt.

**Beispiele:**

1. **a.** Spiel-feld

   **b.** Haus-flur

c. Schul-bus

d. Er-fahrung

e. syn-chron

f. Ab-schied

**III. Mehrsilbige einfache und suffigierte Wörter:** Hier gibt es zwei Fälle, für die unterschiedliche Regeln gelten. Entweder stehen an der Grenze zweier Silben Konsonanten(buchstaben) oder nicht. Es ergeben sich für die unterschiedlichen Fälle dann verschiedene Regeln: **(1.)** Stehen zwei Vokal(buchstaben), die unterschiedlichen Silben angehören, nebeneinander, kann getrennt werden. **(2.)** Steht zwischen einfachen oder suffigierten Wörtern ein einzelner Konsonant(enbuchstabe), wandert dieser in die folgende Zeile; stehen **(3.)** an dieser Stelle mehrere Konsonanten(buchstaben), so wandert nur der letzte in die neue Zeile.

**Beispiele:**

1. **a.** Bau-er, Muse-um, Fei-er; re-al, Lai-en etc.

2. **a.** Au-ge, Wie-se, Spie-le, vie-le, we-nig etc.

3. **a.** Mül-ler, Wet-ter, Vier-tel, kämp-fen etc.

**IV. Buchstabenverbindungen für Konsonanten:** Wenn Buchstabenverbindungen wie *ch, sch, ph, rh, sh, th* oder *ck* in Wörtern auftreten, dann werden diese Verbindungen nicht getrennt.

**Beispiele:**

1. **ch.** la-chen, wa-chen, Rie-chen, etc.

2. **sch.** wi-schen, mi-schen, auf-ti-schen, Deut-sche etc.

3. **ph.** Nym-phe, Sa-phir etc.

4. **rh.** Myr-rhe etc.

5. **sh.** Fa-shion etc.

6. **th.** Ma-the-ma-tik, Zi-ther etc.

7. **ck.** Zu-cker, zu-cken, We-cken etc.

## Tabelle: Maße und Einheiten

| Einheit | Einheitenzeichen | Umrechnung |
|---------|------------------|------------|
| | Länge | |
| Kilometer | km | 1 km = 1.000 m |
| Meter | m | 1 m = 10 dm = 100 cm |
| Dezimeter | dm | 1 dm = 10 cm = 100 mm |
| Zentimeter | cm | 1 cm = 10 mm |
| Millimeter | mm | 1 mm = 1.000 µm |
| Mikrometer | µm | |
| | Fläche | |
| Quadratkilometer | $km^2$ | 1 $km^2$ = 100 ha |
| Hektar | ha | 1 ha = 10.000 $m^2$ |
| Quadratmeter | $m^2$ | 1 $m^2$ = 100 $dm^2$ |
| Quadratdezimeter | $dm^2$ | 1 $dm^2$ = 100 $cm^2$ |
| Quadratzentimeter | $cm^2$ | 1 $cm^2$ = 100 $mm^2$ |
| Quadratmillimeter | $mm^2$ | |
| | Volumen | |
| Kubikkilometer | $km^3$ | 1 $km^3$ = 1.000.000.000 $m^3$ |
| Kubikmeter | $m^3$ | 1 $m^3$ = 1.000 $dm^3$ |
| Kubikdezimeter | $dm^3$ | 1 $dm^3$ = 1.000 $cm^3$ |
| Kubikzentimeter | $cm^3$ | 1 $cm^3$ = 1.000 $mm^3$ |
| Kubikmillimeter | $mm^3$ | |
| Hektoliter | hl | 1 hl = 100 l |
| Liter | l | 1 l = 10 dl |
| Deziliter | dl | 1 dl = 10 cl |
| Zentiliter | cl | 1 cl = 10 ml |
| Milliliter | ml | 1 ml = 1.000 µl |
| Mikroliter | µl | |

| Einheit | Einheitenzeichen | Umrechnung |
|---|---|---|
| **Masse** | | |
| Tonne | t | 1 t = 20 ztr = 1.000 kg |
| Zentner | ztr | 1 ztr = 50 kg |
| Kilogramm | kg | 1 kg = 1.000 g |
| Pfund | pf | 1 pf = 500 g |
| Gramm | g | 1 g = 1.000 mg |
| Milligramm | mg | 1 mg = 1.000 µg |
| Mikrogramm | µg | |
| **Zeit** | | |
| Jahr | a | 1 a = 365 d |
| Woche | w | 1 w = 7 d |
| Tag | d | 1 d = 24 h |
| Stunde | h | 1 h = 60 min |
| Minute | min | 1 min = 60 s |
| Sekunde | s | 1 s = 1.000 ms |
| Millisekunden | ms | |
| **Geschwindigkeit** | | |
| Kilometer pro Stunde | km/h | 1 km/h = 0,2778 m/s |
| Meter pro Sekunde | m/s | 1 m/s = 3,6 km/h |
| **Druck** | | |
| Bar | bar | 1 bar = 100.000 Pa |
| Pascal | Pa | 1 Pa = 0,00001 bar |
| **Temperatur** | | |
| Grad Celsius | °C | $T_{Celsius} = T_{Kelvin} - 273,15$ |
| Kelvin | K | $T_{Kelvin} = T_{Celsius} + 273,15$ |
| **Kraft** | | |
| Newton | N | $1\ N = 1\ kg \times m / s^2$ |

**Ausbildungspark Verlag**

Bettinastraße 69 • 63067 Offenbach
Tel. (069) 40 56 49 73 • Fax (069) 43 05 86 02
E-Mail: kontakt@ausbildungspark.com
Internet: www.ausbildungspark.com

# Mit Ausbildungspark erfolgreich bewerben

## Der Eignungstest / Einstellungstest zur Ausbildung

Sicher durch den Einstellungstest: Originale Prüfungsmappen speziell für Ihren Ausbildungsberuf ermöglichen die optimale Testvorbereitung. Inklusive Musterprüfungen und ausführlich erklärten Lösungswegen.

**Polizei und Zoll**
ISBN 978-3-95624-040-9
**39,90 €**

**Technischer öffentlicher Dienst**
ISBN 978-3-95624-039-3
**39,90 €**

**Öffentlicher Dienst (Verwaltung)**
ISBN 978-3-941356-21-4
**39,90 €**

**Kaufmann / Kauffrau für Büromanagement**
ISBN 978-3-95624-020-1
**39,90 €**

**Bankkaufmann, Kaufmann für Versicherungen und Finanzen**
ISBN 978-3-941356-47-4
**39,90 €**

**Fachinformatiker, Informatikkaufmann, IT-System-Kaufmann**
ISBN 978-3-95624-036-2
**39,90 €**

**Kaufmann für Spedition und Logistikdienstleistung, Fachkraft für Lagerlogistik, Fachlagerist**
ISBN 978-3-95624-033-1
**39,90 €**

**Industriekaufmann / Industriekauffrau**
ISBN 978-3-941356-67-2
**39,90 €**

**Kfz-Mechatroniker, Land- und Baumaschinenmechatroniker, Zweiradmechatroniker, Karosserie- und Fahrzeugbaumechaniker**
ISBN 978-3-941356-50-4
**39,90 €**

**Mechatroniker, Industriemechaniker, Zerspanungsmechaniker, Fachkraft für Metalltechnik, Maschinen- und Anlagenführer**
ISBN 978-3-941356-68-9
**39,90 €**

**Elektroniker, Elektroniker für Betriebstechnik, IT-System-Elektroniker, Elektroniker für Geräte und Systeme**
ISBN 978-3-95624-035-5
**39,90 €**

**Anlagenmechaniker für Sanitär-, Heizungs- und Klimatechnik, Tischler, Zimmerer (Handwerksberufe)**
ISBN 978-3-941356-19-1
**39,90 €**

**Gesundheits- und Krankenpfleger, Altenpfleger, Gesundheits- und Kinderkrankenpfleger, Physiotherapeut**
ISBN 978-3-95624-001-0
**39,90 €**

**Steuerfachangestellter, Rechtsanwaltsfachange- stellter, Rechtsanwalts- und Notarfachangestellter**
ISBN 978-3-95624-003-4
**39,90 €**

**Hotelfachmann, Koch, Res- taurantfachmann, Fachkraft im Gastgewerbe, Fachmann für Systemgastronomie, Konditor, Bäcker**
ISBN 978-3-95624-008-9
**39,90 €**

**Automobilkaufmann, Immobilienkaufmann, Tou- rismuskaufmann, Veranstal- tungskaufmann, Sport- und Fitnesskaufmann**
ISBN 978-3-95624-011-9
**39,90 €**

**Medizinischer Fachange- stellter, Zahnmedizinischer Fachangestellter, Zahntech- niker, Pharmazeutisch-kauf- männischer Angestellter**
ISBN 978-3-95624-006-5
**39,90 €**

**Gärtner, Forstwirt, Landwirt, Florist, Fachkraft Agrarservice**
ISBN 978-3-95624-013-3
**39,90 €**

**Mediengestalter, Gestalter für visuelles Marketing, Kaufmann für Marketing- kommunikation, Techni- scher Produktdesigner**
ISBN 978-3-95624-015-7
**39,90 €**

**Kaufmann im Einzelhandel, Verkäufer, Fachverkäufer, Kaufmann im Groß- und Außenhandel, Handelsassistent**
ISBN 978-3-95624-034-8
**39,90 €**

# So bestehen Sie Ihren Sporttest

Alle Disziplinen und Anforderungen, die besten Übungen zum Kraft- und Ausdauertraining, maßgeschneiderte persönliche Trainingspläne und Test-Countdown.

**Der Sporttest zur Ausbildung bei der Polizei**
+ Extraheft Trainingspläne
ISBN 978-3-95624-028-7
**29,90 €**

**Der Sporttest zur Ausbildung bei Feuerwehr und Bundeswehr**
+ Extraheft Trainingspläne
ISBN 978-3-95624-005-8
**29,90 €**

# Erfolgreich bewerben

Wie überzeugen Sie mit Anschreiben, Lebenslauf & Co.? Worauf kommt es an im Vorstellungs-gespräch und im Assessment-Center? Die Ausbildungspark Bewerbungshandbücher verraten es.

**Die Bewerbung zur Ausbildung bei Polizei und Zoll**
ISBN 978-3-95624-022-5
**29,90 €**

**Die Bewerbung zur Ausbildung bei Feuerwehr und Bundeswehr**
ISBN 978-3-95624-023-2
**29,90 €**

**Die Bewerbung zur Ausbildung im öffentlichen Dienst (Verwaltung)**
ISBN 978-3-95624-043-0
**29,90 €**

**Die Bewerbung zur Ausbildung im technischen öffentlichen Dienst**
ISBN 978-3-941356-15-3
**29,90 €**

**Die Bewerbung zur Ausbildung zum Bankkaufmann und Kaufmann für Versicherungen und Finanzen**
ISBN 978-3-95624-018-8
**29,90 €**

**Die Bewerbung zum Studium**
ISBN 978-3-941356-02-3
**24,90 €**

# Testtrainer Mathematik

Sicher rechnen im Eignungstest und Einstel–lungstest. Kompakt und verständlich erklärt der Testtrainer Mathematik die gängigen mathematischen Testaufgaben – und zeigt, wie man sie löst.

**Testtrainer Mathematik**
ISBN 978-3-95624-027-0
**12,95 €**

# Testtrainer Deutsch

Rechtschreibung, Grammatik, Sprachverständnis, Wortschatz, Ausdrucksvermögen: Der Testtrainer Deutsch liefert zahlreiche Originalaufgaben, kommentierte Lösungen, verständlich erklärte Regeln und hilfreiche Tipps.

**Testtrainer Deutsch**
ISBN 978-3-95624-042-3
**12,95 €**

# Die Bewerbung zur Ausbildung

## Anschreiben, Lebenslauf, Online-Bewerbung – die besten Bewerbungsmuster für über 40 Berufe

Der Türöffner zum Ausbildungsplatz: Erfahren Sie, wie Sie aussagekräftige Bewerbungen verfassen, die Ihre Stärken wirksam transportieren! Maßgeschneiderte Musterbeispiele mit Tipps aus der aktuellen Bewerbungspraxis zeigen, wie Sie überzeugen – egal ob per Online- oder Post-Bewerbung.

**Schritt für Schritt zur Wunschausbildung – so schaffen Sie den Berufseinstieg!**

**Die Bewerbung zur Ausbildung**
ISBN 978-3-95624-017-1
**24,95 €**

# Das Vorstellungsgespräch zur Ausbildung

## Die häufigsten Fragen, die besten Antworten – sicher zum Ausbildungsplatz

Die Pflichtlektüre fürs Bewerbungsgespräch: Praxisnah und verständlich zeigt dieses Handbuch, wie sich Ausbildungsbewerber in ihrem Auswahlinterview sicher in Szene setzen. Ohne Standardfloskeln – denn nur individuelle Antworten überzeugen den Personaler!

**Über 100 Originalfragen mit Beispiel-Antworten, Tipps und Kommentaren!**

**Das Vorstellungsgespräch zur Ausbildung**
ISBN 978-3-95624-000-3
**19,95 €**

# Der Testtrainer

## Testerfolg ist keine Glückssache!

Das unverzichtbare Kompendium für Ausbildung, Studium und Beruf mit mehr als 2.500 Aufgaben aus sämtlichen Themengebieten. Geeignet für alle Arten von Eignungs- und Einstellungstests, Fähigkeits- und Intelligenztests.

**Bekämpfen Sie Prüfungsstress und Unsicherheit durch gezieltes Training – für eine Prüfung ohne böse Überraschungen!**

**Testtrainer**
ISBN 978-3-941356-03-0
**19,95 €**